해상무선통신과 GMDSS

- GMDSS 운용을 위한 해상무선통신 개론 -

Marine Radio Communications and GMDSS

- A Guide to Marine Radio Communications for GMDSS Operation -

저자 임정빈 이진석

해광출판사

머리말

선박 항행의 주요 요소 중 하나는 원활한 통신기능이다. 특히, 국제항행에 종사하는 상선은 매일 정해진 시간에 상선의 위치와 주요 업무 등을 회사에 보고해야 한다. 또한 부상자나 긴급 환자가 발생하는 경우 속히 육상 의료진과의 통화가 필요하다. 아울러, 선박이 조난당하거나 좌초, 충돌 등이 발생하는 경우, 여하한의 통신 수단과 방법을 이용하여 관계기관에 통보하여 지원체계를 구축해야하며, 선박과 선박 사이의 안전운항을 위해서도 통신은 반드시 필요하다.

과거에는 통신기술이 발달하지 못하여 선박이 부두를 출항하면 정해진 시간에만 통신사가 모스(morse) 통신으로 교신하는 관계로 정확한 정보나 방대한 정보를 속히 송수신할 수 없었다. 최근에는 위성 통신의 발달로 육상과의 통신이 수시 가능하고, 심지어 인터넷도 가능한 시대가 왔다.

한편, 통신사 제도가 사라짐과 동시에 GMDSS라는 장비가 강제화 되면서 통신운용에 관한 모든 업무는 항해사가 담당하게 되었고, 이에 IMO에서는 관계법령을 개정하여 항해사들이 GOC 면허증을 취득하도록 강제화 되었다.

따라서 최근의 항해사들은 GOS 면허의 취득은 물론 GMDSS를 포함하는 선내 각종 통신장비를 운용하고 유지 보수할 수 있는 능력이 요구되고 있다. 그러나 방대한 관련 이론을 단기간에 학습하기는 어렵다. 본 교재에서는 1개 학기 정도의 분량으로, 항해사들이 반드시 알아야할 기본적인 무선통신 이론과 실무를 중심으로 구성하였다.

본 교재는 학문적 소양이 미흡한 편저자들이 2013년도부터 자료를 수집하고 분석 및 연구한 결과를 토대로 편집하여 개발한 것이다. 독자들의 많은 자문과 충고를 바란다.

2024년

편저자

목 차

제1장 해상무선통신 개요

1912년 4월 10일, 영국 사우샘프턴(Southampton)에서 출항한 타이타닉(RMS Titanic)호는 승무원과 승객을 합쳐서 약 2,224명을 태우고 첫 항해 4일 만인 4월 15일 대서양에서 빙하와 충돌하여 침몰한 사고가 발생하고 이때 통신사가 모스(morse) 무선전신을 이용하여 여객선이 침몰하고 있음을 알렸다. 그 결과 약 710명(32%)에 해당하는 여객과 승무원이 구조되었다(Wikipedia, 2023). 만약 이 당시 무선통신이 개발되지 못했다면 그 추운 겨울 대서양 바다에서 전원이 사망했을 것이다.

현재 통신사 제도는 폐지되어 GMDSS로 대체되었고 모든 통신 업무는 항해사가 담당하고 있다. 이에 항해사들은 선박 승선을 위하여 GOC면허를 취득해야 한다.

이 교재를 통해 해상무선통신에 관한 기초지식을 함양하기 바란다.

- 저자 -

1. 학습 목표

근대들어 선박에는 세계해상조난및안전시스템(Global Maritime Distress and Safety System, GMDSS)의 장착이 강제화 되었다.

GMDSS는 해상에서 조난당한 선박이나 인명을 구조하기 위한 안전 시스템이다. 그러나 해상에서의 심각한 조난사고는 100년에 한 번 정도 발생하는 것으로 보고되어 있는 바, 고가의 첨단 GMDSS를 조난사고 대응시스템으로만 사용하는 것 보다는 일반 통신용으로 사용할 수 있도록 구성하는 것이 경제적일 것이다.

다행스럽게 GMDSS는 첨단 인공위성통신을 이용하고, 다양한 무선통신장비가 이용되어 구축되기 때문에 선박에서는 조난안전용 뿐만 아니라 일반무선통신장비로도 사용되고 있다.

이와 같이 GMDSS는 해상에서 수색(search) 및 구난(rescue) 활동은 물론 일반 업무용 통신에 사용하고 있다. 또한 항해안전에 필요한 안전정보와 기상정보는 물론 다양한 항해보조 지원 장치로의 역할을 병행하고 있다.

이 교재에서는 선박과 육상 또는 선박과 선박 사이의 통신시스템, 항만이나 연안에서 선박관제를 위한 VTS(Vessel Traffic Service) 등 선박관련 통신장비의 이론과 역사 및 배경 등을 다룬다.

아울러 GMDSS를 학습하기 위해서는 통신에 적용되는 통신이론, 안테나이론, 통신공학, 전기전자, 공업수학 등의 기초지식함양이 요구되지만, 아직 기초지식이 미흡한 초급수준의 독자들을 위하여 가능한 전문적인 내용은 배제하여 간략하고 쉽게 설명하였다.

상기의 학습을 바탕으로, 향후 무선통신 관련 교과목의 이해도를 증진시키고, 전파전자통신기능사 자격증과 GOC 해기면허증 취득을 도모하며, 실무에서 항해사에게 요구되는 전기전자 및 전파에 관한 기초지식을 함양하여 각종 첨단 전파통신장비의 원활한 운영을 도모하길 기대한다.

2. GOC와 ROC

본 교재의 목적은 다음과 같다.

① 전파전자3급통신사(GOC) 해기면허 취득

② GOC 취득에 선행되어야 할 전파전자통신기능사 자격증 취득도모

③ 관련 해상무선통신장비 그리고 그 원리의 학습

우선, GOC가 무엇인지? 왜 선박에 승선하는 항해사와 선장은 GOC 면허가 필요한지? GOC 취득을 위한 절차는 무엇인지? 등에 대해서 논한다.

2.1 GOC란 무엇인가?

선박에 장착된 장비 또는 장치 중에서 무선통신장비를 해상통신장비(Marine Radio Communications)라 한다.

예전에는 항해사와 기관사 이외에 통신사(Radio Operator) 제도가 있어서, 해상통신장비를 운용한 바 있으나, 모스(Morse) 부호가 선박통신에서 사라지게 됨에 따라 통신사 제도 역시 폐기되었다. 그래서 현재 모든 선박에서는 항해사가 해상통신장비의 운용과 유지보수 및 관리를 하고 있다.

여기서, 모스(Morse)는 짧고 긴 부호의 조합을 의미하는 것으로, 예전에는 '모르스'라 부르기도 하였으나 최근엔 '모오스' 또는 '모스'라 부른다.

이러한 해상통신장비를 운용하기 위해서는 GOC와 ROC라는 별도의 해기사 면허증이 필요하다.

GOC(General Operator's Certificate)는 일반적인 해상통신장비의 운용능력에 대한 자격을 부여하기 위한 '일반급무선통신사'를 의미하고, ROC(Restricted Operator's Certificate)는 무선통신장비 중에서 무선전화에 국한하여 자격을 부여하는 '제한급통신사'를 의미한다.

GOC와 ROC는 국제전기통신연합(International Telecommunication Union, ITU)의 기본 법률문서인 국제전기통신연합헌장(Convention of the International Telecommunication Union, CIT) 중에서 부속서로 되어 있는 무선통신규칙

(Radio Regulations, RR)에 규정되어 있다.

GOC와 ROC라는 새로운 해기면허 제도가 신설된 이유는, GMDSS가 선박에 강제화 되었기 때문이다. GMDSS는 해상에서 조난과 안전을 목적으로 개발된 장비인데, 조난이 항상 발생하는 것이 아니기 때문에 일상에서는 선박 업무용 통신장비로 주로 활용하고 있다.

한편, 기존 중파(Middle Frequency, MF)와 단파(High Frequency, HF)를 이용한 모스 통신과 무선전화 그리고 무선전신의 경우 전리층의 불안정으로 통신상태가 불량하고 대량의 정보통신이 불가능하였다. 근대들어 위성통신이 발달하면서 기가 헤르츠(GHz) 대역의 초고주파를 사용하여 깨끗하고, 더 멀리, 다량의 정보를 일시에 송수신하는 것이 가능하였다. 또한 선박의 경제성 추구를 위하여 통신사 제도가 사라짐에 따라, 수색구조와 통신을 모두 수행할 수 있는 GMDSS가 선박에 강제화 되었다.

따라서 원양선(외국적선)에 승무하는 모든 항해사와 선장은 GMDSS 운용에 필요한 GOC(또는 ROC) 면허증을 갖고 있어야만 승선이 가능하다.

2.2 GOC 면허는 어떻게 취득하는가?

대한민국 해기사 중에서 원양선(외국적선)에 승무할 모든 항해사와 선장은 전파전자3급통신사(GOC) 해기면허를 소지해야 한다.

한편, GOC 해기면허를 소지하기 위해서는 선행되는 조건이 있는데 전파전자통신기능사 자격증을 취득해야 한다. 전파전자통신기능사 자격증을 취득한 항해사와 선장은 다시 특별한 시험과 교육을 통해서 최종 GOC 면허증을 취득할 수 있다. 이와 같이 GOC 면허증 취득을 위해서는 복잡한 과정과 절차가 필요하다.

이하에서는 전파전자통신기능사란 무엇이고, 어떻게 취득하는지, GOC 면허는 어떻게 취득하는지 등의 과정과 내용을 기술한다.

2.3 전파전자통신기능사란?

전파전자통신기능사는 한국방송통신전파진흥원에서 시험을 실시하는 기능사 자격증이다. 한편, 2012년 1월 1일 이전까지는 한국산업인력공단에서 전파전자통신기능사 시험을 실시하였으나, 2012년 1월 1일부터는 한국방송통신전파진흥`원에서 실시하고 있다.

『2012년 1월 1일 국가기술자격법령 개정에 의한 자격종목 통합 및 수탁기관의 변경』(한국방송통신전파진흥원 자격검정본부, 홈페이지'고객의 소리','공지사항'내의 『2012.1.1. 국가기술자격법령 개정에 의한 변경사항 안내』, 2011년 12월 30일 작성)에 이러한 변경사항이 공지되어 있다.

주요 변경 내용은 다음과 같다.

○ 주관기관이 한국산업인력공단에서 한국방송통신전파진흥원으로 변경

○ 과목의 통합과 자격증 명칭 변경

- 기사 자격증: (종래) 전파통신기사, 전파전자기사, (변경) 전파전자통신기사
- 산업기사 자격증: (종래) 전파통신산업기사, 전파전자산업기사, (변경) 전파전자통신산업기사
- 기능사 자격증: (종래) 전파통신기능사, 전파전자기능사, (변경) 전파전자통신기능사

따라서 2012년 1월 1일 이전에 실시되던 전파통신기능사와 전파전자기능사는 '전파전자통신기능사'로 통합되었다.

2.4 GOC 해기면허 취득과정

다음 내용은 한국해양수산연수원의 '전파전자3급통신사 해기면허(GOC) 취득안내'에 기록되어 있는 GOC 해기면허 취득 절차에 관한 내용이다.

가) 내상 : 원양선(외국적선)에 승무하는 전 항해사 및 선장

나) 면허취득 요건

○ **요건 1 : 전파전자기능사 자격증 취득(한국전파진흥원 시행)**

(주 1) 2012.1.1부터 한국전파진흥원에서 시행하는 것이 아니라 한국방

송통신 전파진흥원에서 시행하고, 자격증 명칭이 전파전자통신기능사로 통합되었다.

(주 2) 전파전자통신기능사 시험은, 필기시험(무선통신일반, 통신영어, 법규)과 실기시험(해상통신실무)로 구성되어 있다.

(주 3) 전파전자통신기능사 자격 필기시험 및 취득교육 면제자 : 목포해양대학교, 한국해양대학교 및 부산과 인천 해사고등학교 항해과 졸업생(2001년부터 적용, 졸업 후 2년 이내)

○ **요건 2: 전파전자3급통신사(GOC) 해기면허 면접시험 합격(한국해양수산연수원 시행)**

○ **요건 3: 전파전자3급통신사(GOC) 해기면허 취득교육 이수(한국해양수산연수원 시행)**

(주 1) 면허취득교육면제자: 전파전자4급통신사(ROC) 해기면허 소지자

(주 2) 교육과정: 정규과정 또는 특별과정 선택하여 수강 가능

다) 통신장이 GOC 면허취득시 요건

○ 요건 1 : 전파전자통신기능사 이상의 자격증 소지자

○ 요건2 : 전파전자3급통신사(GOC) 해기면허 면접시험 합격(한국해양수산연수원 시행)

○ 요건 3 : GMDSS 직무인정교육 이수(한국해양수산연수원 시행)

2.5 일부 시험 면제 사유

해양대학과 해사고등학교 졸업생들의 전파전자통신기능사 자격 필기시험 및 취득교육 면제 사유는 다음과 같다.

① 전파전자통신기능사의 자격은 GMDSS 설비를 갖춘 선박의 통신운용으로 한정되고, 선원의훈련및당직에관한국제협약(International Convention on Standards of Training, Certification and Watchkeeping for Seafarers 1978, STCW 1978)의 개정으로 이중통신설비가 갖추어진 선박에서는 전파전자3급통신사(GOC) 1인을 포함한 3인의 통신사가 승무하도록 되어있다.

② 이러한 GOC 해기면허 취득을 위한 선행 자격증인 전파전자통신기능사 취득을 위해서는, 무선통신, 전파법규, 통신영어, GMDSS 운용 등의 교육이 필요하다.

③ 해양계 대학과 해사고등학교에서는 관련 과목을 수강하여 졸업하기 때문에 이미 수강한 내용에 대해서 다시 시험을 실시할 필요가 없다. 그래서 면제하는 것이다.

④ 단, 전파전자통신기능사 시험은, 필기시험(무선통신일반, 통신영어, 법규)과 실기시험(해상통신실무)로 구성되어 있는데, 필기시험을 면제하는 것이지, 실기시험까지 면제하는 것이 아니며, 아울러 전파전자3급통신사(GOC) 해기면허의 면접시험을 면제하는 것이 아니다.

따라서 학생들에게 요구되는 사항을 종합하면 다음과 같다.

① 전파전자통신기능사 자격의 1)필기시험 면제와 2)GOC 취득교육 면제를 위해서 본 교재에 기술한 내용을 충분히 학습해야 한다.

② 전파전자통신기능사의 3)실기시험 합격과 4)전파전자3급통신사(GOC) 해기면허의 면접시험에 합격하기 위하여 본 교재에 기술한 내용은 물론 별도의 과목(RR, 해사영어, GMDSS의 실질적인 운용을 위한 시뮬레이터 교육 등)을 학습해야 한다.

3. 교재 구성

제1장에서는, 학습목적 그리고 GOC와 ROC의 차이점, GOC 취득 순서와 방법 및 요구사항 등을 기술하여 왜 해상 무선통신공학을 학습해야 하는지에 대한 이유를 설명한다.

제2장 선박 무선통신개론에서는, 무선통신의 역사적 배경, 전파의 원리와 특징, 선박 무선통신기의 구조, 전파의 속성 등 기초적인 전파공학을 기술하였다. 또한, 선박 무선통신기의 원리, 전파의 전파, 부호화와 변복조, 변조와 복조, 진폭변조와 복조, 주파수 변조, 디지털 변조 등 무선통신 공학에서 반드시 알아야할 필수적인 내용을 기술하였다.

제3장 안테나 공학개론에서는, 선박 무선통신에 가장 중요한 안테나 이론, 안테나의 구조와 원리 및 특징 등을 기술하고, 안테나 구분 방법, 무지향성 안테나, 지향성 안테나, 안테나의 성능 파라미터 등을 기술하였다.

상기 제1장부터 제3장까지는 GMDSS를 학습하기 위한 기본 원리와 방법 등을 간략하게 기술한 것이다. 이러한 내용을 기반으로 제4장부터는 본 교재의 주요한 목적인 GMDSS 기능과 원리 및 구성 등을 학습한다.

제4장 GMDSS 개론에서는, GMDSS의 도입 배경과 목적, GMDSS의 기본개념과 적용해역, GMDSS의 통신기능, 통신방식과 주파수, 장비성능 표준 등 GMDSS에 관한 개괄적인 내용을 기술하였다.

제5장 Inmarsat 시스템은 GMDSS를 구성하는 개별 시스템 중에서 중요한 Inmarsat 시스템의 구성과 서비스 범위, Inmarsat 종류, Inmarsat-A와 -B, -C, -M 등의 구성, 위성안테나의 구조, 안테나 연결 시 주의사항, 통신회로 연습 등 실전에 적용 가능한 내용을 중심으로 전개한다.

제6장은 GMDSS의 핵심인 COSPAS-SARSAT 시스템을 설명하였다. 수색구조의 대표적인 위성 시스템인 COSPAS와 SARSAT 시스템 그리고 여기에 적용되는 406 MHz EPIRB와 다양한 시스템 구성 등을 기술하였다.

제7장에서는 GMDSS의 장비 중 하나인 디지털 선택 호출(Digital Selective Calling)에 관해서 기술하였다.

제8장 역시 GMDSS의 장비 중 하나인 수색구조 레이더 응답 장치(Search And Rescue Radar Transponder, SART)에 관해서 기술하였다. SART는 상선의 9 GHz 레이더에 응답하는 수색구조용 장치이다.

제9장에서는 세계 해사안전망을 구축하기 위하여 필요한 WWNWS, MSI, SafetyNET, NAVTEX, EGC 등 다양한 정보수집 장치들과 시스템에 관해서 설명하였다.

마지막으로, 제10장 항만관제용 무선통신 시스템에서는 선박교통관제 시스템(VTS)의 목적과 구성, VTS 구성, VTS 운영지원체계, 교통관제용 VTS, 항만관제용 VTS, AIS의 원리와 기능 등을 기술하였다. VTS는 GMDSS에 소속된 장비가 아니라 GMDSS에 적용되는 수색구조의 한 부분이기 때문에 간단하게 시스템의 구성에 대해서 기술하였다.

이와 같이 본 교재는 통신공학과 안테나공학 이론을 우선 학습하고, 이를 바탕으로, 실제 GMDSS에 적용되는 시스템을 학습하여 이론과 실전을 두루 겸비할 수 있도록 구성하였다.

특히, 전기전자공학, 통신공학, 무선공학 등에 관한 전문지식이 없는 초급 수준의 독자를 대상으로 가능한 수식을 배제하고, 그림과 글로 설명하였다. 그러나 일부 내용은 수식 없이는 설명이 불가능한 것도 있기 때문에 이러한 경우에는 부득이 수식을 전개하였다.

4. 집필방법

[출처의 표시]

이 교재의 내용은 주로 저자의 논문과 보고서 등을 인용하여 작성한 것으로, 한국항해항만학회(2023)의 연구윤리규정을 준수하여 출처를 표시하였다. 출처 표시는 학습자들에게 다소 복잡하게 느껴질 수 있으나, 법률로 정해진 지적재산권을 보호하고, 관련법을 준수하기 위한 것이다.

특히, 독자들은 이 교재의 내용을 참고하거나 인용하는 경우, 반드시 출처를 표시하여 법직인 불이익을 받지 않도록 주의해야 한다.

[참고문헌의 표시]

다양한 참고문헌을 한국항해항만학회에서 규정한 논문표기법에 따라 표기하였다. 예를 들면 다음과 같다.

- '… Vincent T. Covello 등(1985)은 인간공학을 연구하였다.'라는 문장의 의미는, 1985년에 Vincent T. Covello 등이 관련학회지에 게재한 논문의 내용을 저자가 참고했음을 알리는 것이고, 참고문헌에서 Vincent T. Covello의 논문출처를 확인할 수 있다.
- '… MEPC/Circ.392에 기록되어 있다(IMO, 2002b).'의 의미는, 저자가 MEPC/Circ.392 내용을 2002년 IMO에서 발행한 자료에서 인용한 것임을 나타낸 것인데, 2002년에 IMO에서 발행한 자료가 많기 때문에 이를 구분하여 위하여 2002a, 200b 등으로 구분한 것이다. 그리고 이 자료의 상세한 출처는 다음과 같이 참고문헌에서 확인할 수 있다.

  IMO (2002b), GUIDELINES FOR FORMAL SAFETY ASSESSMENT (FSA) …, MSC/Circ. 1023, MEPC/Circ.392, 5 April 2002

[단위의 표시]

단위는 가능한 MKS(Meter, Kilogram, Second) 단위계를 따르되, 교재의 특징상 MKS 단위계를 따를 수 없을 때는 별도의 설명을 부가하였다.

특히, 숫자와 단위는 가능한 띄워 쓰기를 하였는데, 그 이유는 국내외 규정에서 숫자와 단위는 띄워 쓰고 있고, 아울러 붙여 쓰기에 따른 혼란을 방지하고 가능한 숫자를 명확하게 나타내기 위한 것이다. 예를 들어, '2미터'인 경우 '2 미터' 또는 '2 m'으로 표기하여 숫자와 단위를 명확하게 나타냈다.

주로 사용한 단위는 다음과 같고, 단위의 끝에 부가되는 점(.)은 모두 생략하였다(예, 초(second)는 'sec.'인데 'sec'로 표기)

- 미터(m) : 거리를 나타내는 단위
- 마일(mile) : 해상에서 거리를 나타내는 단위로, 복수는 miles
- 노트(kt) : 1 시간에 1 마일 이동하는 속력으로, 복수는 kts
- 킬로그램(kg) : 무게를 나타내는 단위
- 초(sec) : 시간의 초를 나타내는 단위
- 분(min) : 시간의 분을 나타내는 단위
- 헤르츠(Hertz) : 주파수를 나타내는 단위
- 와트(Watt) : 전력을 측정하는 단위

[한글 맞춤법]

가능한 한글 맞춤법을 준용하되, 이해증진과 편의를 위해 명사는 가능한 붙여 사용하고, 한글만으로 모든 내용을 설명하는 것이 불가능하고 학습자들의 이해증진을 위해 영문을 병행하였다. 특히, '단어'와 '단위'는 띄어쓰기를 원칙으로 하되, 이해증진을 위해 필요한 부분은 붙여 쓰기를 하였다. 그리고 대표적인 기법, 방법, 항목 등은 가능한 단어를 붙여서 썼다.

[영문 맞춤법]

영문의 경우는 한글과의 적절한 배치 및 독자들의 이해 증진과 편리성 등을 위하여 영문 맞춤법을 따르지 않았다. 예를 들면 다음과 같다.

- '안내단어'는 'a(the) guide word'인데, 'guide word'로 표시
- '안내단어분석기법'은 'guide word analysis'인데, 'Guide Word Analysis'로 사용하여 하나의 기법임을 표시
- '인적신뢰성분석기법'은 '(Human Reliability Analysis)'인데, 약자를 사용하는 경우에는 '(Human Reliability Analysis, HRA)'로 표기하고, 이후부터는 HRA를 병행 사용

제2장 선박 무선통신 개론

1912년 4월 15일 대서양에서 빙하와 충돌한 타이타닉(RMS Titanic)은 통신사가 모스(morse) 무선전신기를 이용하여 전류를 안테나에 흘리고 이 전류는 다시 전파로 변환되어 공중으로 방사되었기 때문에 많은 여객을 구조할 수 있었다.

전류를 안테나에 흘려서 전파를 생성하는 원리와 기술은 무엇이며 누가 개발했는지를 살펴보자.

특히, 전파의 전파(이를 '전파전파'라고 부르는데, 상세한 의미는 본문에서 보기 바람) 원리와 이에 관한 기본적인 이론을 학습한다. 다소 난해하지만, 기본적인 원리인바 너무 어렵게 생각하지 말고 다양한 참고문헌을 통해서 이해하기 바란다.

공학은 어렵지만 항해학은 어려운 것이 아니다.

- 저자 -

1. 학습목표와 학습내용

1.1 학습목표

무선통신과 관련된 학문 분야는, 전파공학, 전기 및 전자공학, 통신이론, 전자기학, 회로망 이론 등 대단히 광범위하고, 이러한 학문분야가 서로 연계됨으로서 무선통신이 전개될 수 있다. 따라서 무선통신공학을 학습하기 위해서는 연관된 방대한 기초 학문의 습득이 전제되어야한다.

그러나 선박에 장착된 통신장비만을 원활하게 운용할 수 있는 지식이 필요한 항해사들에게는 이러한 모든 전문분야를 학습할 수 있는 기회가 없고, 더욱이 항해학 분야를 학습하는 것도 벅차기 때문에 선박관련 무선공학 지식은 일부 분야에 국한시킬 수밖에 없다.

우선, 본 장에서는 무선통신의 역사와 배경, 적용분야 등 일반적인 내용에 대해서 기술한다.

1.2 학습내용

무선통신의 간단한 이론과 배경을 학습하고, 전파가 전달되는데 반드시 필요한 안테나 원리를 학습하여 배경 지식을 증진시킨다.

이러한 배경지식을 바탕으로, 전파를 멀리 보내기 위한 변조와 복조를 학습하고, 과연 전파가 얼마나 멀리 전달될 수 있는지에 대한 원리를 학습한다. 그리고 실제 선박에 사용되는 안테나의 모습과 구성 등을 학습한다.

2. 무선통신 배경

2.1 무선의 정의

무선(wireless)이란, 선이 없다(cordless)는 의미 보다는 도체(conductivity)로 구성된 전선(electrical wires)을 이용하지 않고 자유공간을 자유롭게 이동할 수 있는 전파(waves)의 전파(propagation) 원리를 이용한 통신방법으로 정의할 수 있다. 따라서 여기서 의미하는 무선은 wireless 보다는 전파를 이용한다는 의미의 radio가 적합할 것이다.

통신(Telecommunication)은 유용한 정보를 서로 주고받을 수 있는 수단이나 기술을 의미한다. 무선통신(Radio Communication)이란 전파를 이용한 통신이며, 이와 관련된 용어에 무선 주파수(Radio Frequency, RF)가 있는데, 무선에 사용하는 주파수라는 의미 보다는 무선통신의 다른 말로 불리기도 한다.

우리 주변에는 많은 무선통신 장비가 사용되고 있다. 코드 없는 무선전화기, 휴대폰, 컴퓨터 무선 마우스 등 다양하다. 아울러, 전기코드 없는 무선 커피포트, 무선 전기밥솥, 무선 충전 면도기 등 무선으로 에너지를 전송하는 장치도 다수 활용되고 있다.

그러나 본 교재에서 의미하는 무선의 의미는 공간에 전파를 방사(radiation)하여 음성 또는 정보를 송수신한다는 의미이고, 더욱 중요한 것은 선박에서 현재 사용하고 있는 VHF 통신장비, MF/HF 통신장비에서의 무선통신, 인공위성 무선통신 등을 의미한다.

2.2 무선 서비스의 범위

무선 서비스(Wireless Service)의 범위는 다음과 같이 무한대로 고려할 수 있다. 원격 교통 제어 시스템, 적외선과 음파를 이용한 무선 제어 시스템, 레이저 빔을 이용한 짧은 지점 사이의 통신, 휴대폰, 각종 이동통신 장비, 가정용 워키토키, 해상용 양방향 통신(Two-Way Radiotelephony), 아마추어 라디오(일명 Ham 라디오), 항공용 관제장비, 항공용 무선통신 장비, GPS, AIS, Radar, GMDSS, SART 등의 선박장비와 무선 네트워크.

상기 내용 중에서 무선 네트워크(Wireless Networks)는, 무선통신 방식을 이용하여 일-대-일 통신, 일-대-다 통신, 다-대-다 통신 등과 같이 서로 정보를 주고받을 수 있는 통신통로(통신로)를 의미한다. 이미 우리사회에 널리 적용되고 있는데, 2.4 GHz 대역의 Wi-Fi가 가장 좋은 예이다.

해상통신에서는 GMDSS의 WWNW, 수색구조를 위한 SAR 통신, VTS에서 선박과 선박, 선박과 육상 사이의 통신 등이 대표적인 예이다. 이러한 무선 네트워크는, 유선으로 한계가 있는 장거리 통신에 적용하여 통신거리를 늘리는 경우, 일반통신 네트워크의 고장이나 천재지변을 대비한 비상용 백업(back-up) 네트워크를 구축하는 경우, 휴대용이나 임시 네트워크를 연결하는 경우, 원격에서 제어하거나 통신을 원하는 경우 등에 적용한다.

무선통신 또는 무선통신 네트워크를 구축하기 위한 전파의 전달 방법은 다음과 같다.

- 무선 주파수(Radio Frequency, RF)를 이용한 통신방식
- 장거리에서 서로 가시적으로 보이는 두 지점 사이의 마이크로웨이브(microwave) 통신방식
- 적외선이나 자외선, 음향, 레이저 등을 이용한 단거리통신 등

해상통신에서는 주로 무선 주파수를 이용한 통신방식이 사용되고, 마이크로웨이브 통신방식은 VTS의 레이더 영상 데이터 송수신에 사용된다.

2.3 무선 통신의 역사

- 출처 : Wikipedia(2012), History of Radio, Radio Communication으로 검색한 결과 (Web: http://en.wikipedia.org/wiki/Radio, access dated:2013.1.3)

1880년 벨(Alexander Graham Bell)과 테인터(Charles Sumner Tainter)는 광-전화기(Photophone)를 발명하였는데, 광-전화기는 빛을 이용한 음성통신 장치였다(Wikipedia, 2013). 마치 빛의 한 종류인 레이저 빔(Laser beam)을 이용한 통신과 유사한 개념이다

그러나 불행하게도 그 당시 이들의 발명은 허무맹랑한 것으로 대중에게 인식되었는데, 과학적인 증거가 부족하고, 낮에 태양이 비치는 날에는 빛을 인지하기 어렵고, 비가 오는 날에는 빛이 차단되어 통신이 불가능하였다. 또한 그 당시 부가적인 IT 기술이 이들의 발명을 뒷받침하지 못하였다.

벨과 테인터의 발명은 훗날 해군에서 서치라이트(search light)를 이용한 기밀통신의 기원이 되었고, 근대들어 개발된 광-통신의 시초가 되었으며, 이러한 광-통신은 오늘날 개발되고 있는 광파이버 자이로(Optical Fiber Gyro), 링-레이저 자이로(Ring Laser Gyro) 등으로 파급되었다.

빛과는 달리 전파를 이용한 무선통신이 연구되었는데, 앞에서 설명한 마르코니의 무선전신(Wireless Telephony)이 실용화되기까지는 과학자들의 연구와 실험이 있었다. 무선전신은 모스(Morse) 부호를 이용하여 정보를 주고받는 통신방식이다. 우리나라도 예전에는 우체국에서 무선전신을 이용하여 서울-목포, 서울-부산 등 원격지와 정보를 주고받았다.

1879년 휴그(David E. Hughes)는 모스를 이용하여 수백 미터에 달하는 무선전신에 성공한 바 있다. 그 후 1885년 에디슨(T. A. Edison)은 진동자석을 이용한 유도전송을 이용하였는데, 1891년 르하이(Lehigh) 계곡에 있는 철도회사에 적용하면서 미국 특허를 획득하였다. 한편, 무선기술의 가장 기초가 되는 전자기파 이론을 처음으로 구현한 사람은 헤르츠(Heinrich Hertz)이다. 헤르츠의 구현은 이미 그 이전에 전자기파 이론을 확립한 맥스웰(James Clerk Maxwell)과 패러데이(Michael Faraday)의 이론을 적용한 것이다. 그 후 테스라(Nikola Tesla)와 같은 과학자들에 의해서 무선원격통신과 무선제어기술 등이 실용화되었다(Wikipedia, 2013).

무선전신의 최초 상용자는 마르코니(Guglielmo Marconi, 1874~1937)로 알려져 있다. 이탈리아 출생인 마르코니는 1896년 영국에서 무선전신 특허를 받았는데, 1901년 마르코니는 영국과 캐나다 뉴파운드랜드(Newfoundland) 주에 있는 세인트 존스(Saint John's) 사이의 대서양 전파 무선송신 실험에 성공하였다.

그의 발명은 선박무선통신의 시초가 되었는데, 특히 1912년 타이타닉(RMS Titanic)호 침몰 사고 때 그의 무선전신 덕분으로 많은 사람들이 목숨을 구했다.

다음 그림들은 2012년 10월 저자가 마르코니의 역사적인 무선전신 실험 장소였던 캐나다 Newfoundland의 Saint John's에 있는 Signal Hill(옛날에 선박들의 안전을 위해서 신호를 울렸던 장소에서 유래되었다고 함)에 직접 가서 Cabot Tower라는 건물에 있는 각종 마르코니 자료를 촬영한 것이다.

그림 2-1 마르코니의 무선전신 실험장소 Cabot Tower의 모습(타워 옥상에서 좌측으로 실험에 사용한 안테나가 걸려 있다)

그림 2-2 Cabot Tower의 초기 모습(타워 옥상에 실험에 사용한 안테나가 보인다)

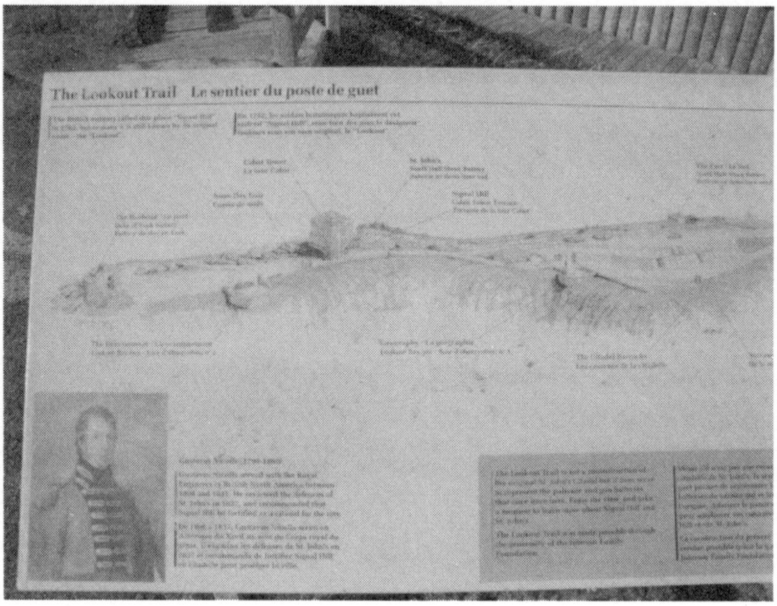

그림 2-3 Cabot Tower가 있는 Signal Hill 지형과 건물 안내도

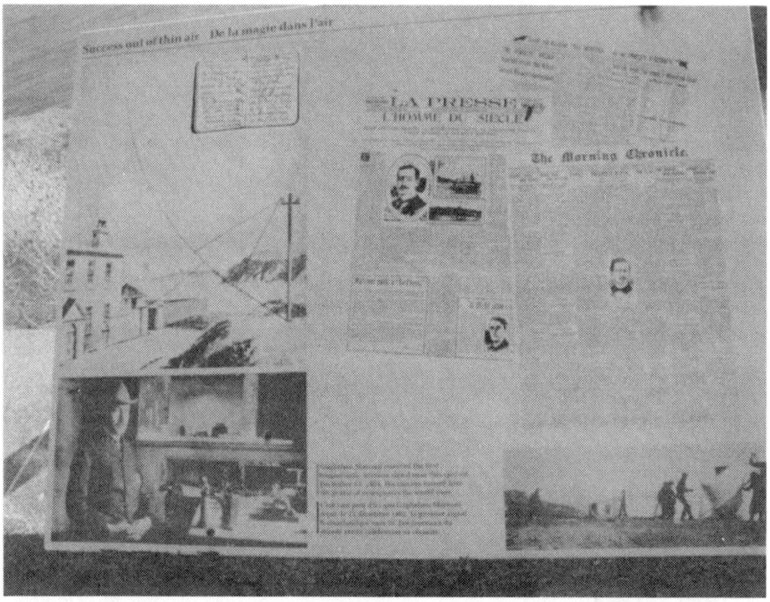

그림 2-4 Signal Hill의 마르코니 무선전신실험 성공 홍보판

그림 2-5
마르코니의 무선전신 실험 장소: 영국과 캐나다 Newfoundland 사이의 대서양

그림 2-6 마르코니 실험 당시 사용한 Morse 부호장치: 톡! 찍! 하고 누르면 단-장의 전파신호가 생성된다.

그림 2-7 마르코니의 사진

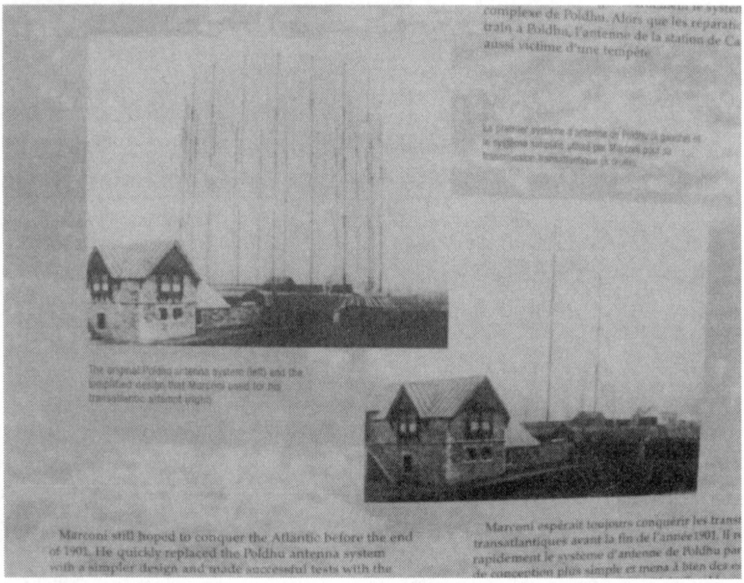

그림 2-8 실험 당시 사용한 안테나: (좌측) 수직으로 높게 솟은 다수 어레이 이용한 초기 안테나, (우측) 이후에 연구개발을 통해 2개의 pole에 빨래 줄처럼 안테나를 건 형태

그림 2-9 1930년대에 사용한 무선전신 장비: 각종 코일과 검파기

그림 2-10 1930년대 사용한 무선전파 수신음 청취 헤드폰

3. 전파 기초론

3.1 신호

3.1.1 신호의 종류

무선통신은 유용한 정보를 갖는 신호(signal)를 무선으로 전송하기 위한 기술이다. 신호란, 의미를 부여할 수 있는 일종의 정보를 의미하는 것으로, 크게 아날로그 신호(analog signal)와 디지털 신호(digital signal)로 구분한다.

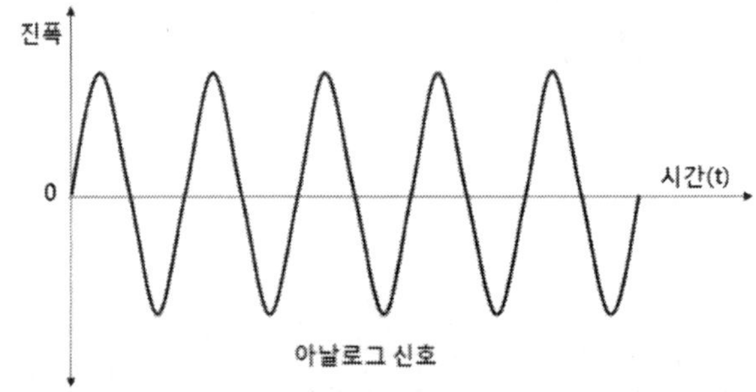

그림 2-11 아날로그 신호(연속된 신호)

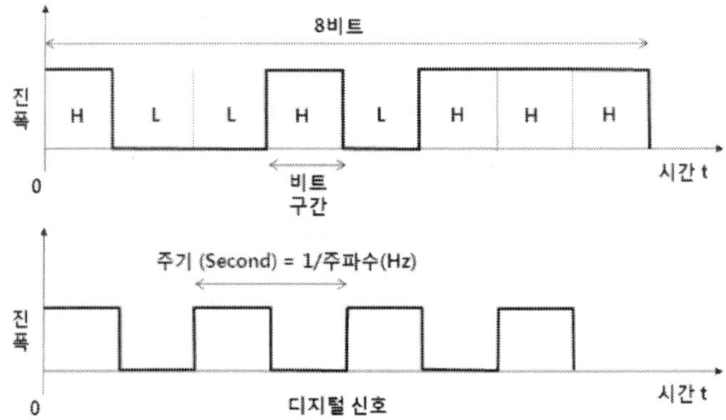

그림 2-12 디지털 신호(분리된 신호)

아날로그 신호는 신호가 끊임이 없이 연속된다. 자연현상의 소리, 빛, 온도 등이 아날로그 신호의 종류들이다. 아날로그 신호는 주기(period), 주파수(frequency), 크기(amplitude) 등으로 표현된다.

디지털 신호는 시간적으로 비-연속되는 이산(discrete) 정보이다. 하나의 비트를 보내는데 소요되는 비트 구간(bit interval)과 초당 보내는 비트의 수를 나타내는 비트율(bit rate) 등으로 표현한다.

최근 대부분의 무선장비는 디지털 장비이다. 디지털 통신방식은 다양한 장단점이 있는데 다음과 같다.

가. 디지털 통신방식의 장점

디지털 통신방식은 2진 바이너리 코드(binary code)를 사용하기 때문에 다음과 같은 장점이 있다.

- 원래의 신호 재생이 용이
- 신호의 왜곡이나 다른 신호 간섭에 강함
- 높은 신호 충실도의 획득 가능
- 높은 신뢰성에 저렴한 회로 구축 가능
- 전파방해(Jamming)에 강함
- 데이터의 처리와 저장이 용이

나. 디지털 통신방식의 단점

- 아날로그 시스템과 비교하여 구성이 대단히 복잡함
- 아날로그 신호처리와 비교하여 신호처리 과정이 복잡함
- 동일한 정보에 대해 디지털 신호가 차지하는 대역폭이 큼
- 디지털 통신신호 처리에 있어 데이터의 시작점을 맞추는 동기화(synchronization) 과정이 필요함

3.1.2 시간-주파수 사이의 신호 변환

동일한 정보를 갖는 신호를 시간 영역과 주파수 영역 양쪽 모두에서 분석하고 합성할 수 있다. 이러한 특징은 신호처리에 중요한 요소이다.

어떠한 신호에 대해서 주파수 영역에서 분석한 결과는 다시 시간영역에서 그대로 재생할 수 있고, 반대의 경우도 동일하다. 즉, 주파수와 시간은 서로 일맥상통하는 개념이다. 즉, 주파수 = 1/시간, 시간=1/주파수.

다음 그림 2-13을 보자. 시간 영역에서 3볼트의 직류신호는 주파수 영역에서 진폭 3과 주파수 0(즉, 직류신호)의 신호가 되고, 시간 영역에서 3볼트 5 Hz의 교류신호는 주파수 영역에서 진폭 3과 주파수 5 Hz의 신호가 된다.

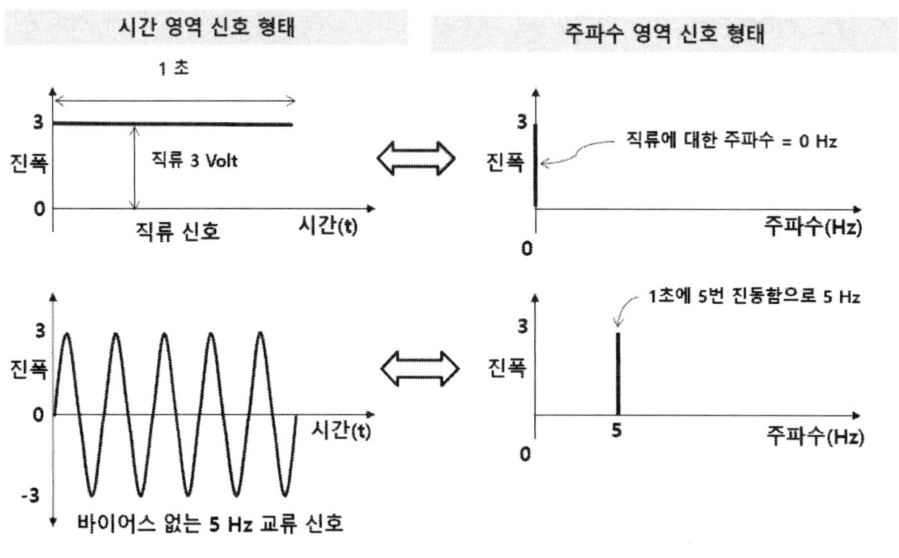

그림 2-13 직류와 바이어스 없는 교류 신호에 대한 신호해석

그림 2-14부터 그림 2-15까지의 그림들 역시 시간영역 신호와 주파수 영역 신호 사이의 상관관계를 나타낸다.

전기전자공학에서는 시간영역 신호와 주파수영역 신호 사이의 상관관계를 해석하기 위하여 다양한 이론들이 제안되어 있다. 이러한 관계 해석이 필요한 이유는 시간영역 신호를 주파수 영역 신호로 변환하면 처리할 데이터의 양이 현저하게 감소하기 때문이다. 대표적인 것이 여러분들의 휴대폰에서 신호를 처리하는 방법이다. 여러분들의 음성과 카메라 영상 등 방대한 데이터를 어떻게 실시간으로 그 짧은 시간 동안 송수신할 수 있을까? 정답은 바로 시간영역 신호를 모두 주파수 영역 신호로 변환시켜서 송수신하기 때문이다.

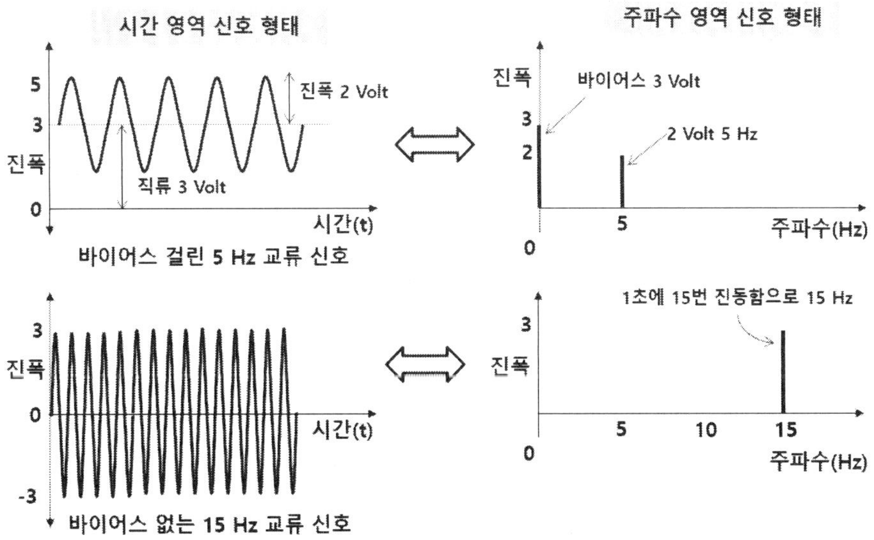

그림 2-14 바이어스의 의미와 교류 신호에 대한 신호해석

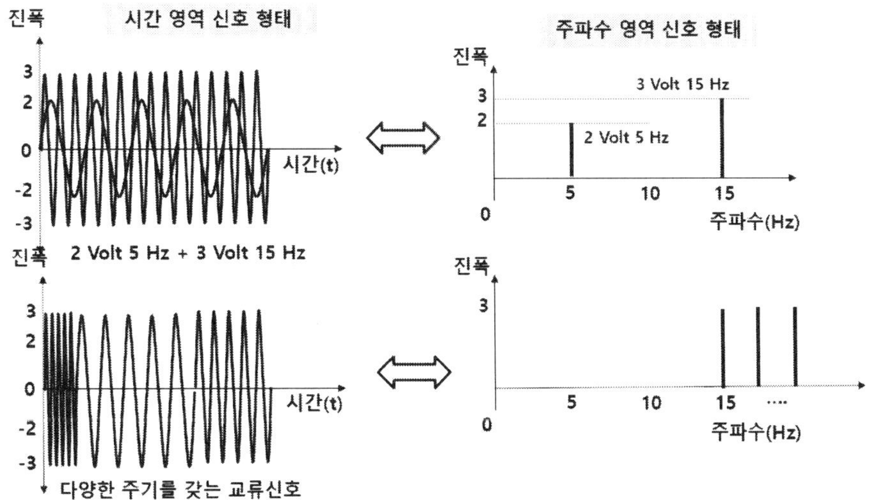

그림 2-15 합성 교류 신호에 대한 신호해석

3.1.3. 주파수 스펙트럼

주기적인 아날로그 신호는 대단히 많은 신호 성분이 포함되어 있기 때문에 몇 개의 사인파나 코사인파로 표현하기 곤란하다. 푸리에 분석(Fourier Analysis)은 이러한 복잡한 파형을 간단한 사인함수, 코사인함수, 지수함수 등을 이용하여 아날로그 신호를 분석할 때 사용한다.

푸리에 분석의 목적은 아날로그 신호에 포함된 주파수 또는 스펙트럼을 찾고자할 때 사용한다.

한편, 디지털 신호의 주파수는 쉽게 파악할 수 있다. 그림 2-16과 같이 간단한 디지털 신호의 경우, 주기는 단순히 파의 상승 부분에서 다음 상승부분까지의 시간이다.

주파수 스펙트럼(spectrum)은 주파수 영역에서 신호를 구성하는 다양한 주파수 성분을 의미한다. 신호의 대역폭(bandwidth)은 스펙트럼의 폭을 의미하는데, 대역폭이란 스펙트럼에 포함된 최고 주파수와 최저 주파수의 차이를 의미한다.

신호의 대역폭이 넓다는 것은 다양한 주파수를 갖고 있음을 의미하고, 신호의 대역폭이 좁다는 것은 단순한 몇 개의 주파수 성분만을 갖고 있음을 의미한다.

그림 2-16 스펙트럼(Spectrum)과 대역폭(Band Width)의 의미

3.2 전파의 원리와 특징

3.2.1 전파의 전파 원리

전파(radio waves)는 안테나(antenna)를 통해서 전파(propagation)된다. 그래서 '전파의 전파' 또는 '전파전파'라는 전문용어를 사용한다. 이러한 전파는 전파의 진행방향에 대해서 전기장(electrical field)과 자기장(magnetic field)이 서로 90도 직각을 이루면서 진동하기 때문에 발생한다.

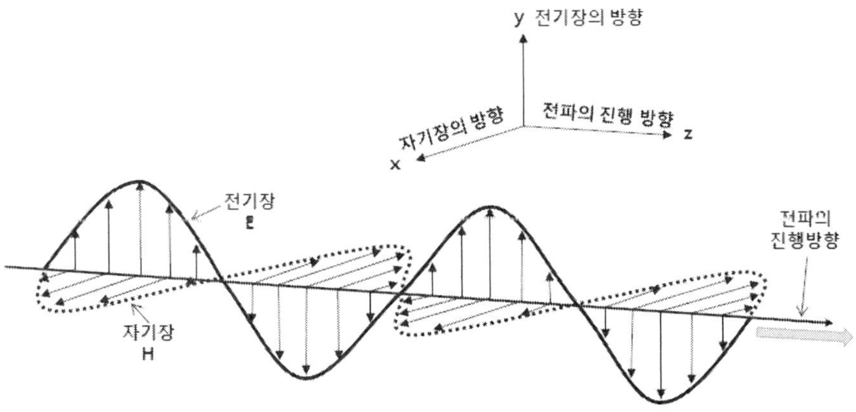

그림 2-17
전파의 전기장(Electric Field), 자기장(Magnetic Field), 전파의 진행방향 등에 대한 정의

왜 전파는 전기장과 자기장이 서로 90도 직각으로 발생할까? 이에 대한 궁금증은 빛의 정체를 파악하기 위한 아리스토텔레스 시대부터 시작되어 1864년 맥스웰(Maxwell)에 의해서 증명되었다.

맥스웰은 빛이 전기장과 자기장에 의한 전자파라는 것을 증명하였다(Wikipedia, Web: http://ko.wikipedia.org/wiki/, access dated 2013.1.6). 그 후 아인슈타인은 빛에 관한 상대성원리를 확립하여 오늘날 핵발전소가 탄생하는 계기가 되었다.

이와 같이 전파는 진행방향에 대해서 횡 방향으로 전기장과 자기장이 발생하는 횡 모드(Transverse Mode)로 진행한다. 여기서 모드(Mode)라는 것은 전파가 어떠한 형태로 진행하는지의 모습을 나타내는 것으로, 특정한 방향으로 전파의 에너지가 집중되는 형태를 나타낸다. 수직 안테나에 수직 방향으로 전류를 흘리는 경우, 이 안테나의 어떠한 방향으로 전파가 송출될 것인지는 전파

모드의 형태에 달려있다. 전파의 횡 모드에는 다음과 같은 3가지 모드가 있다.

가. TE 모드(Transverse Electric Mode)

TE 모드는 전파의 진행방향에 대해서 전기장(E)이 횡 방향으로 나타나는 모드를 의미한다. 전기장(E)이 횡 방향으로 나타나기 때문에 전파의 진행방향에 대해서 전기장(E) 성분은 없고 자기장(H) 성분만 나타난다. 즉, TE 모드는 영어 그대로 전기장(E)이 전파의 진행방향에 대해서 횡(Transverse)으로 발생하기 때문에 영(0)이 되고 그래서 자기장만 나타난다는 의미이다.

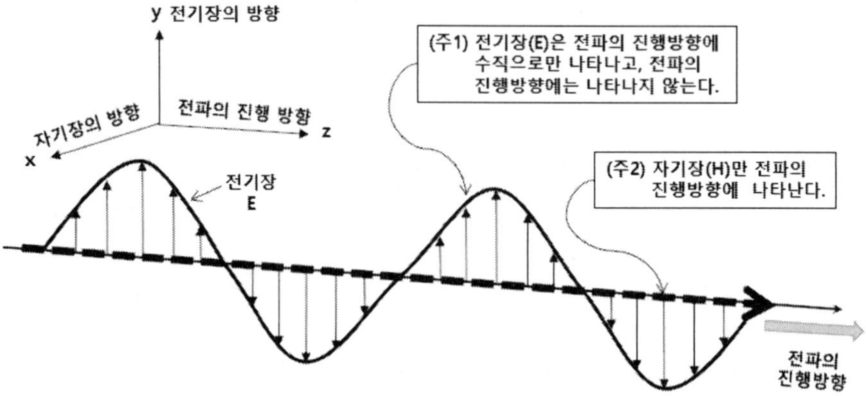

그림 2-18 TE 모드의 의미

나. TM 모드(Transverse Magnetic Mode)

TM 모드는 TE 모드와는 반대의 개념이다. TM 모드는 전파의 진행방향에 대해서 자기장(H)이 횡 방향으로 나타난다. 자기장(H)이 횡 방향으로 나타나기 때문에 전파의 진행방향에 자기장(H) 성분은 없고 전기장(E)만 나타난다. 즉, TM 모드는 영어 그대로 자기장(H)이 전파의 진행 방향에 대해서 횡(Transverse)으로 발생하기 때문에 영(0)이 되고 그래서 전기장(E)만 나타난다는 의미이다.

이와 같이 TE 모드와 TM 모드는 혼동될 수 있으니 잘 구분하여 학습해야 한다.

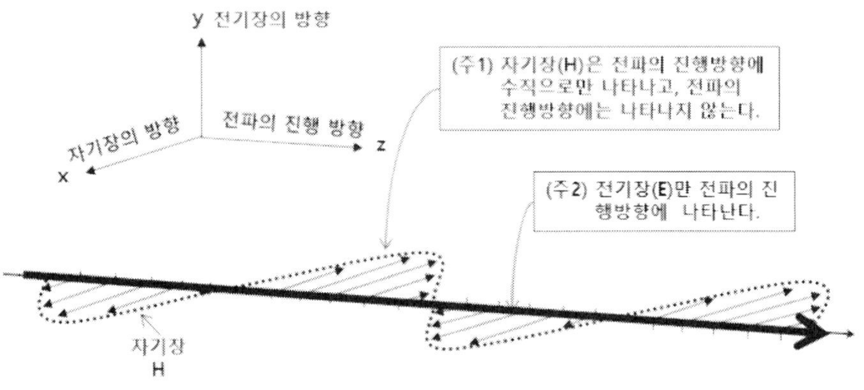

그림 2-19 TM 모드의 의미

다. TEM 모드(Transverse Electromagnetic Mode)

TEM 모드는 TE 모드와 TM 모드를 합성한 것을 의미한다. TEM 모드는 전파의 진행방향에 대해서 전기장(E)과 자기장(H)이 서로 90도의 위상 차이를 갖고 형성된다. 그래서 TEM 모드에서는 전파의 진행방향에 전기장(E)과 자기장(H)이 없는 것으로 해석한다. 이것은 전기장(E)과 자기장(H)이 서로 90도 횡(Transverse) 방향으로 발생함으로 서로 상쇄되기 때문이다.

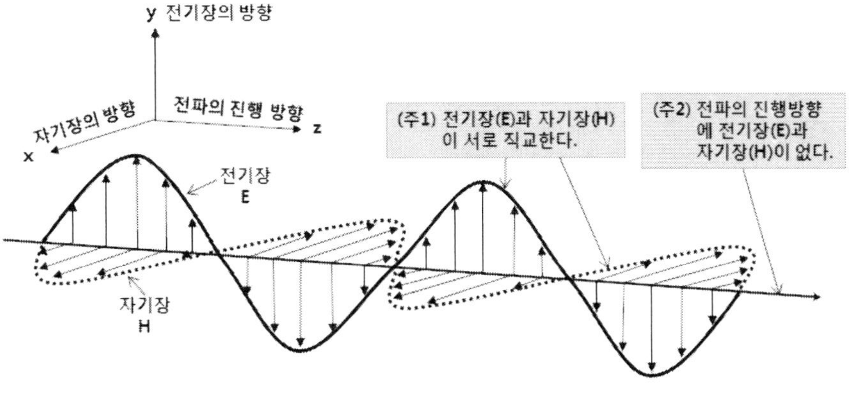

그림 2-20 TEM 모드의 의미

현재 무선통신에 사용하는 모드는 TEM 모드로서, 전기장과 자기장의 성분이 진행방향에 대해서는 없고(즉, 0), 진행방향에 대해서 서로 90도 직각인 수직성분으로만 작용하는 것으로 해석한다. 아울러, 이러한 전기장과 자기장을 어떻게 형성할 것인지에 따라서 전파(radio waves)의 전파(propagation)가 이루어진다. 무선통신에서는 안테나(antenna)를 이용하여 전기장과 자기장을 형성한다.

여기서 그러면 왜 전파는 전기장(E)과 자기장(H)이 발생해야만 멀리 전송될 수 있는지 생각해 보자! 만약 전파의 진행방향으로만 에너지가 있다면, 진행방향 위와 아래 부분에서는 전파를 수신할 수 없을 것이다. 방송국 안테나는 긴 철탑에 설치하는데 만약 전파가 진행하는 방향으로만 에너지를 갖는다면 철탑 아래에 살고 있는 사람은 방송을 청취할 수 없다.

현재 여러분들은 지면, 산, 바다 등 어디에서든지 라디오 방송을 청취할 수 있다. 왜 그럴까? 바로 전파가 TEM 모드로 진행하기 때문에 전파가 땅에도 전달되고 하늘에도 전달되는 등 입체적으로 발생하기 때문이다. 그래서 우리가 거주하는 공간 어디에서든지 방송을 청취할 수 있다.

3.2.2 전파의 주요 특징

전파의 주요한 특징은 다음과 같다.

① 감쇄(Attenuation) : 감쇄는 전파의 강도가 감소하는 특징을 나타낸다. 우리가 살고 있는 지구의 대기는 수분, 가스, 이온입자 등 많은 환경 요소가 포함되어 있기 때문에 전파를 흡수한다. 이로 인하여 전파는 거리가 멀어질 수 록 점차 감쇄된다.

② 직진(Straight forward) : 직진은 전파가 한쪽 방향으로 지속하려는 특징을 나타낸다. 전파는 다른 물체나 환경에 지배되지 않는 한 직진하려는 성질이 있기 때문에 송신과 수신 사이의 최단거리를 이동하려는 특징이 있다.

③ 반사(Reflection) : 반사는 전파가 입사방향과 다른 방향으로 꺾이는 현상을 나타낸다. 전파가 물체에 충돌하면 반사되면서 진행경로가 변동된다. 이러한 반사는 입사각과 반사각은 동일하다는 스넬(Snell)의 법칙을 따른다.

④ 굴절(Refraction) : 굴절은 전파가 꺾어지는 현상을 나타낸다. 전파가 서로 다른 매체를 통과하면서 굴절되면 진행방향과 진행속도가 변한다.

⑤ 간섭(Interference) : 간섭은 전파가 서로 영향을 미치는 특징을 나타낸다. 전파가 서로 간섭하면 전파의 성질이 왜곡된다.

⑥ 회절(Diffraction) : 회절은 전파가 휘어지는 특징을 나타낸다. 전파가 호이겐스(Huygens)의 원리에 의해 회절하면 방해 물체와 관계없이 물체의

후방으로 도달할 수 있다. 이 특징은 직진성과 반사성에 위배되는 특징이다. 특히, 뒤에서 설명하는 프레넬 영역(Fresnel Zone) 결정에 회절은 크게 관련된다.

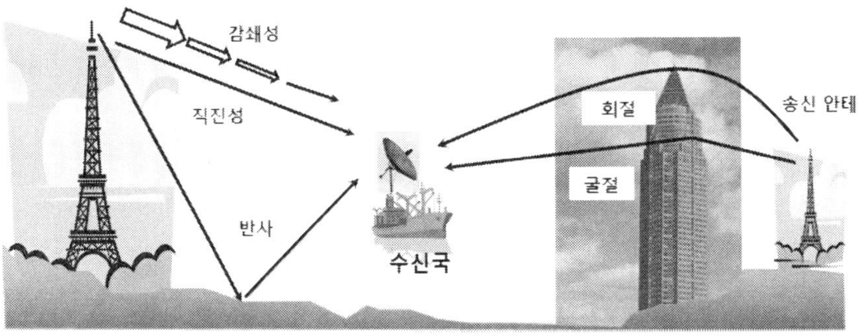

그림 2-21 전파의 주요 특징

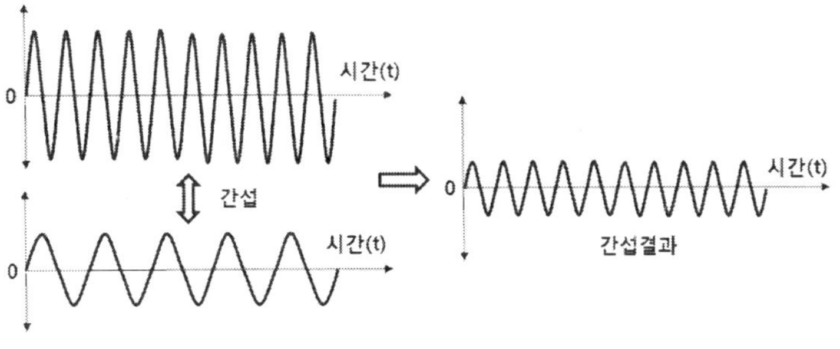

그림 2-22 전파의 간섭 특성

3.3 전파의 속성

3.3.1. 전파의 속도

전파의 속도 v는 빛의 속도 c와 같다고 정의되어 있다. 그러나 빛 속도와 같은 것은 아니고, 다음과 같이 다양한 매질의 특성에 따라서 변한다.

$$v = \frac{1.0}{\sqrt{\epsilon\mu}}\text{(m/s)} \tag{2-1}$$

여기서, ϵ는 매질의 유전율로서 $\epsilon = \epsilon_0\epsilon_s$ (F/m), ϵ_0는 진공 중의 유전율, ϵ_s은 매질의 비유진율, μ는 매질의 투자율로서 $\mu = \mu_0\mu_s$ (H/m), μ_0은 진공중의

투자율, μ_s는 매질의 비투자율.

상기 식(2-1)을 이용하여 진공 상태를 가정한 자유공간(free space)에서의 전파 속도 v_f는 다음과 같이 계산할 수 있다.

$$v_f = \frac{1.0}{\sqrt{\epsilon_0 \mu_0}} = 3 \times 10^8 (m/s) \tag{2-2}$$

여기서, 진공중의 유전율 ϵ_0과 진공중의 투자율 μ_0는 다음과 같이 주어진다. 이 값들은 이미 정해진 것이다.

$$\epsilon_0 = \frac{1.0}{36\pi} = 9.86 \times 10^{-12} (F/m) \tag{2-3}$$

$$\mu_0 = 4\pi \times 10^{-7} (H/m) \tag{2-4}$$

우리가 알고 있는 빛의 속도 $3 \times 10^8(m/s)$의 기원이 위의 식에서 비롯된 것인데, 조건은 아무런 장애가 없는 진공상태를 가정한 것임으로 실제 우리가 살고 있는 지구환경과는 대단히 다르다. 습기와 다양한 가스의 밀도, 온도 등에 따라서 빛 속도는 달라진다.

그리고 이러한 자유공간에서의 특성 임피던스는 다음 식(2-5)과 같이 377(Ω)으로 결정되어 있다.

$$Z_f = \sqrt{\frac{\mu_0}{\epsilon_0}} = 120\pi = 377(\Omega) \tag{2-5}$$

여기서, 특성 임피던스란, 자유공간이 전파에 미치는 영향을 나타낸 것으로, 자유공간에 전파를 방사하면 377(Ω)의 저항이 작용한다는 의미이다. 자유공간에서 377(Ω)은 대단히 큰 값이다. 그렇기 때문에 대기 중에 방사한 전파는 거리가 증가함에 따라 급속하게 감쇄된다.

3.2.2 주파수

주파수(Frequency)는 주어진 시간에 변동한 파동의 횟수를 의미한다. 사람이 듣는 소리(sound)는 초당 20번 내지 20,000번 진동한다. 이것은 20 Hz에서 20,000 Hz를 의미한다.

소리의 경우 주파수가 낮으면 멀리 전송되지만 지향성을 갖기 어렵고, 주파수가 높으면 멀리 전송할 수 있으나 지향성을 갖는다. 선박의 기본 기적소리가

70 Hz에서 700 Hz까지의 대역에 있는 이유는 항해안전을 위하여 멀리 있는 모든 선박에서 듣기 위함이다.

일반적으로 주파수는 다음과 같이 분류한다.

저주파(Low Frequency, LF)

중파(Middle Frequency, MF)

고주파(High Frequency, HF)

상기 3가지 분류 방식은 단지 주파수의 높고 낮음에 따른 분류일 뿐, 사용하는 목적에 따라서 다양한 형태로 구분된다.

우리나라의 주파수 분류는 대한민국전파법시행령 [별표5]에 명시되어 있는데(국가법령정보센터, 2012), 시행령 제28조와 관련한 주파수는 3 kHz ~ 3,000 GHz 사이를 명시하고 있다. 즉, 3,000 GHz 이하의 주파수를 전파법에 의한 주파수로 규정하고 있다. 3,000 GHz 이상은 X-선, 레이저(Laser) 광원 등의 분류에 적용한다. 여기서, 빛(Lights)도 전파의 일종으로 분류하고 있음을 참고 바란다.

○ 주파수의 표시(제28조 관련)

1. 전파의 주파수는 3,000 kHz 이하의 것은 kHz, 3,000 kHz 초과 3,000 MHz 이하의 것은 MHz, 3,000 MHz 초과 3,000 GHz 이하의 것은 GHz로 표시한다. 다만, 주파수 사용상 특히 필요가 있는 경우에는 이 표시방법에 의하지 아니할 수 있다.
2. 전파의 주파수대열은 주파수 범위에 따라 다음 표 2-1과 같이 9개의 주파수대로 구분한다.

표 2-1 대한민국전파법시행령 [별표5]에 명시되어 있는 주파수 구분

주파수대의 주파수 범위	주파수대 번호	주파수대약칭	미터법에 따른 구분
3 kHz ~ 30 kHz	4	VLF	밀리아미터파
30 kHz ~ 300 kHz	5	LF	킬로미터파
300 kHz ~ 3,000 kHz	6	MF	헥터미터파
3 MHz ~ 30 MHz	7	HF	데카미터파
30 MHz ~ 300 MHz	8	VHF	미터파
300 MHz ~ 3,000 MHz	9	UHF	데시미터파
3 GHz ~ 30 GHz	10	SHF	센티미터파
30 GHz ~ 300 GHz	11	EHF	밀리미터파
300 GHz ~ 3,000 GHz	12		데시밀리미터파

3.3.3 주파수와 파장

파장(Wavelength)은 주파수와 밀접한 관계가 있다. 파장에 따라서 자유공간에서의 전송손실이 결정되는데, 주파수가 낮으면 파장이 길게 되어 높은 지형을 원활하게 넘어 갈 수 있지만, 주파수가 높으면 파장이 짧게 되어 낮은 지형지물을 넘지 못하고 반사된다.

수 백 kH 대역을 사용하는 AM 방송은 멀리서도 들리고, 수 백 MHz 대역의 FM 방송은 가까운 거리에서만 들리는 이유가 여기에 있다. AM 방송용 기지국은 전국에 몇 개만 두어도 전국 어디서든 수신할 수 있지만, FM 방송용 기지국은 AM 방송과 비교하여 훨씬 많은 기지국이 필요하다.

전파는 공기 중에서 빛의 속도와 같은 300,000 km/s (즉, 3×10^8 m/s)의 속도로 진행한다. 파장을 λ, 전파 속도를 c (일정)로 두고, 주파수를 f 로 두면 다음 관계가 있다.

$$\lambda = \frac{c}{f} \tag{2-6}$$

여기서 파장(Wavelength)은 그리스 문자 λ로 쓰고, 파의 정상에서 다음 정상까지의 길이를 의미한다. 주기(Period)라는 것은 파장의 위상(Phase) 0도부터 360도까지 이동하는데 걸린 시간을 의미한다.

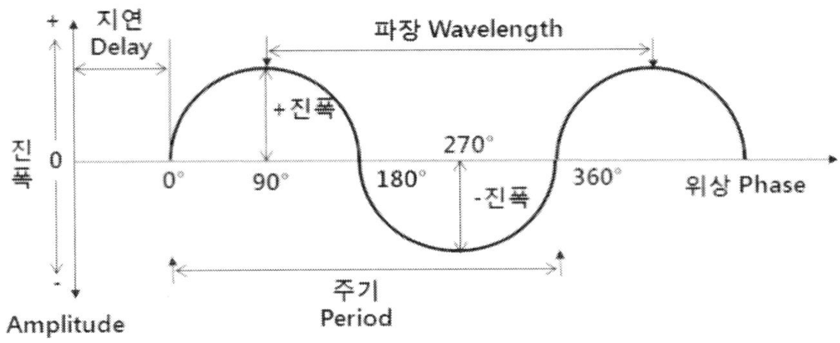

그림 2-23 전파의 지연(Delay), 주기(Period), 파장(Wavelength), 진폭(Amplitude) 등의 의미

주파수 f 의 측정 단위는 Hertz이고 심벌은 Hz로서 1초 간 주기의 수를 의미한다. 즉, 1초 동안 360도 주기의 파가 몇 개가 형성되는지를 의미한다. 그리고 Hz를 나타내는 단위는 나음과 갈나.

- 1 THz (Terra Hz) = 1,000,000,000,000 Hz (1×10^{12} Hz)
- 1 GHz (Giga Hz) = 1,000,000,000 Hz (1×10^{9} Hz)
- 1 MHz (Mega Hz) = 1,000,000 Hz (1×10^{6} Hz)
- 1 kHz (Kilo Hz) = 1,000 Hz (1×10^{3} Hz)

전파법시행령에 기록된 주파수의 표시(제28조 관련)와 달리 모든 주파수에 붙이는 단위와 명칭을 다음 표 2-2에 나타냈다.

표 2-2 주파수의 범위와 파장 등

약어	명칭	주파수 범위	파장 범위
ELF	Extremely Low Freq.	3 Hz ~ 3 kHz	100,000 km ~ 100 km
VLF	Very Low Freq.	3 kHz ~ 30 kHz	100 km ~ 10 km
LF	Low Freq.	30 kHz ~ 300 kHz	10 km ~ 1 km
MF	Medium Freq.	300 kHz ~ 3 MHz	1 km ~ 100 m
HF	High Freq.	3 MHz ~ 30 MHz	100 m ~ 10 m
VHF	Very High Freq.	30 MHz ~ 300 MHz	10 m ~ 1 m
UHF	Ultra High Freq.	300 MHz ~ 3 GHz	1 m ~ 10 cm
SHF	Super High Freq.	3 GHz ~ 30 GHz	10 cm ~ 1 cm
EHF	Extremely High Freq.	30 GHz ~ 300 GHz	1 cm ~ 1 mm

○ 파장 계산 방법

예를 들어, VHF DSC 통신장비는 채널 70에 주파수는 156.525 MHz(달리 표현하면 156,525 kHz 또는 156,525,000 Hz)이기 때문에 다음과 같이 파장은 1.92 (m)가 된다.

$$\text{주파수 } f = \frac{c}{\lambda} = \frac{300{,}000{,}000\,(m/\sec)}{\lambda\,(m)},$$

$$\text{파장 } \lambda = \frac{c}{f} = \frac{300{,}000{,}000\,(m/\sec)}{frequency\,(Hz)} = \frac{300{,}000{,}000\,(m/\sec)}{156{,}525{,}000\,(Hz)} = 1.92\,(m)$$

여기서 전파의 파장과 같은 파장의 길이를 갖는 안테나를 이용하면 전파를 가장 멀리 전송할 수 있다. 그래서 주파수가 156.525 MHz인 VHF DSC 통신장비는 1.92 m의 안테나를 이용하는 것이 최적이다. 만약 선박에 1.92 m 안테나를 설치할 수 없는 경우에는 1.92 m의 1/2 길이를 갖는 1/2 파장 안테나를 이용하더라도 통신에 크게 지장을 초래하지 않는다. 이를 '1/2 파장 법칙'이라 부른다.

그리고 전파는 공기의 매질이나 기상, 전도율 등의 영향으로 인하여 전송되는 거리가 감소하는 특징이 있다. 우리가 살고 있는 지구의 대기층에는 다양한 환경요소들이 있는데, 습도, 이온입자, 공기 밀도, 지구의 곡면 등 다양한 요소들이 전파의 전파에 영향을 미친다.

일반적으로 자유공간에서 전파의 속도는 이러한 환경적인 영향으로 인하여 이론적인 300,000 km/s가 아니라 약 99.97 %에 해당하는 299,910 m/s의 속도로 진행한다.

3.3.4. 위상

위상(Phase)은 좌표 원점에 대한 신호의 위치를 의미한다. 위상의 단위는 각도(degrees) 혹은 라디안(radians)을 사용한다.

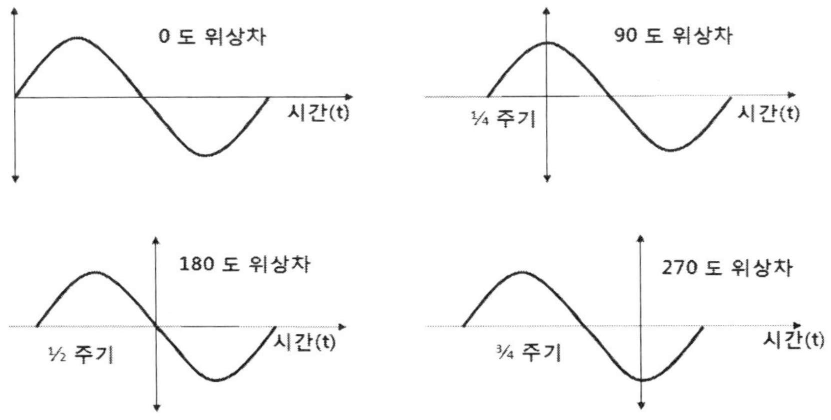

그림 2-24 위상의 의미

3.3.5 파동의 표현

- 마루(maximum amplitude) : 파의 변화 위치가 가장 높은 곳
- 골(minimum amplitude) : 파의 변화 위치가 가장 낮은 곳
- 파장 : 마루(또는 골)에서 마루(또는 골)까지의 거리
- 진폭 : 변위 0의 위치에서 마루(골)까지의 깊이
- 주기 : 한 번의 진동에 소요되는 시간, 즉 마루(또는 골)에서 마루(또는 골)까지 이르는데 소요되는 시간

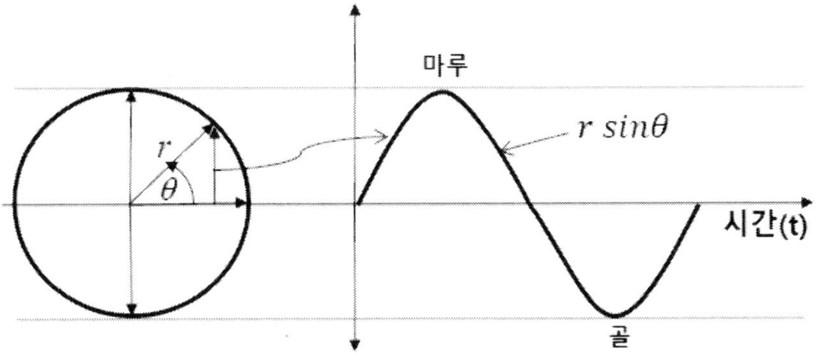

그림 2-25
파동의 개념을 설명하기 위해 나타낸 라디안(Radian)의 의미와 사인함수 및 이들 사이의 관계

3.3.6 전파의 세기

안테나에 높은 주파수의 사인파(sinusoidal wave)를 인가하면 앞에서 설명한 TEM 모드로 전자파가 발생하기 때문에 전기장과 자기장이 상호 90도 직각인 상태에서 사인파를 이루면서 방사된다.

안테나에서 방사된 전파의 세기는 자유공간에서의 특성 임피던스 377Ω으로 인하여 거리가 멀어짐에 따라 급속하게 감쇄된다. 전파의 세기는, TEM 모드의 전기장과 자기장 중에서 측정하기 쉬운 전기장의 세기로 나타낸다. 자기장은 지구자장과 혼합되고 다양한 지구환경 영향을 받기 때문에 측정하기 대단히 어렵다.

- 전기장의 강도는 무선송신기에서 임의의 거리만큼 떨어진 곳에서의 전기장의 세기를 나타낸다.
- 전기장 세기의 단위는 V/m로 나타내는데, 이 의미는 길이가 1.0 m인 안테나의 길이 당 유입되는 전압(V)의 크기를 의미한다.
- V/m 이외에 $\mu V/m$, $dB\mu V/m$ 등의 단위도 사용한다.

4. 선박 무선통신의 원리

4.1 선박 무선통신기의 구조

선박은 다음 그림들(그림 2-26, 그림 2-27))과 같은 다양한 안테나를 이용하여 육상과 또는 선박과 통신한다. 이러한 다양한 안테나는 각종 무선통신 장비들과 연계되어 있다. 그리고 무선통신 장비에는 변조와 복조 등 전파를 먼 거리로 전송하기 위한 다양한 회로들이 내장되어 있다.

그림 2-28은 무선장치의 간략한 개념도를 나타낸다. 무선장치는 송신부(transmitter)와 수신부(receiver)로 구성되고, 주요 구성요소는 안테나(antenna), 증폭기(amplifier), 필터(filter), 믹서(mixer), 오실레이터(oscillator) 등이다.

그림 2-26
선박용 안테나가 설치된 갑판의 모습

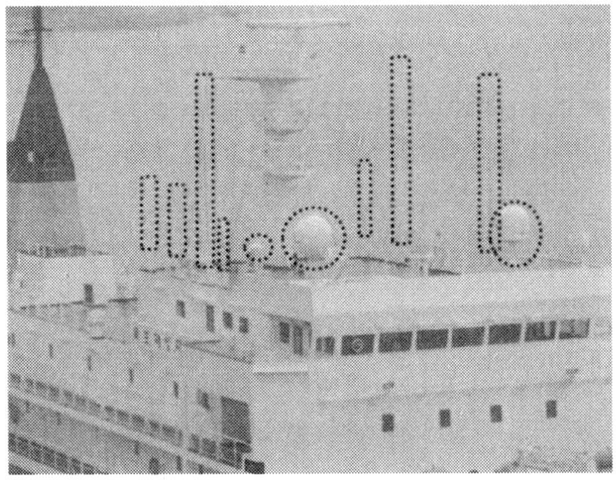

그림 2-27
선박에 장착된 다양한 안테나(점선으로 표시한 것들)

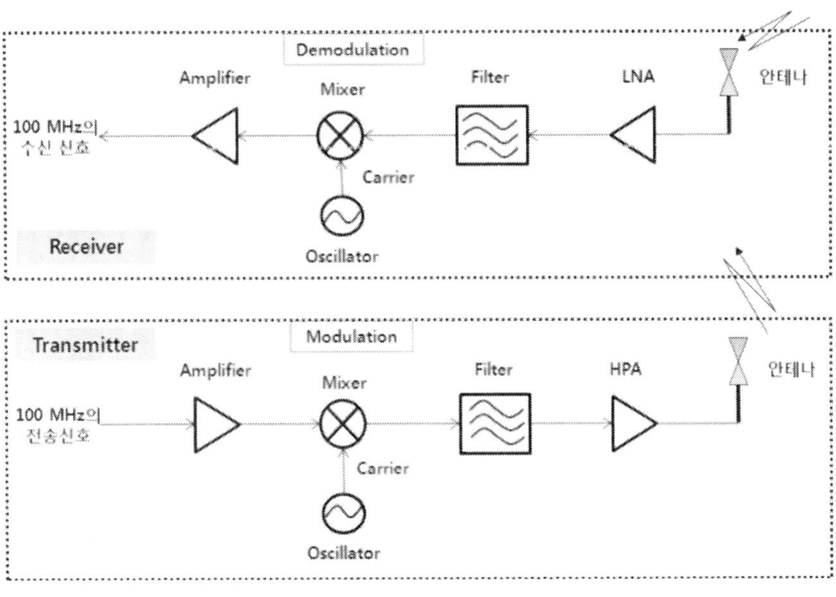

그림 2-28 선박 무선장치의 회로구성을 나타낸 블록선도

그림 2-28에 나타낸 각 부분을 구분하여 설명하면 다음과 같다.

4.1.1 증폭기

증폭기(Amplifier)는 신호를 크게 만들기 위한 것이다. 신호의 크기가 너무 작으면 복조, 변조, 부호화, 복호화 등 다양한 신호처리가 불가능하고, 특히, 미약한 신호에 포함된 잡음을 제거하기 위해서는 신호증폭이 필요하다.

4.1.2 저잡음 증폭기

저잡음 증폭기(Low Noise Amplifier, LNA)는 많은 잡음에 포함된 작은 신호를 검출하기 위한 것이다.

수신기 안테나에 입력된 전파는 대단히 미약함과 동시에 수많은 잡음이 혼합되기 때문에 미약한 전파에 포함된 작은 신호를 증폭하기 위해서는 더 이상의 잡음이 포함될 수 없는 LNA를 이용한다. LNA는 고도의 첨단 기술로 제작되며, 일반 증폭기와 달리 정밀하게 제작된다. 부품의 가격도 대단히 고가이다.

4.1.3. 고출력 증폭기

고출력 증폭기(High Power Amplifier, HPA)는 신호가 송신단에서 안테나로 출력되기 전에 크게 증폭하기 위한 종단 증폭기이다. 고출력을 내기 때문에 상당한 열이 발생한다. 선박에서는 적절한 냉방이 필요하고 너무 더우면 고장이 나거나 발열할 수 있음에 주의한다.

4.1.4 안테나

안테나는 무선통신에 가장 중요한 요소이다. 아무리 우수한 송수신 회로를 구성하더라도 안테나에서 전파가 방사되지 않거나 또는 안테나에서 전파를 수신할 수 없다면 통신은 불가능하다. 안테나는 뒷장에서 상세하게 설명한다.

4.1.5 필터

필터(Filter)는 필요한 주파수만 걸러내기 위한 것이다. 통신회로에는 다양한 필터가 사용되고 있다. 필터는 다음과 같이 분류한다.

○ 신호처리 방식에 의한 분류

- 아날로그 필터 : 수동소자를 이용한 필터(안테나의 입력단과 출력단 부분에 사용)
- 디지털 필터 : IC 형태의 소자와 디지털 신호처리 기술을 이용한 필터(안테나의 입출력을 제외한 대부분의 내부 회로에 사용)

○ 주파수 선택 방법에 의한 분류

- Low Pass Filter(LPF) : 낮은 주파수 신호만 걸러내는 저역통과필터
- Band Pass Filter(BPF) : 원하는 주파수 밴드의 신호만 걸러내는 대역통과필터
- High Pass Filter(HPF) : 고주파수 성분만 걸러내는 고역통과필터
- Comb Filter : 마치 머리빗(Comb)의 날과 같이 특징 주파수만 걸러내는 빗살필터
- All Pass Filter: 모든 대역의 주파수를 통과시키는 전대역통과필터

○ 필터를 구성하기 위한 모델링 방법에 의한 분류

- AR 모델 : 자기상관(Auto-Regressive) 기법을 이용한 모델링 방법
- MA 모델 : 이동평균(Moving Average) 기법을 이용한 모델링 방법
- ARMA 모델 : AR과 MA를 혼합한 모델

○ 필터 내부에서의 신호처리 방법에 의한 분류

- FIR 필터 : Finite Impulse Response(유한 임펄스응답)의 특성에 기반을 둔 것으로, 유한개의 임펄스 응답을 이용한 필터
- IIR 필터 : Infinitive Impulse Response(무한 임펄스응답)의 특성에 기반을 둔 것으로, 무한 반복하는 임펄스 응답을 이용한 필터

○ 필터의 블록도 : 필터는 일반적으로 다음 그림과 같은 기호로 나타낸다. 주파수 f_A를 갖는 신호를 필터에 통과시키면 f_B라는 신호만 걸러진다.

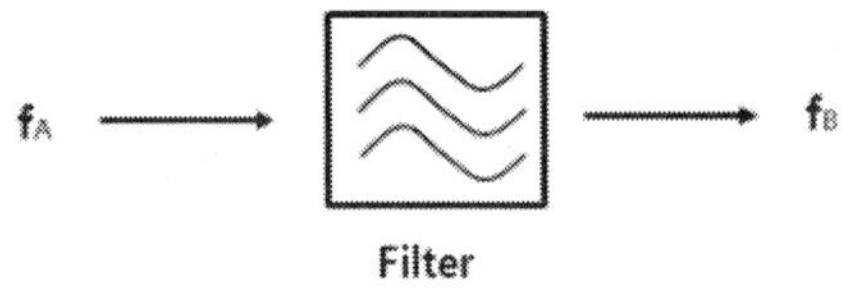

그림 2-29 필터의 기호와 필터의 기능

4.1.6 믹서

믹서(Mixer)는 신호를 다른 신호와 혼합하는 것이다. 믹서를 이용하면 신호를 원하는 주파수로 변경할 수 있다. 송신기의 끝에 있는 믹서를 상향변환기(up-converter)라 하고, 수신기의 끝단에 있는 믹서를 하향변환기(down-converter)라 한다.

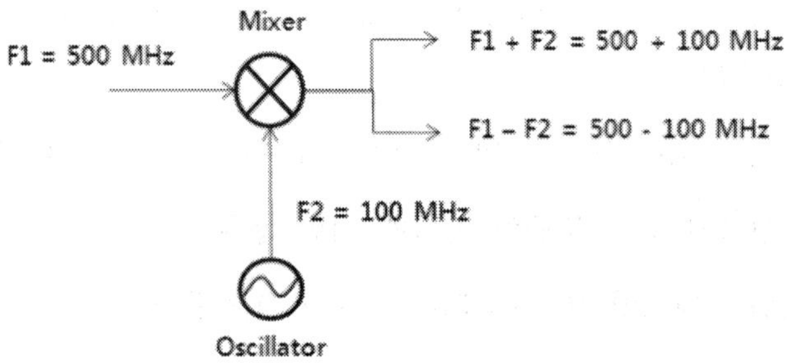

그림 2-30 믹서의 부호와 기능

4.1.7 소스

소스(source)는 다양한 주파수 신호를 생성하는 회로이다. 소스는 전원(power)과 다른 것인데, 전원은 전기 에너지를 공급하는 것임에 반하여 소스는 전원을 이용하여 필요한 주파수나 클록(clock)을 생성하기 위한 것이다.

무선장치는 항상 일정한 주파수의 클록을 이용하는 신호의 변복조, 부호화, 복호화 등이 필요하기 때문에 소스의 안정성은 대단히 중요하다. 소스를 진동하는 것이라는 의미에서'오실레이터(oscillator, 약칭은 OSC)'라고도 한다.

4.2 선박에서의 전파 전파

4.2.1 전파의 전파방법

전파의 전파란, 전파(Radio Wave)가 전파(Propagation)됨을 의미하는 것으로 한글로 번역하면 '전파의 전파'가 되고, 영어로 번역하면 Propagation of Radio Wave가 된다. 따라서 한글로서의 '전파의 전파'라는 의미를 잘 이해해야한다.

이러한 전파의 전파는 지구 공간에서 안테나를 이용하여 전기 에너지를 전파에너지로 방출하는 것을 의미하는데, 지구는 여러 이온 층(Layers of the ionosphere)으로 구성되어 있다. 이온층은 우주공간에서 지구로 들어오는 다양한 에너지 입자들과 지구에서 생성되는 가스나 공기에 의해서 만들어지는 층을 의미한다.

전파에서 이온층은 D-층(지구상에서 40 ~ 90 km 떨어진 공간), E-층(지구상에서 90 ~ 145 km 떨어진 공간), F-층(지구상에서 145 ~ 400 km 떨어진 공간) 등으로 구분한다.

안테나에서 방사된 전파는 다양한 이온층에 굴절되어 더 멀리 전파될 수 있기 때문에 이온층을 잘 이용하면 멀리까지(심지어 지구 끝에서 끝까지) 통신이 가능하다. 기존 장거리 해상통신은 이온층을 주로 이용하였다.

그러나 이온층을 이용하면, 이온층에 있는 전자입자와 전파가 충돌하여 많은 잡음과 통신지연이 발생한다. 그래서 최근에는 깨끗하고 지연이 없으며 일시에 대량 정보를 송수신할 수 있는 위성통신을 주로 이용한다.

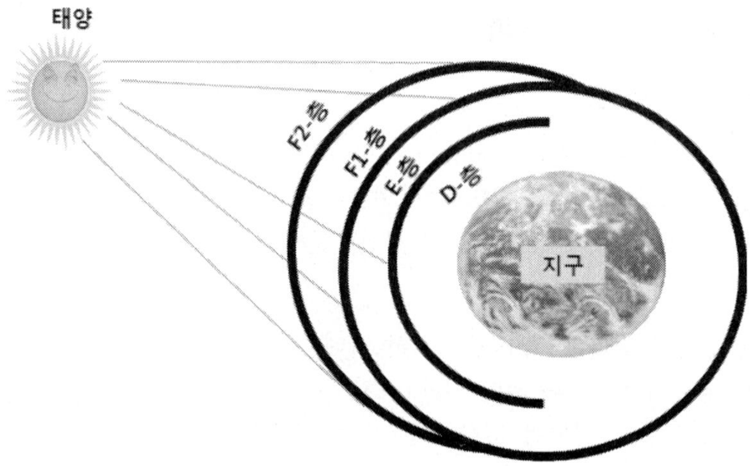

그림 2-31 지구를 둘러싸고 있는 이온층의 구조

4.2.2 VHF 통신 방법

VHF 통신(30~300MHz)은 해상통신장비 중에서 비교적 저주파에 속하는 통신방식으로 그림 2-32와 같이 이온층을 사용하지 않고 송신 안테나(TX, Transmitter)와 수신 안테나(RX, Receiver) 사이의 직접파(Direct Wave)와 지구면에서 반사되는 반사파(Reflected Wave)를 이용하여 통신한다.

한편, VHF 통신에서 반사파는 하나의 잡음으로 작용하여 통화 시 "찌지지직~" 하는 잡음을 유발하기 때문에 반사파는 억제되어야 한다.

TX와 RX 사이의 통신거리(km)는 다음 식(2-7)로 나타낼 수 있고, 마일(miles)로 나타내면 식(2-8)과 같이 나타낼 수 있다. 이러한 공식은 모두 앞의 장에서 전개한 이론에 근거한 것이다.

$$Range\,(km) = 4.1 \times (\sqrt{h1} + \sqrt{h2}) \tag{2-7}$$

$$Range\,(miles) = (\sqrt{2h1} + \sqrt{2h2}) \tag{2-8}$$

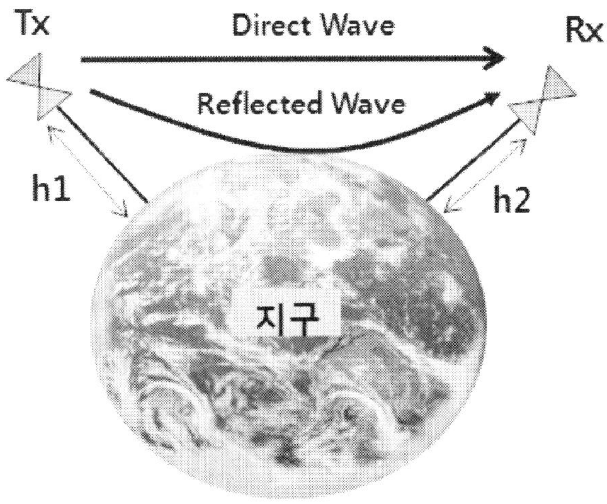

그림 2-32
VHF 통신개념 - 직접파(Direct Wave)와 반사파(Reflected Wave)의 관계에 주의할 것

4.2.3 MF 통신 방법

MF 통신(1605 ~ 4000 kHz)은 VHF 통신과 비교하여 통신거리가 긴 것이 특징인데, 그 이유는 파장이 길어서 멀리 나가기 때문이다(역으로 주파수는 작다). 약 150 마일에서 280 마일까지 통화가 가능하다.

MF 통신은 이온층 중에서 지구상에서 가장 가까운 D-층을 사용하는데, D-층은 우주에서 들어온 양자 입자가 대단히 많기 때문에 통화 시 잡음이 대단히 심하다. MF 통신은 D-층에 의한 반사파와 지구곡면을 따라가는 일종의 직접파(지표면파)에 의해서 통신이 이루어진다.

반사파에 의해서 장거리 전송이 가능한 것이 장점이지만, 반사파로 인하여 통화 시 잡음이 발생하는 것이 단점이다. 또한 지표면파에 있는 공기 또는 가스에 의해서 잡음이 발생하기 쉬운 단점이 있다.

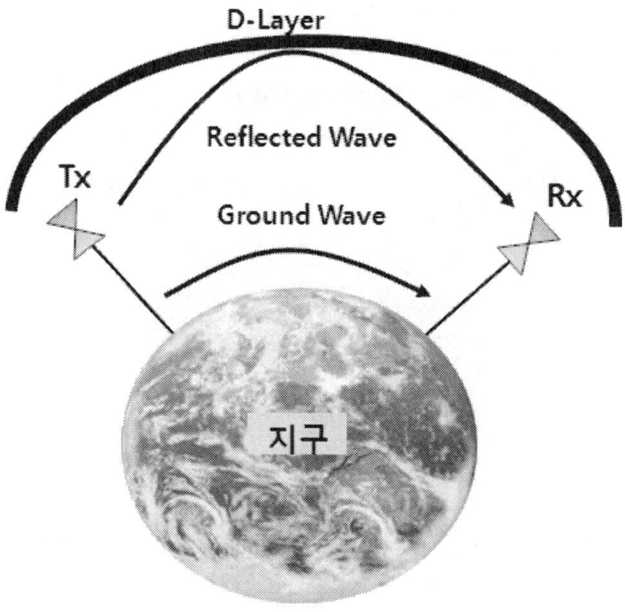

그림 2-33 MF 통신원리 - 지상파(Ground Wave)는 직접파(Direct Wave)에 해당한다. 이온층에서 반사되는 반사파(Reflected Wave)는 잡음을 발생시킬 수 있다.

5. 부호화와 변복조

5.1 샘플링과 펄스부호 변조 절차

디지털 변조를 위해서 모든 아날로그 신호는 아날로그-대-디지털 변환기(Analog-to-Digital Convertor, A/D 변환기)를 이용하여 샘플링(sampling)을 해야 한다. 샘플링이란 연속적인 아날로그 신호를 1과 0으로 구성된 2진 디지털 신호로 변환하는 작업을 의미한다.

샘플링에서 제일 중요한 것은, 원래의 아날로그 신호보다 반드시 2배 큰 주파수를 이용하여 샘플링을 해야 한다. 이를 섀넌(Shannon)이라는 사람이 개발하였다고 하여 '섀넌의 정리' 또는 '나이키스트 주파수(Nyquist frequency)'라고 한다.

예를 들어, 사람의 음성신호는 연속적인 아날로그 신호인데 이 신호를 샘플링을 하는 경우 가능한 많이 샘플링을 하여 디지털 신호로 만들어야만 원래 음성과 유사한 정보로 변환할 수 있다. 그러나 샘플링에 시간이 걸리기 때문에 무한정 샘플링을 할 수 없고, 적당하게 샘플링을 해야 한다. 이러한 적당한 샘플링의 양을 결정할 때 적용하는 것이 Shannon의 정리이다.

디지털 통신에서는 연속된 아날로그 정보 모두를 송신하는 것이 아니라 샘플링을 한 정보만을 송신한다. 연속된 아날로그 정보 모두 송신하려면 많은 시간이 걸린다.

그림 2-34는 아날로그 신호를 디지털 신호로 변환하는 절차를 나타내고, 그림 2-35는 디지털 신호를 아날로그 신호로 변환하는 절차를 나타낸다.

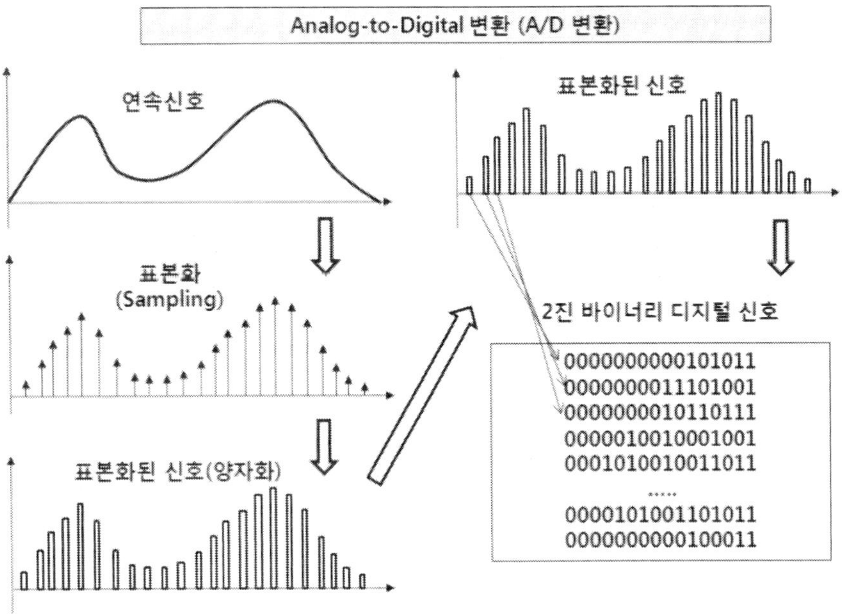

그림 2-34 아날로그(Analog) 신호를 디지털(Digital) 신호로 변환하는 절차

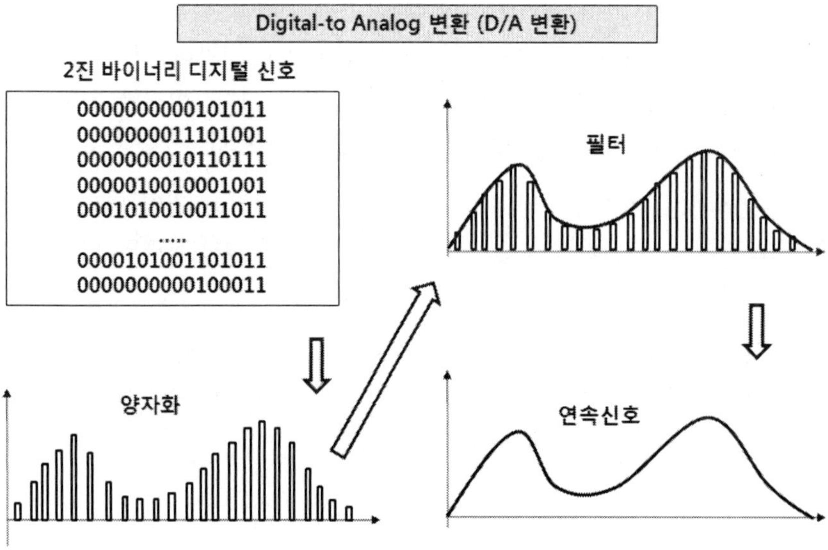

그림 2-35 디지털(Digital) 신호를 아날로그(Analog) 신호로 변환하는 절차

그림 2-36은 음성신호(아날로그 신호)를 디지털 신호로 변환시킨 후 변조시켜 송신하고(위의 그림), 수신 안테나를 이용하여 전파를 수신한 후 다시 복조시켜서 음성신호의 디지털 신호를 다시 복원하는(아래 그림) 절차를 나타낸다.

음성신호를 변조시켜서 송신하는 절차(그림 2-36에서 위의 그림)는 다음과 같다.

① 음성신호를 A/D 변환기를 이용하여 샘플링을 한다. 샘플링 결과는 0과 1의 2진 디지털 신호로 나타난다. 이러한 샘플링은 양자화(Quantization)라는 과정을 통해서 수행된다.

② 디지털 신호를 부호기(Encoder)를 이용하여 펄스 형식의 데이터로 변환한다. 이 과정을 펄스부호변조(Pulse Coded Modulation)라 한다.

③ 마지막으로 BPSK, QPSK 등의 변조기술을 적용하여 변조시켜서 안테나로 전송시킨다. (그림 2-36에서 아래 그림의 복조과정은 뒤에서 기술함)

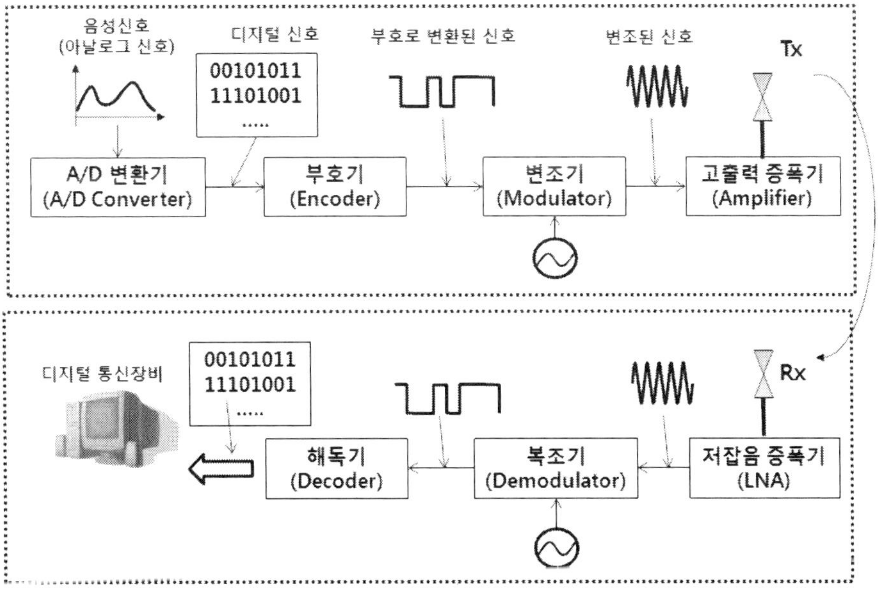

그림 2-36 음성신호(아날로그 신호)의 변조(위 박스 그림)와 복조 절차(아래 박스 그림)

5.2 부호화 형식

위에서 디지털 신호를 부호기(Encoder)를 통해서 부호를 만든다고 하였다. 부호기를 이용한 부호화(Encoding)는 무엇인지 살펴본다. 참고로, 부호화된(Encoding) 신호를 재생하는 것을 복호화(Decoding)라 한다.

5.2.1 Bi-Phase 부호화

- 출처 : Everything2(2013) (Web: http://everything2.com/title/Bi-Phase+ encoding, access dated: 2013.01.06)

부호화에는 실로 다양한 기법이 있는데, 우선 Bi-Phase 부호화 기법을 설명한다.

Bi-Phase 부호화는 비동기식 이진데이터에 대한 부호화 기법 중 하나이다. 일반적으로 '0'과 '1'로 구성된 디지털 메세이지를 전송하기 위해서는 '0'이라는 정보에 대해서 낮은 전압을 의미하는 'L'로 전송하고 '1'에 대해서는 높은 전압을 의미하는 'H'로 전송하면 된다. Bi-Phase 부호화에는 이러한 디지털 정보가 매 비트마다 L과 H가 조합된'LH' 또는 'HL'로 구성되어 있다. 그래서

Bi-(즉, 둘)라는 명칭이 부여된 것이다.

다음 그림은 '101100011010'이라는 디지털 정보를 Bi-Phase 부호화기법을 적용한 경우로서, 처음 비트가 'HL'이기 때문에 '1'에 해당하고, 다음 비트는 'LH'이기 때문에 '0' 그 다음 비트는 'HL'이기 때문에 '1' 등과 같이 변환된다. 이와 같이 1비트에 'L'과 'H'를 조합하여 사용하는 방식을 Bi-Phase 부호화 기법이라 한다.

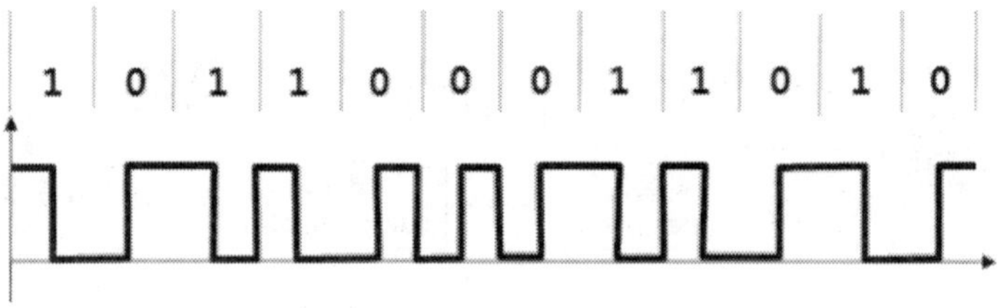

그림 2-37 Bi-Phase 부호화 방법

Bi-Phase 부호화의 장점은 위의 그림과 같이 매 펄스가 1/2 비트의 길이 또는 1 비트의 길이의 신호를 반드시 갖고 있기 때문에 이 펄스 자체가 일종의 시간을 측정할 수 있는 클록(clock)으로 작용할 수 있다.

즉, 펄스의 개수를 측정하면 얼마만한 데이터가 수신되었는지를 알 수 있다. 이러한 클록이 송신기와 수신기에 사용되면, 송신기와 수신기는 일정한 펄스를 측정할 수 있고, 그래서 수신기가 메세이지 시작에서부터 많은 비트 주기가 지난 경우에도 절대로 추적에 실패하지 않는다.

5.2.2 기타 부호화 형식

- 출처 : CKP(2013), Connectivity Knowledge Platform, (Web: http://ckp.made-it.com/encodingschemes.html, access dated:2013.1.5)

Bi-Phase 부호화 형식 이외에도 다음과 같은 부호화 형식이 있다.

- Non-Return-to-Zero Level(NRZ-L) 부호화 형식 : 1을 1개의 H 레벨로 지정하고, 0은 H 레벨 보다는 낮지만 0이 아닌 L 레벨로 지정하는 방식
- Non-Return-to-Zero Mark(NRZ-M) 부호화 형식 : 1을 레벨이 변할 때로 지정하고, 0은 레벨이 변하지 않을 때로 지정하는 방식

- Non-Return-to-Zero Space(NRZ-S) 부호화 형식 : 1을 레벨이 변하지 않을 때로 지정하고, 0은 레벨이 변할 때로 지정하는 방식

그리고 Bi-Phase-M 부호화 형식, Bi-Phase-S 부호화 형식, DBi-Phase-M 부호화 형식, DBi-Phase-S 부호화 형식 등도 있다.

5.3 변조와 복조

5.3.1 변조와 복조의 개념

변조(modulation)는 전송하려는 신호를 마치 암호처럼 다른 형태의 신호로 변환하는 기술이다.

신호를 변조하는 목적은, 장거리 전송은 물론 다른 통신에 방해를 주거나 받지 않으면서 신호를 정확하고 고품질로 전송하기 위함이다. 예를 들어, 손전등의 깜빡이는 불빛을 이용해서 신호를 보내면, 100 미터도 전송하기 어렵다. 반면 전파는 수 천 해리(nautical miles)까지 생생하게 전송된다. 비결은 바로 변조에 있다. 이와 반대로 원래 신호의 복원을 복조(demodulation)라 한다.

전문용어로 변조를 정의하면, 변조는 저주파 신호인 아날로그 또는 디지털 형태의 정보를 고주파 신호로 변환하는 것이다. 여기서, 우리가 일상생활에서 듣거나 보고 있는 문자, 음성, 영상 등의 아날로그 또는 디지털 형태의 정보는 저주파 신호로 고려될 수 있다.

예를 들어, 사람이 들을 수 있는 음성의 가청대역은 20 ~ 20,000 Hz 사이이고, 방송에서 사용하는 변조된 신호는 수천 kHz에서 수 백 MHz에 달한다. 변조에 사용하는 용어는 다음과 같다.

① 피변조 신호(modulating signal) : 변조시키려는 원래의 신호를 의미하는 것으로 변조의 입력신호가 된다. 위에서 설명한 저주파 신호로서 전문용어로는 기저대역 신호(baseband signal)라 한다.

② 반송파(carrier) : 저주파 신호를 실어 나를 신호이다. 고주파 신호를 의미한다.

③ 변조된 신호(modulated signal) : 변조된 결과를 의미하는 것으로, 출력신호를 말한다.

그림 2-38은 변조와 복조의 과정을 나타낸 것으로, 절차는 다음과 같다.

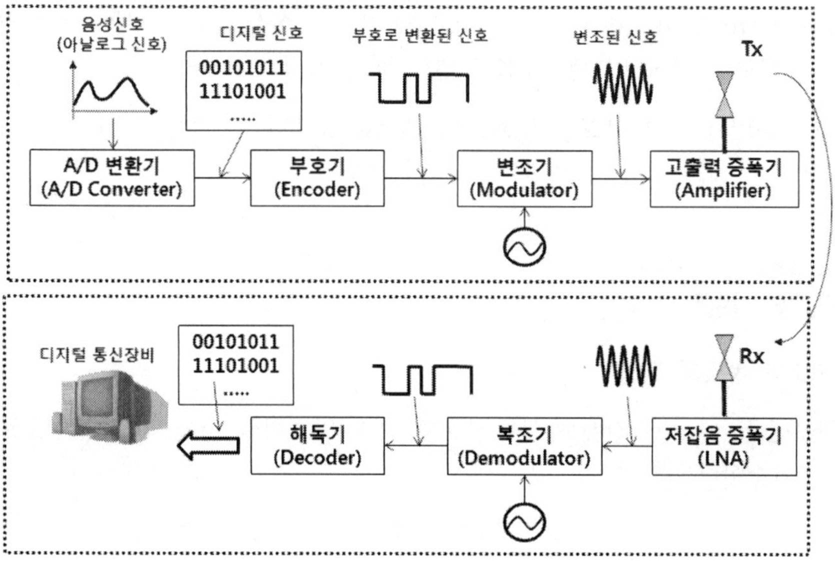

그림 2-38 변조와 복조에 대한 개념

① 우리 생활에 존재하는 문자, 음성, 영상 등의 정보를 특정한 형태의 부호로 바꾼다. 이 작업을 인코딩(encoding) 또는 부호화라 한다. 인코딩을 거친 신호는 더 이상 사람이 알 수 없는 일정한 주파수를 갖는 신호가 되는데 여기에는 메세이지가 포함되어 있다. 이 신호를 기저대역신호(baseband signal)라 한다.

② 반송파(carrier wave)를 만든다. 반송파는 전파를 전달하기 위하여 사용되는 고주파이다. 마치 AM, FM 방송에 사용되는 수천 kHz에서 수 백 MHz의 전파를 의미한다. 전파는 멀리 전송될 수 있다.

③ 기저대역신호를 반송파와 곱셈하여 전송신호를 만든다. 이 곱셈은 3×5=15와 같은 의미가 아니라, 2가지 신호를 혼합하기 위한 것으로 콘볼류션(convolution)이라 한다. 이 과정에 푸리에 변환(Fourier Transformation)과 힐버트 변환(Hilbert transformation) 등의 수학적인 기법이 적용된다.

④ 복조는 상기 과정의 반대 과정으로 진행된다.

여기서, 이러한 음성, 영상, 문자 등 다양한 정보를 동시에 송신하기 위해서는 많은 채널(다중 채널)이 필요하다. 채널이란 한 가지 정보를 전송하는데 필요한 주파수 대역을 의미하는 것으로, 일반적으로 Inmarsat와 같이 문자와 음성을 동시에 대량으로 송신하기 위해서는 다양한 기저대역신호에 대한 채널이 필요하다.

변조를 이용하면, 진폭, 주파수, 위상 등이 서로 다른 다양한 기저대역신호를 만들 수 있다. 그래서 이들 사이의 상호간섭 없이 또는 다른 통신 채널에 방해를 주지 않는 통신 시스템을 구축할 수 있다.

그리고 변조에는 고주파의 반송파를 이용하기 때문에 안테나 길이를 소형화 할 수 있다. 여기서 주파수가 높을수록 파장이 작기 때문에 안테나 길이가 작아도 된다.

5.3.2 변조 방법

변조에는 아날로그 변조기술과 디지털 변조 기술이 있다. 최근 무선통신 장치는 대부분 디지털 변조기술을 사용하고 있다.

가. 아날로그 변조기술

아날로그 변조기술에는 현재 방송용으로 사용하는 AM(Amplitude Modulation) 방식, FM(Frequency Modulation) 방식, PM(Phase Modulation) 방식 등이 있다. AM은 진폭을 변조시키는 것을 의미하고, FM은 주파수를 변조시키는 것을 의미하며, PM은 위상을 변조시키는 것을 의미한다.

나. 디지털 변조 기술

디지털 변조는 참으로 다양하고 복잡한 기술이 있다. 이 모든 것을 GOC 해기면허를 갖는 항해사가 이해하는 것은 불가능하다. 그 이유는 변조기술을 이해하기 위해서는 고도의 수학과 신호처리 이론, 전기전자 기초이론, 신호변환 이론 등의 학습이 필요하기 때문이다.

본 교재에서는 앞의 해상통신장비의 다양한 전기사양에 기술된 변조기술만을 집중적으로 설명한다. 기타 내용은 전문서적을 참고하기 바란다. 디지털 변조의 종류는 다음과 같다.

- ASK(Amplitude Shift Keying) : 비트 값이 1과 0의 디지털 데이터 값에 따라서 반송파의 크기를 번조시키는 방식으로, 1은 크기를 크게 만들고, 0은 크기를 영(0)으로 만든다.
- FSK(Frequency Shift Keying) : 비트 값이 1과 0의 디지털 데이터 값에 따라서 반송파의 주파수를 변조시키는 방식으로, 1은 고주파, 0은 저주파 등으로 만든다.

- PSK(Phase Shift Keying) : 비트 값이 0일 때에는 위상을 0으로 만들고, 1일 때는 위상을 180도로 바꾼다.
- BPSK(BiPhase Shift Keying) : 이중 위상 편이 방식을 의미한다.
- QPSK(QuadriPhase Shift Keying) : 360도를 4개로 구분한(즉, QuadriPhase) 90도의 위상(360도/4)을 이용하면 2배의 정보를 전송할 수 있다. 여기서, 왜 4배가 아니고, 2배일까? 0도, 90도, 180도(0도), 270도(-90도) 등임으로 0이 2번이고, - 신호는 없기 때문에 2배가 된다.
- 8-PSK(8-Phase Shift Keying) : 8각 위상 편이 방식을 의미한다.
- 16-PSK(16-Phase Shift Keying) : 16각 위상 편이 방식을 의미한다.
- MSK(Minimum Shift Keying) : 최소 편이 방식을 의미한다.
- QAM(Quadrature Amplitude Modulation) : 진폭과 위상을 동시에 변화시키는 편이 방식을 의미한다.

5.4 진폭 변조와 복조

5.4.1 AM 반송파의 정체

진폭변조(AM; Amplitude Modulation)와 주파수 변조(FM; Frequency Modulation)는 오래전부터 방송에 사용하고 있는 대표적인 아날로그 변조기술이다. 흔히 우리가 부르고 있는 AM 방송, FM 방송이라는 용어가 이러한 변조 방법에서 유래된 것이다.

아날로그 변조는, 기저대역신호에 대해서 진폭 A_c, 주파수 ω_c, 위상 θ 중에 어느 하나를 변조시키는데, 진폭을 변조시키면 AM, 주파수를 변조시키면 FM, 위상을 변조시키면 PM 등이 된다.

AM에 사용하는 반송파 신호 $\nu_c(t)$는 다음 식으로 나타낼 수 있다.

$$\nu_c(t) = A_c \sin(\omega_c t + \theta) \quad (2\text{-}9)$$

여기서,

- $\nu_c(t)$: 시간 t에 대한 함수를 의미하는 것으로 반송파(밑 첨자 c는 carrier의)가 시간에 따라서 변함을 뜻한다. 즉, 우리가 듣는 방송은 시간에 따라서 음성이 변하고 있다. 시간에 따라 방송이 변하지 않으면 방송

이 아닐 것이다.

- A_c : 1볼트 2볼트와 같은 신호의 반송파의 진폭(Amplitude)을 의미한다.
- ω_c : 각주파수(angular frequency)로서 $\omega_c = 2\pi f$이고, 단위는 초당 라디안(radian/second, rad/s)이다. 즉, ω_c(rad/s)는 주파수 f(Hz)에 2.0과 π(3.141592)를 곱한 것이기 때문에 단위는 주파수 f(Hz) = 1/시간(t) = 1/s가 됨으로 rad/s가 된다.
- t : 초 단위의 시간이다.
- θ : 0도, 90도, 180도 등의 위상이다.

여기서, 이러한 식을 어렵게 생각하지 말고 그냥 고등학교 때 배운 $\sin(\theta)$로 생각하면 된다. $\sin(\theta)$에 이것저것 곱하고 더한 것이라고 생각하면 된다.

$A_c \sin(\omega_c t + \theta)$에서 각주파수 ω_c와 시간 t, 위상 θ을 고려한 이유는, 진폭 A_c의 크기를 변화시키면 AM 변조, 각주파수 ω_c를 변화시키면 FM 변조, 위상 θ을 변화시키면 PM변조가 되기 때문이다.

그리고 $A_c \sin(\omega_c t + \theta)$에서, 왜 f을 사용하지 않고 ω_c을 사용하는가? 그 이유는 $\sin(\omega_c t + \theta)$을 계산하기 위해서다. 즉, 100 Hz, 200 Hz 등과 같은 주파수만 이용하면 시간변화에 따른 변조를 할 수 없기 때문에 시간 t와 위상 θ 및 주파수 f을 모두 고려하기 위해서 ω_c을 사용하는 것이다.

아래 그림 2-39는 반송파 신호, 피변조 신호, 변조된 신호 등을 각각 나타낸다.

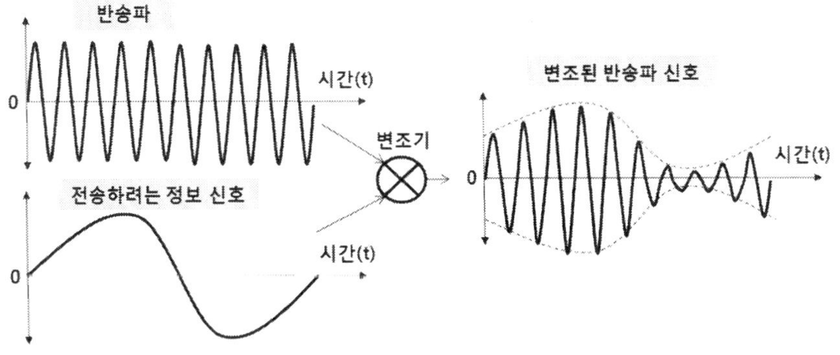

그림 2-39 반송파 신호, 기저대역 신호(전송하려는 신호), 변조된 반송파 신호 등의 개념

1.1.1 5.4.2 AM 변조 결과

AM 방송은 음성신호를 전송하기 위한 것인데, 이러한 음성신호에 대한 기저대역신호 $\nu_d(t)$는 다음과 같이 나타낼 수 있다.

$$\nu_d(t) = A_d \sin(\omega_d t) \tag{2-10}$$

그리고 반송파 신호 $\nu_c(t)$에 음성신호의 기저대역신호 $\nu_d(t)$을 콘볼류션(convolution) 연산을 하면 우리가 원하는 진폭변조 신호를 구할 수 있다.

$$\nu_m(t) = \nu_d * \nu_c \tag{2-11}$$

여기서, $*$는 convolution 연산.

이러한 진폭 변조된 신호는 다음과 같은 다양한 형태로 나타낼 수 있다.

$$\nu_m(t) = [A_c + A_d \sin(\omega_d t)] \sin(\omega_c t) \tag{2-12}$$

$$\nu_m(t) = A_c [1 + \frac{A_d}{A_c} \sin(\omega_d t)] \sin(\omega_c t) \tag{2-13}$$

$$\nu_m(t) = A_c [1 + \xi_{AM} \sin(\omega_d t)] \sin(\omega_c t) \tag{2-14}$$

여기서 ξ_{AM}는 변조지수(modulation index)를 나타낸 것으로, $\xi_{AM} = \frac{A_d}{A_c}$이고, A_d는 피변조 신호의 첨두 값, A_c는 반송파 신호의 첨두 값 등이다.

왜곡 없는 정보 전송을 위해서 ξ_{AM}은 1.0 이하가 될 것이 요구된다. 아래 3가지 그림은 $\xi_{AM} \le 1.0$의 정상변조, $\xi_{AM} = 1.0$의 100% 변조, $\xi_{AM} > 1.0$의 과도한 변조 등을 각각 나타낸다.

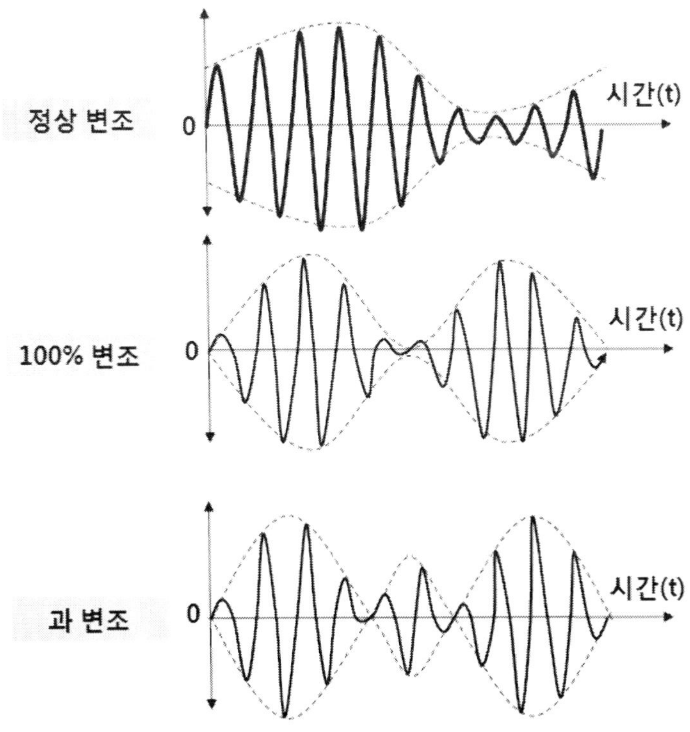

그림 2 40 정상변조, 100%변조, 과변조 등의 의미

5.4.3 SSB 방식

AM 통신 방식은 다시 DSB(Double Side Band, 양측파대통신)과 SSB (Single Side Band, 단측파대통신)으로 구분된다. 특히 SSB 통신은 장거리 통신에 적용되는 것으로 주로 어선에 많이 사용되고 있다.

DSB와 비교하여 SSB 방식은 많은 장점을 갖기 때문에 28 MHz 이하의 주파수를 사용하는 단일 통신로 무선통신전화에서는 대부분 SSB를 사용하고 있다.

SSB는 단측파대 전송방식인데, 기저대역신호를 반송파로 콘볼류션(Convolution) 변조하면 피변조파의 스펙트럼은 반송파를 중심축으로 상측파대와 하측파대가 발생한다. 상측파대(uppcr sidc band)는 신호파의 스펙트럼을 높은 주파수대로 이동시킨 것이고, 하측파대(lower side band)는 신호파의 스펙트럼을 반전시켜서 낮은 주파수대로 이동시킨 것이다.

여기서, 스펙트럼이란 다양한 주파수를 갖고 있는 특성을 의미하는 것으로, 피변조파에는 다양한 스펙트럼(즉, 주파수)이 있는데, 주파수 영역에서 피변조파를 이동시킨다는 의미이다.

이러한 상측파대와 하측파대는 반송파를 중심으로 대칭을 이루고 있기 때문에 한 쪽 파대만을 전송해도 수신측에서 재생할 수 있다. 그래서 한쪽 파대를 이용한 통신이라 하여 SSB(단측파대 통신)라 부른다. 이러한 SSB의 특징은 다음과 같다.

1) 점유하는 주파수 폭이 DSB와 비교하여 1/2로 된다.

2) 반송파 및 한 쪽의 측파대(side band)를 송신하지 않기 때문에 송신 전력을 감소시킬 수 있다.

3) 대역폭이 좁기 때문에 잡음이 감소되어 SNR이 향상됨으로 수신 감도가 좋다.

4) 반송파에 의해 발생하는 다양한 통화채널 사이의 혼합변조 현상을 억제할 수 있다.

5.5 주파수 변조

주파수 변조는 진폭은 고정시키고 다음 식과 같이 주파수를 변화시켜서 변조한다.

$$\nu_m(t) = A_c \sin[\,2\pi(f_c + \Delta f(\sin 2\pi f_d t))\,t] \tag{2-15}$$

여기서 f_c는 반송파의 주파수, f_d는 피변조 신호의 주파수, Δf는 편이된 주파수이다.

$\sin 2\pi f_d t = \pm 1.0$일 때 최대 주파수 편이가 발생한다. FM의 변조지수는 다음과 같이 나타낸다.

$$\xi_{FM} = \frac{\Delta f}{f_d} \tag{2-16}$$

5.6 디지털 변조

5.6.1 개요

해상무선통신 시스템은, 다양하고 방대한 정보 처리를 위하여 대부분 디지털 변조기술을 적용하고 있다. 디지털 변조기술은 아날로그 변조기술과 비교하여 채널용량이 크고, 잡음에 강하며, 시스템 구현이 용이한 장점이 있다.

디지털 통신은 1과 0의 이진 코드를 이용하는 것으로, 1과 0을 어떻게 조합하느냐에 따라서 통신방식이 결정된다. 디지털 통신에서는 전송속도를 초당 송신하는 비트(bit per second, bps)로 나타낸다. 최근 디지털 통신은 고도의 디지털 변조기술을 적용하여 64 kbps, 128 kbps 등 고속 전송이 가능하다.

이러한 디지털 통신에서 중요한 것은 정확하게 1과 0의 정보를 주고받는 것이다. 예를 들어, '1100 1101 0101' 등과 같이 12비트의 정보를 보내는 경우 정확하게 수신했는지를 아는 방법은 다음과 같다.

1) 1100 1101 0101의 정보를 전송할 때 이 데이터 앞에 몇 비트의 정보인지를 알리는 방법. 즉, (n=12) 1100 1101 0101인 경우, 만약 12 비트가 수신되지 않았다면 오류가 발생했음을 알 수 있다.

2) 1100 1101 0101의 정보를 전송할 때 이 데이터 앞에 1과 0이 몇 개인지를 알리는 방법. 즉,(1=7, 0=5) 1100 1101 0101로 보내면 1과 0의 수를 세어서 오류를 감지할 수 있다.

3) 복합적인 방법으로 위의 2가지를 혼합하여, (n=12, 1=7, 0=5) 1100 1101 0101로 보내면 더 정확하게 오류를 감지할 수 있다.

디지털 통신은 1과 0의 수만 정확하게 알면 되기 때문에 정확하게 1과 0을 보낼 수 있는 변조방식을 찾아야 한다. 이러한 전송 데이터 비트의 오류를 비율로 나타낸 것이 BER(Bit Error Rate)이다.

5.6.2 진폭편이 변조

진폭편이 변조(Amplitude Shift Keying, ASK)는 비트 값이 1과 0의 디지털 데이터 값에 따라서 반송파의 크기를 변조시키는 방식이다. 1은 회로에서 전류를 흘려서 신호의 크기를 크게 만들고, 0은 전류를 차단하여 크기를 영(0)으로 만든다. 그림 2-41은 ASK에 대한 변조방법을 나타낸다.

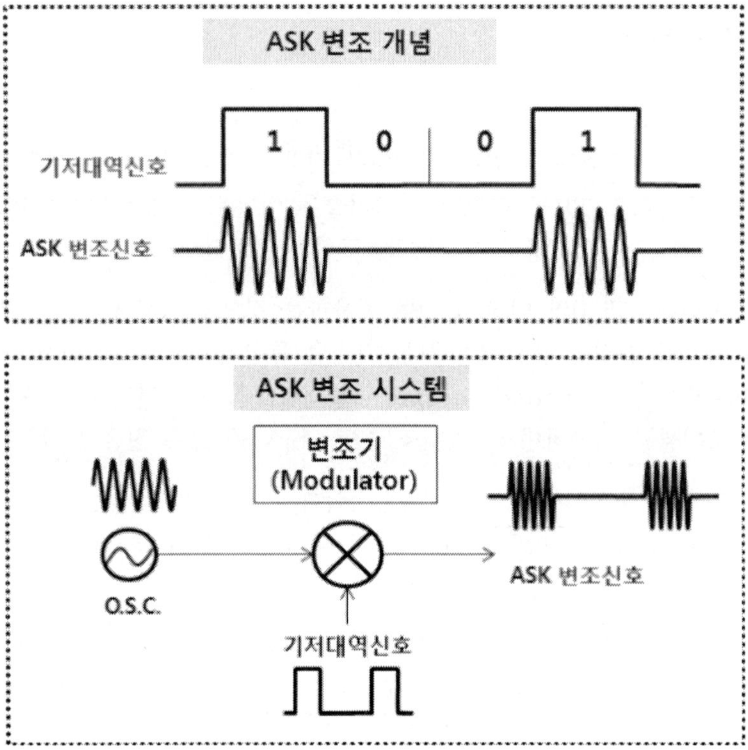

그림 2-41 ASK 변조의 개념

5.6.3 주파수편이 변조

주파수 편이 변조(Frequency Shift Keying, FSK)는 비트 값이 1과 0의 디지털 데이터 값에 따라서 반송파의 주파수를 변조시키는 방식이다. 1은 고주파, 0은 저주파 등으로 만든다. 즉, 피변조 신호가 1일 때 송신기는 고주파를 갖는 반송파를 송신하고, 피변조 신호가 0일 때 송신기는 저주파를 갖는 반송파를 송신한다.

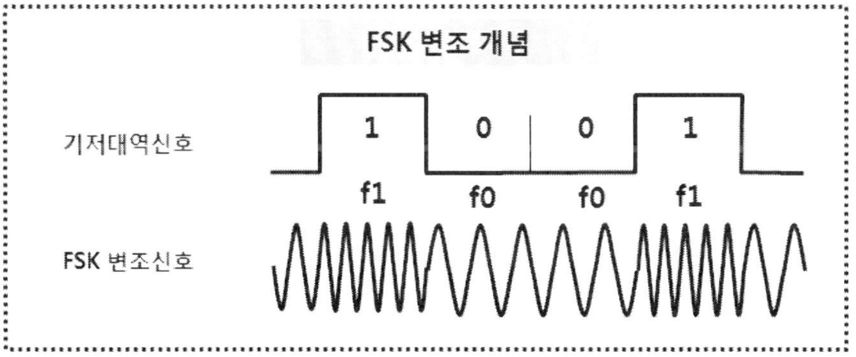

그림 2-42 FSK 변조 개념

위의 그림 2-42에서 기저대역신호 '1'을 만들기 위한 FSK 변조 신호 f_1 과 '0'을 만들기 위한 FSK 변조 신호 f_0 는 다음과 같이 간단한 코사인 함수로 나타낼 수 있다.

$$f_0 = A\cos(\omega_c - \Delta\omega)t \tag{2-17}$$

$$f_1 = A\cos(\omega_c + \Delta\omega)t \tag{2-18}$$

5.6.4 위상편이 변조

위상편이 변조(Phase Shift Keying, PSK)는 비트 값이 0일 때에는 위상을 0으로 만들고, 1일 때는 위상을 180도로 바꾼다. PSK는 ASK나 FSK 보다 더 우수한 성능을 나타낸다.

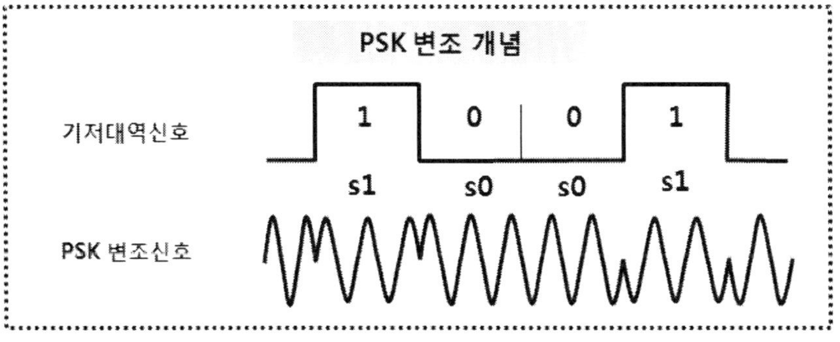

그림 2-43 PSK 변조 개념

위의 그림 2-43에서 기저대역신호 '1'을 만들기 위한 PSK 변조신호 S_1 과 '0'을 만들기 위한 PSK 변조신호 S_0 는 다음과 같이 간단한 코사인 함수로 나타낼 수 있다.

$$S_0 = -A\cos\omega_c t \tag{2-19}$$

$$S_1 = A\cos\omega_c t \tag{2-20}$$

5.6.5 양위상편이 변조

BPSK(Bi-Phase Shift Keying)는 데이터가 +의 신호 또는 1의 신호이면 L1의 경로를 따라서 송신하고, -의 신호 또는 0의 신호면 L2의 경로를 따라서 송신하여 변조하는 기술이다. 앞에서 설명한 변조기술들은 1개의 경로를 갖지만 BPSK는 2개의 경로를 이용하는 것이 특징이다.

만약 L1과 L2 경로의 위상차가 180도가 되면 양위상(Bi-phase) 변조가 된다. 그래서 BPSK 변조라 부른다.

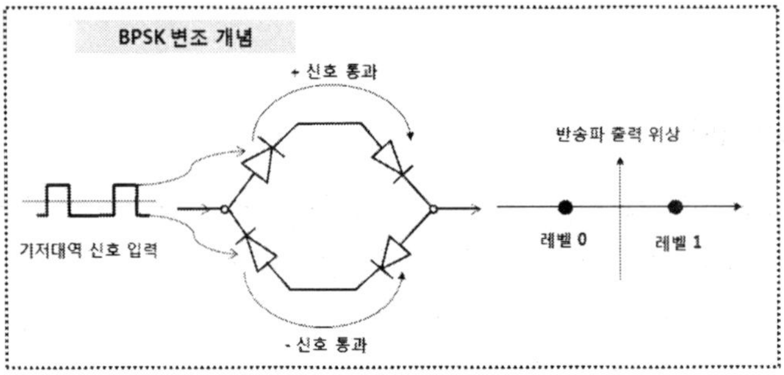

그림 2-44 BPSK 변조의 개념

5.6.6 최소위상 편이 변조

최소위상 편이변조(Minimum Shift Keying, MSK)는 1비트 구간에서 정확하게 180도의 위상편이 차이가 발생하도록 만들어진 f_0과 f_1의 2가지 주파수를 이용한 변조방식이다.

따라서 MSK는 그림 2-45와 같이 피변조 신호의 비트가 송신신호로 전환되는 과정에서 정확하게 위상의 연속성을 갖으면서 각 비트의 마지막 부분이 최소위상을 갖는다. 이와 같은 특징으로 인하여 FSK와 비교하여 다른 대역으로의 주파수 확산 없이 정확하게 자기 주파수만을 유지하기 때문에 스펙트럼 대역폭이 훨씬 협소해진다.

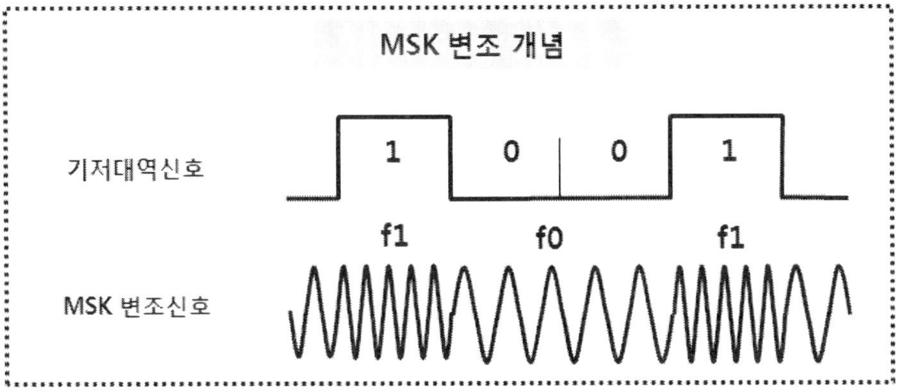

그림 2-45 MSK 변조 개념

5.6.7 QPSK 변조

QPSK(Quadri-Phase Shift Keying)는 다음 그림과 같이 2개의 BPSK 변조기로 구성되어 있다. 전송선로에 90도 위상천이 회로가 있기 때문에 2개의 BPSK 출력은 서로 90도의 위상 차이를 갖는다.

이러한 QPSK는 2개의 전송선로가 있기 때문에 고속 데이터 통신이 가능하다. 그래서 QPSK의 이론적인 대역폭 효율(bandwidth efficiency)은 BPSK가 1 bps/Hz인 반면 QPSK는 2 bps/Hz가 된다.

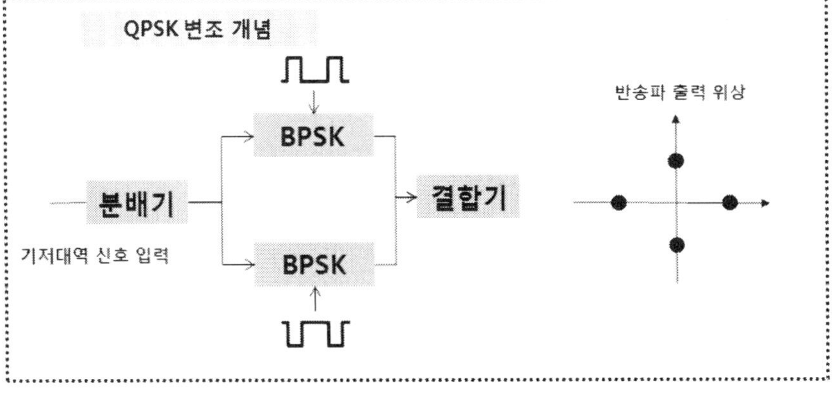

그림 2-46 QPSK 변조 개념

5.6.8 8-16-PSK

8-PSK(8-Phase Shift Keying)는 360도/8에 해당하는 0도, 45도, 90도, 135도, 180도, 225도, 270도, 315도 등 8개 위상을 이용하여 송신할 수 있으며, 이론적으로 3 bps/Hz의 대역폭 효율을 갖는다. 한편, 16-PSK(16-Phase Shift Keying)는 16개의 위상을 이용하여 송신할 수 있다.

이와 같이 16개의 위상, 36개의 위상 등과 같이 더 많은 위상으로 구분하는 경우, 동시에 처리할 수 있는 위상 수가 많아지면서 더 많은 데이터를 송신할 수 있는 장점이 있다. 즉 더 높은 대역폭 효율을 얻기 위해서 위상을 더 많이 구분하는 것이다.

그러나 너무 많이 구분하면 위상 사이의 구분이 어렵다. 그래서 현재 디지털 무선통신에서는 8-PSK 정도만 사용하고 있다. 이러한 한계를 극복하기 위해서 개발된 것이 진폭과 위상을 동시에 변화시키는 QAM(Quadrature Amplitude Modulation) 방식이다.

5.7 비트오류율

디지털 변조 시스템은 1과 0의 2진 데이터를 이용하기 때문에 정확하게 1과 0을 보내야 한다. 데이터를 변조시켜서 전파되는 과정에는 무수히 많은 잡음이 들어가기 때문에 수신된 데이터에는 상당한 잡음이 포함되어 있다. 이러한 잡음으로 인하여 데이터 복원과정에서 오류가 발생한다.

이러한 오류를 비트 오류율(Bit Error Ratio, BER)이라 하는데, 다음과 같이 나타낼 수 있다.

$$BER = \frac{E_r}{N_t} \qquad (2\text{-}21)$$

여기서, E_r은 수신한 비트 중에서 오류 비트의 수, NB_t는 총 송신 비트의 수.

BER은 작아야 충실하게 데이터를 수신할 수 있고, $0.0 \le BER \le 1.0$으로 존재한다. BER=0.0은 100% 데이터를 수신한 경우를 나타내고, BER=0.5는 50%만 수신한 경우, BER=1.0은 수신 불가한 경우를 의미한다.

그리고 이러한 오류를 나타내는 용어에는, 비트오류(Bit Error), Bit Error Ratio(비트오류율), Bit Error Rate(비트 오류 시간율) 등 3가지가 있다.

- 비트 오류(Bit Error) : 송신 정보와 수신 정보 사이에 단일 비트가 일치하지 않는 것
- 비트 오류율(Bit Error Ratio) : 오류의 비율을 의미한 것으로 Ratio와 Rate를 혼동하지 말 것
- 비트 오류 시간율(Bit Error Rate) : 시간의 개념을 도입한 오류의 비율로서, 비트 오류 시간율은 측정시간당 오류비트의 수를 의미한다.

한편 BER과 유사한 것이 신호대 잡음비(Signal to Noise Ratio, SNR)가 있는데, SNR이 증가하면 BER은 당연히 감소한다.

제3장 안테나 개론

1912년 4월 15일 대서양에서 빙하와 충돌한 타이타닉(RMS Titanic)은 통신사가 긴 빨래 줄과 같은 안테나(antenna)를 이용하여 모스(morse) 무선전신으로 긴급 구조신호를 발생시켰다.

안테나는 무선통신에 가장 중요한 소자이다. 아무리 훌륭한 변조와 복조 및 부호화가 가능한 무선통신장비라도 안테나가 없다면 무용지물이다.

과연 안테나는 무엇일까? 이미 여러분들 주위에는 수 십 가지의 안테나가 있다. 우리가 느끼지 못할 뿐, 안테나는 여러분 몸속에도 있다.

- 저자 -

1. 학습목표와 학습내용

1.1 학습목표

안테나는 선박무선통신에 가장 중요한 소자이다. 아무리 우수한 송수신 출력장치가 있다 하더라도 안테나 이득이 낮거나 부적합한 안테나를 사용하면 원하는 거리까지 전파를 송신할 수 없다.

본 장의 학습목표는 안테나의 기초이론과 실제 선박에 사용되는 다양한 안테나 모습 등을 통해서 무선통신의 기초를 확립하기 위한 것이다.

1.2 학습내용

실제 선박에 사용되고 있는 안테나의 원리와 실제 구성도를 살펴보고, 선박에서 안테나를 사용하는 목적과 사용방법 등을 먼저 학습한다. 그런 후, 무선통신공학에서 이론적으로 정립된 다양한 안테나의 기본원리와 특징, 사용목적 등을 학습하여 선박용 안테나에 대한 이론적인 지식을 함양한다.

특히, 안테나의 성능측정에 적용하는 다양한 파라미터들의 의미와 정의 등을 학습하여 실제 선박에 장착된 해상무선통신 장비들의 매뉴얼에 대한 이해능력을 함양한다. 이 내용은 대단히 중요한데, 선박에서 안테나의 최적 유지보수를 위해서는 안테나 생산 당시의 다양한 정보가 필요하다. 이러한 정보가 매뉴얼에 기록되어 있다. 특히, 새로운 장비의 안테나를 설치할 때는 다른 안테나의 송수신을 방해해서는 안 되고, 안테나에 함부로 페인트를 칠해서는 안 된다.

마지막으로 안테나에서 방사된 전파가 전송되는 거리계산 방법과 전파의 파장과 안테나 이득 및 전송출력 등과 관련된 이론을 학습한다.

2. 안테나 개론

2.1 안테나 정의와 원리

2.1.1 안테나의 정의

안테나(antenna)는 전류를 TEM 모드를 갖는 전파로 변환하거나 또는 TEM 모드를 갖는 전파를 전류로 변환하기 위한 장치를 의미한다.

여기서 전류(electric current)라는 것은 영문 의미 그대로 전기적인 에너지의 양적인 흐름을 의미한다. 전압(electric voltage)은 전기 에너지의 양적인 세기를 의미한다.

안테나에는 전류와 전압이 모두 흐르는데, 특히 안테나에서 전파가 방사되는 데 가장 큰 영향을 미치는 것은 전류이다. 왜냐하면 에너지 흐름의 변화가 전파로 변환되기 때문이다.

그리고 전파는 눈에 보이지 않는 전자파(electromagnetic wave)의 형태로 전파되기 때문에 이해하기 어렵다. 그럼에도 불구하고 여러분들은 전기가 자석 성분처럼 전파되는 것이 전자파라고 이해하면 된다. 지구자장이 여러분들 눈에 보이지 않는 것처럼 전자파 역시 눈에 보이지 않는다.

안테나는 '전파를 수신'하는 기능과 '전파를 송신'하는 2가지 기능을 갖는다. 1개의 안테나를 이용하여 수신과 송신을 병행할 수 있고, 2개의 안테나를 각각 수신 안테나와 송신 안테나로 분리하여 적용할 수 있다. 아울러 2개 이상의 안테나를 주파수에 따라서 사용하는 경우도 있다.

안테나를 1개 이용할 것인지 2개 이용할 것인지는 통신 방식과 목적에 따라 다르다.

- 선박과 선박 사이의 정보를 주고받는 AIS(Automatic Identification System)의 경우에는 송신과 수신을 분리하기 위해 2개의 안테나를 사용한다.
- 반면, VHF 통신에서는 1개의 안테나를 이용하여 수신과 송신을 병행한다.

한편, 안테나는 금속 도체의 전선을 이용하는데(참고: 어떠한 금속 도체성분의 전선이라도 안테나가 될 수 있음에 주목), 도체의 전선에 전류를 흘려서 전파를 방사하는 것은 쉬운 일이 아니다.

안테나에서 전파가 방사되기 위해서는 진동하는 전류(oscillating current)를 안테나에 가하여 전기장(electric field)과 자기장(magnetic field)을 형성시켜야 한다. 이와 반대로, 전파가 수신되기 위해서는 안테나에 입력된 전파를 전류로 변환시켜야 한다. 이 전류는 대단히 미약하기 때문에 증폭기(Amplifier)를 이용하여 증폭시킨다.

한편, 안테나와 증폭기 사이에는 임피던스 정합(impedance matching)이라는 것이 있는데, 임피던스 매칭이 100 % 달성되면 안테나에 입력된 작은 전류라 하더라도 크게 증폭시킬 수 있다.

안테나(antenna)라는 단어는 이태리의 마르코니(Guglielmo Marconi)가 제창한 것인데, 1895년 스위스의 알프스 살반(Salvan)에 있는 스위스 알프(Swiss Alps)라는 곳에서 무선실험을 한 바 있다. 이 때 2.5 m 높이의 수직 다이폴(dipole) 형태의 철 성분 안테나를 사용하였는데, 이태리어로 이러한 안테나를 'antenna centrale'이라 부른데서 연유하여 'Antenna'라고 부르고 있다(위키디피아, 2012).

2.1.2 안테나에 의한 전파 원리

실제 안테나에서 전파가 전파되는 동작원리는 다음과 같다.

1) 우선 안테나에서 전파가 방사되기 위해서는 전파가 방사되는 안테나의 끝부분이 어떠한 회로나 지면에도 연결되어 있지 않아야 한다. 이것을 종단개방 전송선로라 한다. '종단개방'이란 끝 부분이 열려있다는 의미이다.

2) 종단개방 전송선로에 사인파를 인가하면, 전송선로에는 정재파(standing wave) 형태의 사인파가 전달된다. 정재파라는 것은 한 쪽 끈을 벽에 묶고 손으로 끈을 흔들면 일정한 폭과 주기를 갖는 사인파의 형태로 끈이 출렁이는 현상을 의미한다.

3) 전송선로 끝 부분에서 정재파는 사인(sine) 90도가 되어 전류는 영(o)이 되며, 전송선로 전체에 거쳐서 이러한 정재파가 반복되기 때문에 전류가 영(0)인 지점이 반복된다.

4) 전송선로에서 발생한 정재파는 전기장(electrical fields)과 자기장(magnetic fields)을 갖는 TEM 모드로 전파되는데, 전기장은 안테나와 평행하게 위아래

공간을 따라서 진행하고, 자기장은 안테나와 직교하게 수평방향으로 전파된다.

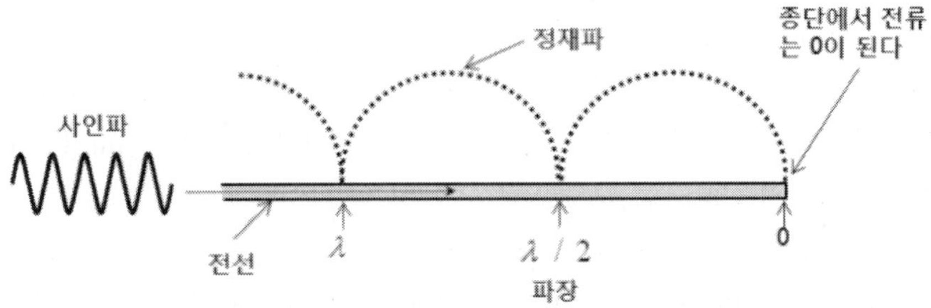

그림 3-1 안테나에서 정재파 형성 원리와 전파 원리

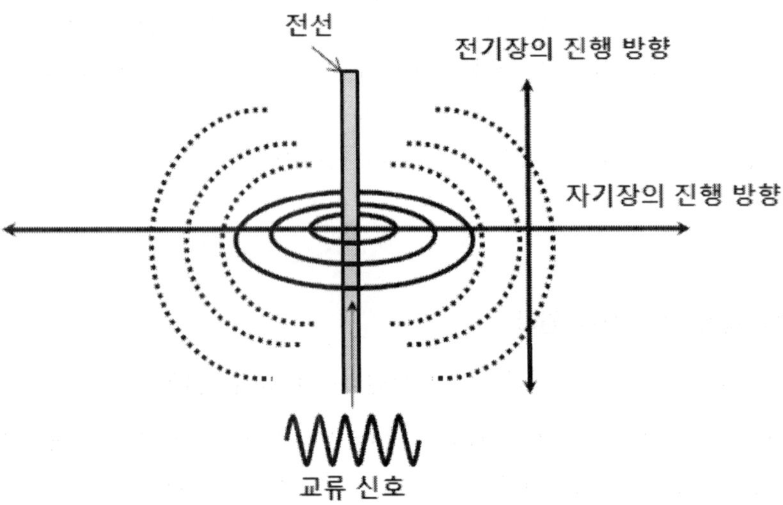

그림 3-2 무지향성 안테나에서 방출되는 전기장과 자기장의 의미

2.2 선박용 안테나의 구조

2.2.1 선박용 안테나

실제 선박에서 사용하는 안테나는 여러 종류의 수신 안테나와 송신 안테나로 구성되어 있다. 이러한 다양한 안테나는 협소한 콤파스데크(compass deck)에 설치해야하기 때문에 설치장소에 제약이 따른다. 콤파스데크는 선박에서 가장 높은 곳에 위치한 갑판을 의미하는데, 이 갑판에 마그네틱콤파스(Magnetic compass)가 설치되어 있기 때문에 붙여진 이름이다.

선박에서 다양한 안테나를 설치하기 위해서는 안테나의 제원과 목적, 주파수, 안테나 사이의 간섭 등을 잘 고려하여 설치해야만 원활한 통신이 가능하다.

다음 그림에 나타낸 안테나 배치는 이러한 다양한 영향을 고려하여 설치한 예를 나타낸다. 특히 그림 3-3에서 무선통신용 안테나는 레이더(Radar)와 가능한 멀리 이격시켜서 설치해야 한다. 그 이유는 레이더는 송수신 전파 강도가 대단히 세기 때문에 상대적으로 송수신 출력이 미약한 무선통신 안테나에 큰 영향을 미치기 때문이다.

그림 3-3 선박의 다양한 안테나

그림 3-4 어선의 다양한 안테나

2.2.2 선박용 Inmarsat 안테나

다음 그림 3-5와 그림 3-6은 GMDSS의 Inmarsat에 사용하는 안테나를 나타낸다. Inmarsat 안테나는 파라볼라(parabola) 형태의 안테나를 사용하는데 이 안테나는 돔(dome) 형태의 보호 케이스에 내장되어 있다.

그림 3-5 상선 Inmarsat 안테나 돔

그림 3-6 어선 Inmarsat 안테나 돔

특히 Inmarsat 안테나는 하늘에 있는 인공위성과 통신을 해야 함으로 안테나의 하늘 부분에 장애물이 있으면 안 된다. 그래서 콤파스데크에 설치하여 인공위성을 항상 추적할 수 있게 장착되어 있다. 돔 내부에 있는 파라볼라 안테나는 뒤에서 상세하게 설명한다.

2.2.3 크루저 요트용 Inmarsat 안테나

Inmarsat는 크루저 요트에도 장착할 수 있다. Inmarsat는 상업용 위성통신 시스템으로서 상선에서는 GMDSS 용도로 사용되고 크루저 요트에서는 일반 통신용도로 사용할 수 있다. 시중에는 다양한 회사의 다양한 Inmarsat가 판매되고 있다. 우리나라는 KT에서 Inmarsat 서비스를 제공하고 있다.

그림 3-7 Intellian Satcom

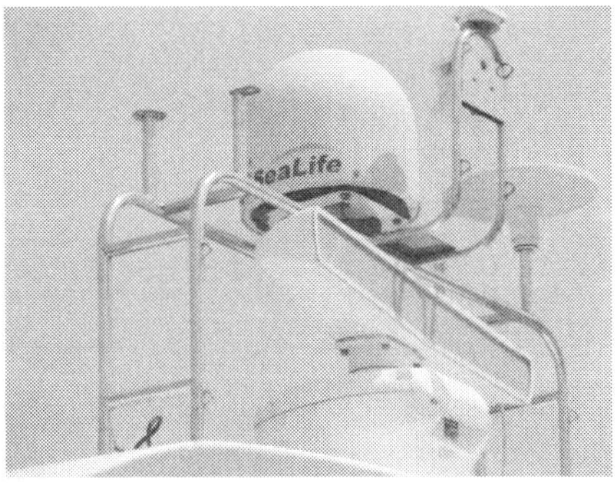

그림 3-8 SeaLife Satcom

2.2.4 선박용 VHF 안테나

선박에서 가장 많이 사용하는 것이 VHF 동신이다. VHF 통신은 신박과 신박 사이의 통신, 선박과 육상 사이의 통신, 선박과 도선사 사이의 통신 등 선박에서 가장 중요한 통신 장비이다.

해상에서 VHF 통신은 VHF 주파수 대역을 이용하는 통신이라는 의미에서 'VHF 통신' 또는 'VHF 통신장치'등으로 부른다. 실제 선박에서 사용하고 있는 모델 AV6K VHF 통신 안테나에 대해서 매뉴얼을 통해 살펴본다. 이 안테나는 노르웨이의 CMROD라는 회사에서 제작한 VHF용 안테나이다.

▷ 안테나 명칭: COMROD AV6K 안테나

▷ 안테나 제조사: 노르웨이 Comrod A/S, N-4124 Tau

▷ 적용: AV6K 안테나는 무지향성 다이폴(dipole) 안테나로서 해상용 VHF 무선통신을 위한 것이다. 모든 선박에 적용할 수 있다.

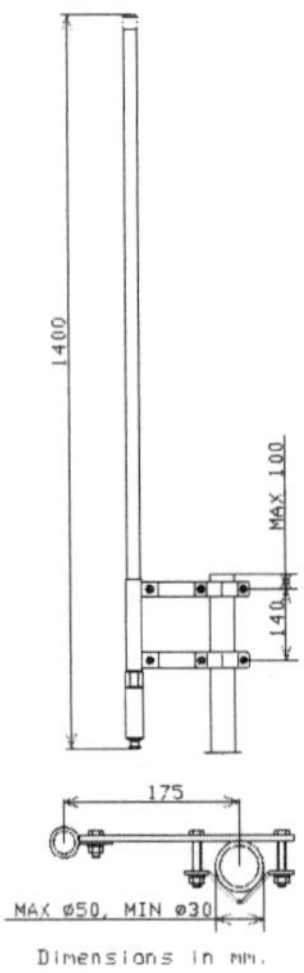

그림 3-9 AV6K 안테나

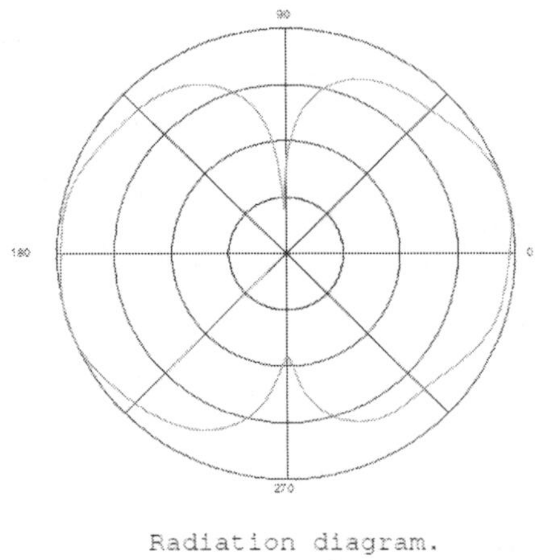

그림 3-10 AV6K 안테나의 방사패턴

▷ 전기적인 사양(electrical specifications)

주파수 범위 Frequency range	• 156 - 162 MHz, VSWR 〈 1.5 : 1 • 153 - 170 MHz, VSWR 〈 2 : 1
정격 임피던스 Nominal Impedance	• 50 ohm
출력 Power rating	• 200 Watt
이득 Gain	• 2 dBi
방사패턴 Pattern	• 수평면 : 무지향성 Horizontal plane: Omni-directional • 수직면 : 다이폴과 유사한 특성 Vertical: Like any dipole
편파 Polarization	• 수직 Vertical
커넥터 Connector	• N 또는 UHF에 사용하는 female 소켓이 표준 • N or UHF female are standard
DC 접지 DC-ground	Yes

▷ 기계적인 사양(Mechanical specifications)

설계 Design	• 중심에 동축선이 있는 동축 다이폴 안테나이다. 방사 엘리멘트는 유리섬유 튜브에 내장된 폴리우레탄 형태로 되어 있다. 깊숙하게 아연 도금된 마운트 하드웨어. Centerfold coaxial dipole. Radiating elements completely enclosed in polyurethane foam within a fiberglass tube. Hot dip galvanized mounting hardware.
높이 Height	• 1.4 m
무게 Weight	• 1.3 kg ex. clamps. 2.2 kg with clamps
풍속 Wind rating	• 55 m/s = 125 mph
유연성 모멘트 Moment of flexure	• 3.0 kpm at 55 m/s
외장 Finish	• 폴리우레탄 레커로 칠해져 있고, 흰색. Polyurethane lacquer, white
온도 범위 Temperature range	• - 55 ℃, + 55 ℃ • - 67 ℉, + 131 ℉

▷ 설치: AV6K 안테나는 위의 그림에 나타낸 바와 같이 2개의 금속 지지대를 이용하여 선박 마스트나 콤파스데크 난간 등에 부착한다. 지지대는 ATC 형태의 조임틀(clamp: 나사로 시로 조여서 움직이지 못하게 하는 금속 조각)로 되어 있다. 금속 지지대와 안테나 접속 부분은 플라스틱으로 되어 있어서, 안테나가 마스트나 난간 등의 금속성분에 접촉되는 것을 방지하고 있다. 이러한 조치는 대단히 중요한데, 안테나는 전파를 송수신하는 것임으로 안테나가 선박과 전기적으로 접촉하게 되면 전파방사가 불가능할 수 있다. 특히, 안테나에는 페인트를 함부로 칠해서는 안 된다. 안테나는 전파를 송수신하는 것이기 때문에 안테나에 페인트를 칠하면 전파방사에 방해가 되기 때문이다.

▷ 최적의 케이블: RG8, RG213 또는 유사한 것. 이 내용 역시 중요한데, 통신장비에서 안테나까지 연결되는 케이블은 송신할 때 강력한 전류를 케이블로 흘리고, 수신할 때는 대단히 미약한 전류를 수신해야 함으로 안테나와 최적으로 임피던스 매칭이 가능한 케이블을 사용해야 한다. 지정되지 않은 케이블을 사용하면 통신장비에 과도한 전류가 역으로 유입될 수 있고, 미약한 전류를 통신장비로 전달하지 못하는 경우도 발생한다. 그리고 안테나에는 다음 그림과 같이 항상 어떠한 장비의 안테나인지를 식별하는 표지를 부착해야 한다.

그림 3-11 선박용 No.1 VHF안테나

그림 3-12 안테나 표시

2.2.5 조난 통신용 2182 kHz 안테나

다음으로는 선박에서 조난용 주파수로 사용하는 2182 kHz 안테나에 대해서 설명한다. 여기 소개한 안테나는 노르웨이의 COMROD사에서 제작한 AR11M 모델의 안테나이다.

▷ 안테나 명칭: COMROD AR11M

▷ 안테나 제조회사: 노르웨이 Comrod A/S, N-4124 Tau

▷ 매뉴얼 번호: AR11-MAR-SD-0002

▷ 용도: 2,182 kHz의 조난통신 주파수 수신 안테나

▷ 적용: AR11 안테나는 코일(coil)을 안테나로 사용한다. 외형은 채찍(whip) 모양을 하고 있어서 일명 'whip 안테나'로 불린다.

▷ 부착: AR11은 4개의 구멍이 있는 동판이나 U자 형태의 볼트를 이용하여 마스트나 콤파스데크 난간에 부착한다. U자 볼트는 스테인리스 재질이다.

▷ 최적 케이블: RG8, RG213 또는 유사한 것

▷ 전기적인 사양(Electrical Specifications)

주파수 범위 Frequency range	• 1 - 3 MHz
이득 Gain	• 50 오옴 시스템에 사용하는 2182 kHz 안테나와 동일한 길이의 간단한 채찍 안테나에 대해서 18 dB 이상. 18 dB over plain whip of same length at 2182 kHz in 50 ohms system
방사패턴 Pattern	• 무지향성. Omni-directional
편파 Polarization	• 수직 Vertical

▷ 기계적인 사양(Mechanical Specifications)

설계 Design	• 안테나 스스로 서있는 유리섬유 재질의 채찍 안테나에 동 재질의 지지대와 접속단자. Self supporting coil loaded fiberglass whip bronze armature for mounting and connection.
높이 Height	• 4 m
무게 Weight	• 2.6 kg including U-bolts
섹션 수 Number of section	• 1
풍속 Wind rating	• 55 m/s = 125 mph
유연성 모멘트 Moment of flexure	• 11 kpm at 55 m/s
바람에 의해 휘어짐 deflection due to wind load	• 2.6 m at tip ball at 55 m/s wind load
외장 Finish	• 폴리우레탄 레커로 칠해져 있고, 흰색 Polyurethane lacquer, white
온도 범위 Temperature range	• - 55 ℃, + 55 ℃ • - 67 ℉, + 131 ℉

2.2.6 VHF DSC 안테나

다음 그림들은 GMDSS의 장비 중 하나인 VHF DSC 안테나를 나타낸다. VHF DSC는 VHF 통신 장비와 연결하여 사용하기 때문에 VHF 안테나와 유사하다. 일반적으로 상선에는 2대의 VHF DSC가 설치되고, 각 장비마다 1개의 안테나가 사용된다.

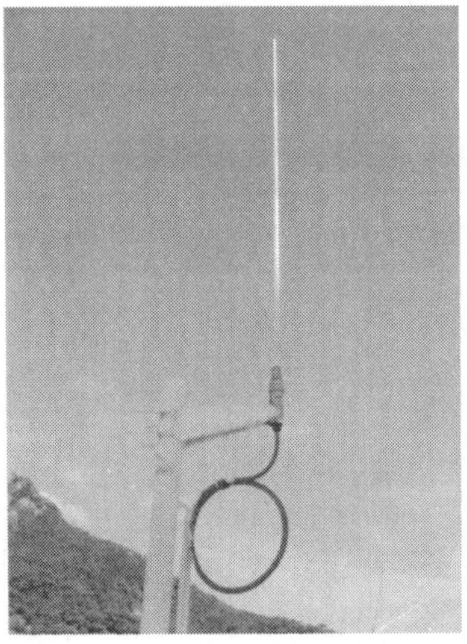

그림 3-13 No. 1 VHF DSC 안테나

그림 3-14 안테나 표시

그림 3-15 No. 2 VHF DSC 안테나

그림 3-16 안테나 표시

2.2.7 MF/HF 안테나

MF/HF 안테나 역시 GMDSS의 장비 중 하나인 MF/HF 통신장비용 안테나이다. 중파이기 때문에 VHF와 비교하여 안테나가 긴 것이 특징이다.

그림 3-17 MF/HF 안테나

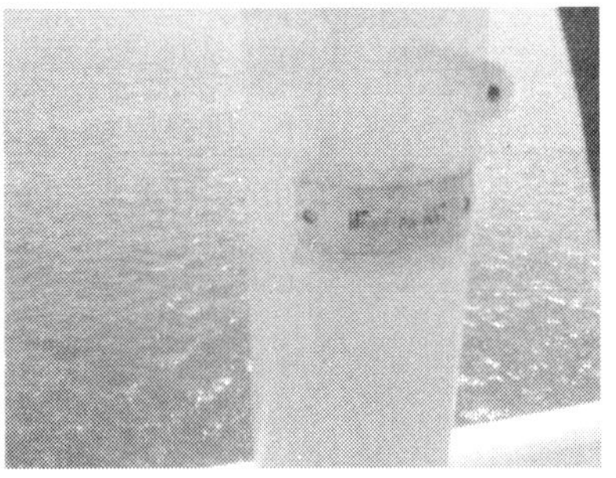

그림 3-18 안테나 표시

2.2.8 선박용 NAVTEX 안테나

NAVTEX 역시 GMDSS 장비 중 하나이다. NAVTEX는 주파수가 높기 때문에 다음 그림과 같이 안테나 길이가 짧고 뭉툭한 것이 특징이다.

그림 3-19 NAVTEX안테나

그림 3-20 안테나 표시

2.2.9 기타 항해 장비용 안테나

가. GPS 안테나

그림 3-21 GPS 안테나(JRC, NQE-7700)

그림 3-22 안테나 표시

그림 3-23 GPS-Compass 안테나

그림 3-24 Fuso 사의 GPS 안테나

나. 레이더 안테나

그림 3-25 마스트와 레이더 스캐너

그림 3-26 소형 레이더 스캐너

그림 3-27 LOWRANCE사 레이더 스캐너

그림 3-28 Raytheon사의 레이더 스캐너

다. 해상안전용 레이더 리프렉터

요트와 같은 소형 선박은 레이더 리프렉터(Reflector)를 장착해야한다. 레이더 리프렉터는 최근 개정된 SOLAS 규정에 의거 장책한다.

그림 3-29 레이더 리프렉터

그림 3-30 레이더 리프렉터

2.2.10 육상 안테나

가. 육상 대형 안테나

다음 그림들은 한국방송공사 대전방송국 대덕 송신소의 송신 안테나를 나타낸다. 이 송신 안테나는 AM 882 kHz를 이용하여 20 kW의 고출력을 송출하고 호출부호는 HLKI이다.

이러한 방송국 안테나 이외에 자동차 안테나, 휴대폰 안테나 등이 있다.

그림 3-31 대덕 송신소 송신안테나

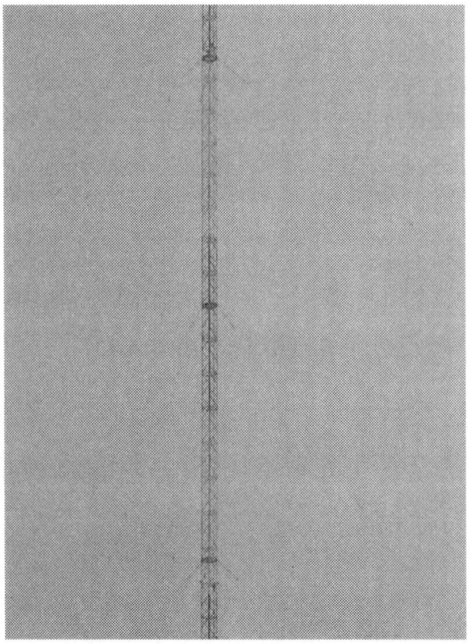

그림 3-32 송신 안테나 근접 촬영

나. 자동차용 안테나

그림 3-33 자동차 shark 안테나

그림 3-34 자동차 DMB 안테나

다. 이동통신(휴대폰) 안테나

그림 3-35 휴대폰 Wi-Fi안테나

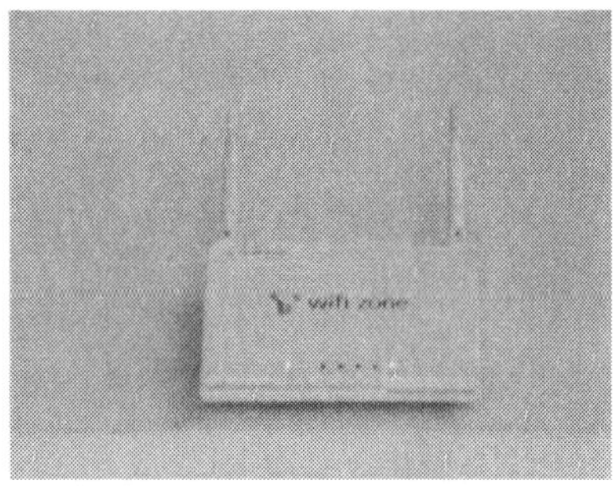

그림 3-36 Wi-Fi 중계 안테나

그림 3-37 이동통신 중계 안테나

그림 3-38 휴대폰 중계기

2.3 선박용 안테나의 특징

2.3.1 안테나 길이와 공진 주파수

안테나의 길이는 주파수에 비례하여 정해진다. 특히 안테나의 길이와 공진 주파수(resonance frequency) 사이의 관계는 대단히 중요하다. 안테나와 증폭기 사이에 공진이 발생하는 것을 임피던스 매칭(impedance matching)이라 한다. 임피던스 매칭이 되어 공진이 발생하면 입력한 에너지가 대단히 크게 자발적으로 증폭되기 때문에 큰 에너지의 전파를 방사할 수 있다.

따라서 안테나에서는 임피던스 매칭에 의한 공진 주파수를 결정하는 것이 중요하고, 이 공진 주파수에 해당하는 안테나를 이용하면 더 멀리 전파를 보내고 받을 수 있다.

공중에 방사된 전파는 전기장(electric field)과 자기장(magnetic field)을 생성하는데, 이를 전자계(elector-magnetic fields)라 부르며, 이러한 전자계 에너지는 안테나에 고주파 전류를 흘려서 생성한다. 특히, 방사된 전파와 안테나 길이는 서로 연관성이 크다. 안테나의 전기적 길이는 물리적으로 몇 미터인 것이 중요한 것이 아니라 임피던스 매칭을 위한 공진 주파수와 연계한 길이가 중요하다.

또한, 안테나에 흘린 전류가 최대한 많이 효율적으로 공중으로 방사되기 위해서는 안테나에서 지상(선박의 경우는 바다 속)으로 흐르는 전류를 차단해야한다. 이러한 장치를 차폐기(insulator)라하며 안테나 설계의 중요한 요소이다. 이와 반대로 안테나에서 수신한 전파는 무선 주파수 증폭기를 통해서 고주파 전압과 전류로 변환되어 필요한 회로에 입력된다.

한편, 안테나 길이에 따라서 필요한 주파수와 전파의 세기를 결정할 수 있는데(반대로, 필요한 주파수와 전파의 세기에 따라서 안테나 길이를 결정할 수 있음), 안테나 길이는 원하는 주파수 크기에 비례하는 길이가 좋으나, 선박에서는 안테나의 설치 장소와 높이가 제한되어 있기 때문에 이에 대한 방안을 찾아야한다.

선박에서는 2가지 방법을 이용하여 안테나 길이를 정하는, 1) 코일 또는 캐패시터(capacitance) 등을 이용한 전기회로를 이용하여 전기적인 안테나 길이를 맞추는 방법과 2) 안테나 길이를 파장의 정수배로 줄이는 방법이다.

그림 3-39는 첫 번째 방법인, 전기회로를 이용한 방법을 나타낸다. 이 방법은 안테나 튜너(Tuner, 라디오에서 방송국을 선별하는 장치의 일종으로 이해

하면 됨)를 이용하여 수신 전파와 튜너를 공진시킨다. 이 그림은 간단한 안테나 튜닝 회로를 나타낸 것으로, 코일(L)과 커패시턴스(C)를 이용하여 공진 주파수에 튜닝하기 위한 진폭변조(Amplitude Modulation, AM 변조)회로를 나타낸다.

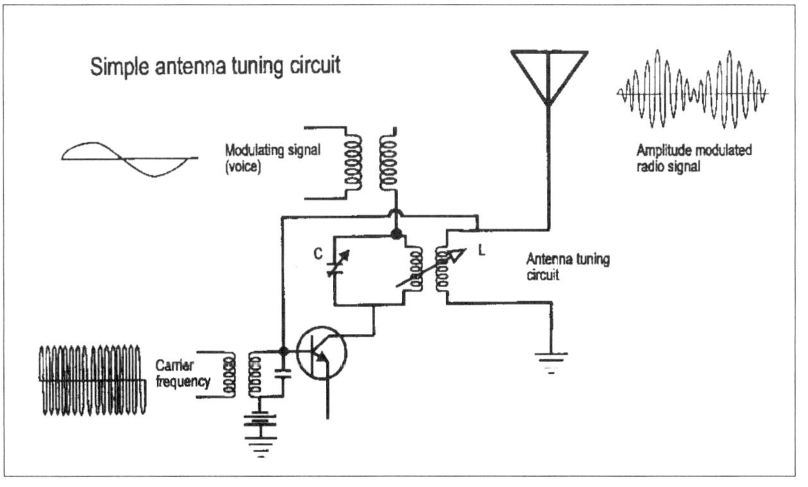

그림 3-39 간단한 안테나 튜닝 회로

3. 안테나의 구분

3.1 안테나 구분 방법

안테나는 모든 방향으로 일정한 전파를 송수신할 수 있는 무지향성 안테나(omni-directional antenna)와 한쪽 방향으로만 송수신할 수 있는 지향성 안테나(directional antenna)가 있다.

무지향성 안테나는 360도 모든 방향으로 전파를 송신 및 수신하는 안테나를 의미하고, 지향성 안테나는 특정 방향으로만 이득이 강한 전파를 송신 및 수신하는 안테나를 의미한다.

AM/FM 방송과 같이 공공목적으로 널리 전파를 확산하기 위해서는 무지향성 안테나를 사용하고, Inmarsat와 같이 특정 선박이나 특정 지구국과의 통신을 위해서는 지향성 안테나를 사용한다.

3.2 무지향성 안테나

3.2.1 수직 안테나

수직 안테나는 수직으로 세운 채찍(whip) 안테나와 꼬불꼬불하게 선을 꼬아서 수직으로 올린 헬리컬(helical) 안테나가 대표적이다.

수직 안테나의 정식명칭은 수직 접지(grounding) 안테나이다. 접지라는 것은 전류가 땅으로 흐르도록 전선이나 안테나 끝을 지면과 연결하여 위치 에너지가 영(0)이 되도록 만드는 것을 의미한다.

벼락을 방지하기 위한 피뢰침 끝단은 깊은 땅속에 묻어서 에너지가 영(0)이 되도록 만든 것인데, 이러한 이유로 수십만 kV의 높은 에너지를 갖는 벼락이 에너지가 영(0)인 땅으로 흐르는 것이다. 그래야만 벼락이 지면에 서 있는 사람(에너지가 0이 아님)한테 떨어지지 않고 땅으로 흐르게 된다.

만약 안테나 끝단을 접지하지 않으면 전파는 안테나의 어느 부분이 에너지가 영(0)이 되는 부분인지를 모르기 때문에 전파되기 곤란하다. 왜냐하면 전파는 전류의 흐름에 의해서 발생하는데, 전류는 영(0)의 에너지를 기준으로 흐르기 때문이다.

안테나의 끝을 접지시키면 다음 그림 3-40과 같이 안테나 접지면의 반대쪽 땅속으로 안테나가 존재하는 것과 같은 허상(imaginary)이 발생한다. 이러한 허상을 이해하는 것은 안테나 설계에서 가장 중요하다.

안테나는 전기적으로 반 파장(즉, λ/2, λ는 파장)의 길이가 되도록 설계하는데, 안테나의 실제 길이는 파장의 1/4 길이로 설계한다. 이와 같이 반 파장 안테나를 λ/4의 길이로 설계하는 이유는, 안테나 접지면의 반대 방향으로 λ/4의 허상이 발생하기 때문이다. 따라서 반 파장 안테나의 총 길이는 실제 안테나 길이 1/4 파장 + 허상 길이 1/4 파장 = 1/2 파장이 된다.

한편, 수직 안테나의 방사패턴은 수평면 방향으로는 반원 형태로 나타나고, 수직 방향으로는 무지향성 형태로 나타난다.

수직 안테나는 모든 방향으로 전파가 확산되는 모노 폴(monopole) 안테나로서, 8자 모양의 양 방향으로 지향성을 갖는 다이 폴(dipole) 안테나와 구별된다. 모노 폴 안테나는 다음 그림 3-40과 같이 아주 구조가 간단하고 소형으로 제작 가능하다.

여기서, 모노 폴 안테나와 다이폴 안테나의 의미는 다음과 같다.

① 모노 폴(monopole) 안테나 : 마치 우물에 돌을 던지면 하나의 파형이 생기는 것과 같이 방사패턴이 안테나를 중심으로 원형으로 1개만 발생하는 안테나(mono-는 단일 또는 1개라는 의미임)

② 다이폴(dipole) 안테나: 방사패턴이 안테나를 중심으로 8자 모양과 같이 2개의 파형이 발생하는 안테나(di-는 복수 또는 2개라는 의미임)

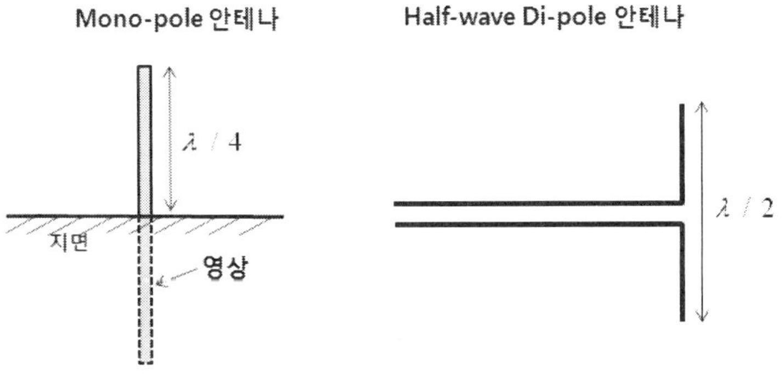

그림 3-40 모노 폴 안테나와 반파장 다이폴 안테나

가. 채찍 안테나

채찍(Whip) 안테나는 송신기에 내장된 임피던스 정합용 페라이트 코어(ferrite core)에 감긴 코일(coil)의 길이를 조절하여 전기적인 의미에서의 안테나 길이를 조절할 수 있다. AM 방송국을 선정하는 경우 다이얼을 돌리는 행위가 바로 이 코일의 길이를 조절하여 해당하는 주파수의 방송국을 선국하기 위한 것이다.

채찍 안테나의 끝단은 지면에 접지시키는데, 차량에 설치된 AM 방송용 안테나의 경우 차량에 접지시키고, 사람이 휴대하는 휴대용 무선기기의 경우에는 무선기기 회로 판의 외곽을 접지로 이용한다.

채찍 안테나와 유사한 것이 로드(Load) 안테나이다. 채찍 안테나는 길이가 고정되어 있으나 로드 안테나는 쭉 뽑아서 사용한다.

그림 3-41 자동차 Whip 안테나

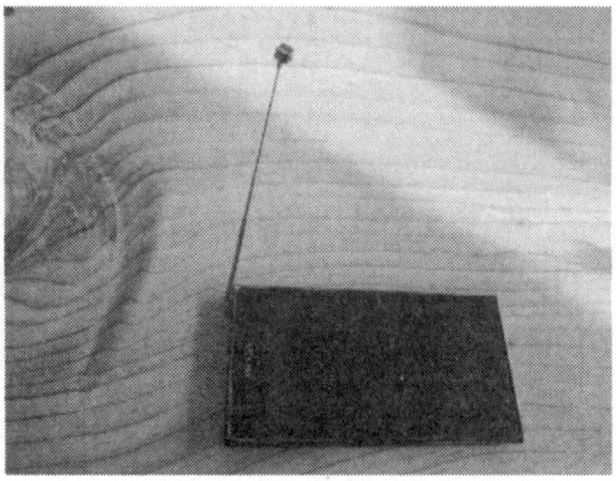

그림 3-42 휴대폰 TV 로드 안테나

나. 헬리컬 안테나

헬리컬 안테나는 다음 그림 3-43과 같이 로딩 코일(loading coil)만으로 이루어진 안테나이다. 길이가 작아 휴대용 무선기기에 많이 사용되는데 이득이 매우 낮은 것이 단점이다.

그림 3-43 SART의 구조(특히 Helical 안테나에 주목할 것)

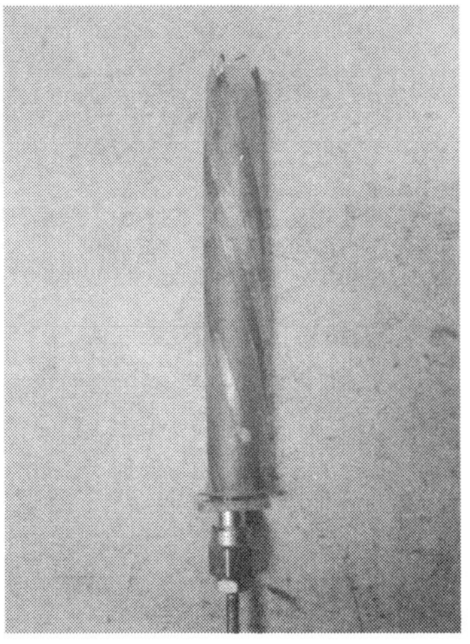

그림 3-44
소형 헬리컬 안테나 모습(안테나가 4개 임)

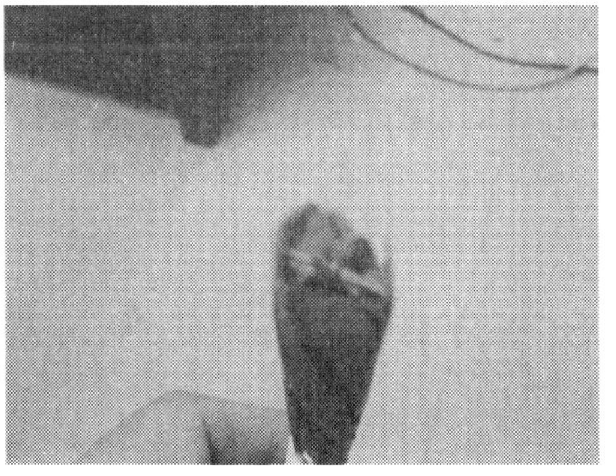

그림 3-45
4개의 안테나는 내부에서 연결하여 합체한다.

헤리컬 안테나는 해상용 무선기기에 대단히 유용하게 사용되는데, 주로 SART에서 사용하고 있다. SART는 9 GHz의 레이더 전파에 응답하기 위한 것으로 선박이 침몰하는 경우 항해사가 휴대하기 때문에 부피가 작아야 한다. 반면 효율이 높아야만 미약한 9 GHz 전파도 수신할 수 있다.

그래서 SART의 경우에는 수직한 금속도선을 그림과 같이 빙글 빙글 돌려서 마치 안테나 길이를 연장한 효과를 발생시키면서 여러 개의 로딩 코일을 이용하여 효율을 증가시킨다.

3.2.2 대지면 안테나

대지면 안테나(Ground Plane Antenna, GP 안테나)는 수직 안테나보다 길이를 높게 유지하려는 경우에 사용하는 안테나이다. 방사패턴은 수직 안테나와 같다.

일반적인 안테나는 안테나의 끝을 접지시켜서 사용하는데, GP 안테나의 경우에는 안테나를 높이 세우기 때문에 길이가 길어져서 접지효과를 발생하기 곤란하다. 이러한 이유로 반 파장(1/2 파장) 안테나를 만들 수 없기 때문에 안테나 효율이 떨어진다.

그래서 GP 안테나는 다음 그림 3-46과 같이 안테나 끝 부분에 우산의 살과 같은 여러 개의 소형 방사형 접지 안테나를 붙여서 접지 효과를 발생시킨다. GP 안테나는 방사형태(radial)의 소형 접지 안테나를 이용하기 때문에 '방사형 안테나'로 불리기도 한다.

반 파장(1/2 파장) 방사형 안테나의 길이 역시 반 파장 안테나와 동일한 이유로 파장의 1/4로 설계한다. 이러한 GP 안테나를 수직으로 여러 단 올린 것을 '다단 GP 안테나'라 하는데 선박에서는 기존에 단파 통신용으로 많이 사용한 적이 있다. 최근에는 거의 사용하지 않고 있다. 안테나가 길기 때문에 교량이나 구조물에 부딪히는 사고에 주의해야 한다.

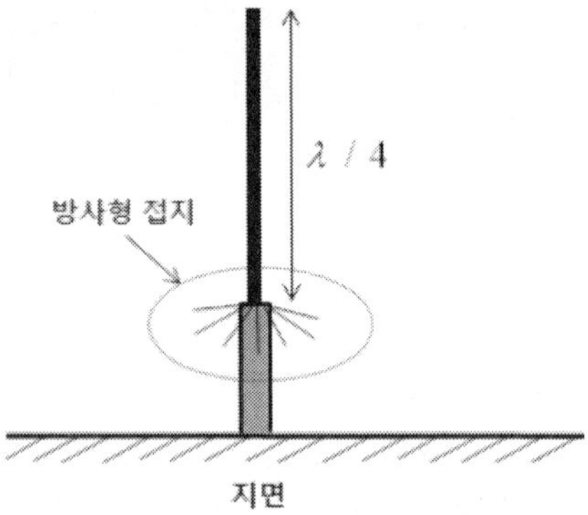

그림 3-46 GP 안테나의 개념도

그림 3-47 선박용 1단 GP 안테나

그림 3-48 선박용 2단 GP 안테나

3.3 지향성 안테나

지향성 안테나는 원하는 방향으로 전파의 빔 폭(beam width)을 집중시켜서 특정 방향으로 송수신하기 위한 안테나이다.

3.3.1 이중 지향성 안테나

이중 지향성 안테나는 수평 다이폴 안테나를 이용한다. 다이폴 안테나는 방사패턴의 주-빔이 안테나의 앞-뒤에 8자 형태로 발생하기 때문에 '8자형 안테나'라고도 불린다. 다이폴 안테나는 안테나의 앞쪽과 뒤쪽에 이중으로 지향성이 발생하기 때문에 이중 지향성 안테나라 한다.

다이폴 안테나는 낮은 주파수에 사용하며, 예전에 선박에서는 긴 빨래 줄과 같은 전선을 연돌과 마스트 사이에 연결하여 사용한 바 있다. 선박용 단파통신에 사용한다.

또한, 다이폴 안테나는'반 파장 다이폴 안테나'라고도 불리는데, 파장의 1/2 길이를 가진 안테나의 가운데에 동축 케이블을 연결한 형태이다. 안테나의 방사패턴은 평면에 대해서 8자 모양이고, 수직면에 대해서는 무지향성 패턴을 나타낸다. 안테나의 임피던스는 75Ω이다.

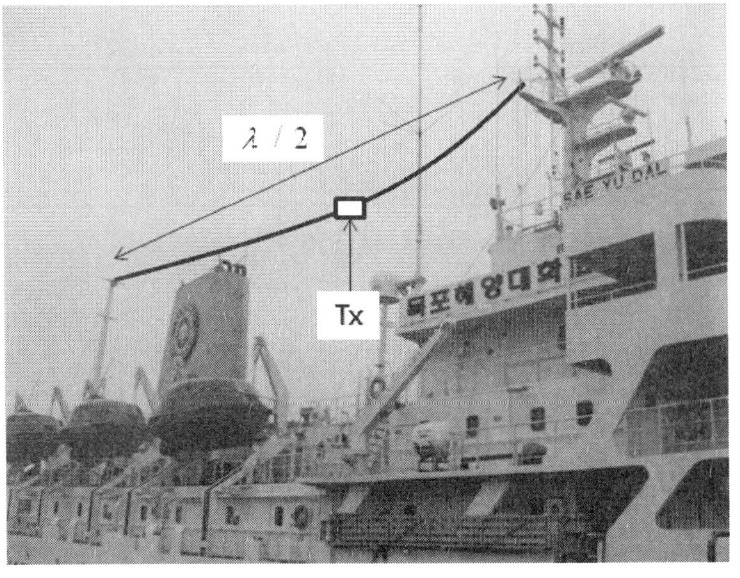

그림 3-49 선박에 장착된 반 파장 다이폴 안테나 개념도

3.3.2 단일 지향성 안테나

단일 지향성 안테나는 특정한 방향으로만 지향성을 갖는 안테나이다. 일반적으로 높은 주파수에서 사용하며, 예전에 가정용 TV에 사용하던 야기-우다(Yagi-Uda) 안테나가 대표적이다. 야기-우다 안테나는 방향 탐지성과 지향성이 우수하여 아직도 동물 추적용으로 사용하고, 간단하게 '야기 안테나'라 부른다. 파라볼라(parabola) 안테나도 단일 지향성 안테나이다.

가. 야기-우다 안테나

야기-우다 안테나는 야기(Yagi)와 우다(Uda)라는 사람이 개발한 것으로, 복사기, 반사기, 도파기로 구성되어 있다. 이와 같은 복잡한 구조로 안테나를 구성하는 이유는, 안테나는 수신과 동시에 전파가 반사되어 안테나 사이에는 간섭이 발생하기 때문이다. 이러한 반사를 방지하기 위하여 복사기, 반사기, 도파기 등 다양한 구조의 안테나를 조합한 것이다.

예전에는 TV용 안테나에 주로 사용한 바 있으나 최근에는 보기 어렵다. 임피던스는 25Ω이다.

그림 3-50
야기-우다 안테나(가정용 TV 안테나) 반사기, 도파기, 복사기 등이 보인다.

나. 파라볼라 안테나

파라볼라(Parabola) 안테나는 가장 우수한 단일 지향성 안테나로서, Inmarsat와 COSPAS-SARSAT과 같은 해상 위성통신에 사용하고 있다.

접시모양과 같은 포물선 형태의 반사판을 이용하여 수신한 전파를 수신 센서 쪽으로 집중하여 모을 수 있다. 송신 시에는 포물선 형태의 접시 안테나를 이용하여 한쪽 방향으로 집중하여 전파를 송신할 수 있다. 지향성이 대단히 우수하고 마이크로파 대역의 주파수에서 사용된다.

그림 3-51 위성 파라볼라 안테나

다. 루프 안테나

루프(loop) 안테나는 단파나 초단파용의 탐지용으로 사용한다. 마치 안테나를 빙글 빙글 회전하는 루프 형태로 사용하기 때문에 '루프 안테나'라 한다. 해상에서는 지향성이 우수하여 조난자 방향 탐지용 호밍(Homing)용으로 사용하고 있다. 호밍(Homing)은 원하는 목적지를 찾아가는 것을 의미한다.

루프 안테나는 안테나의 양쪽 끝단이 연결되어 있지 않고 열려져 있는 것이 특징이다. 루프의 길이는 1파장 길이이고, 루프의 형태는 원형, 사각형, 삼각형 등 여러 형태가 있다. 선박에서는 원형을 주로 사용한다. 방사 패턴은 입체적인 8자 모양으로 나타나고, 임피던스는 60Ω이다.

루프 안테나는 다양한 공진 주파수를 갖도록 구현할 수 있기 때문에 다양한 주파수를 갖는 전파를 탐지할 수 있다.

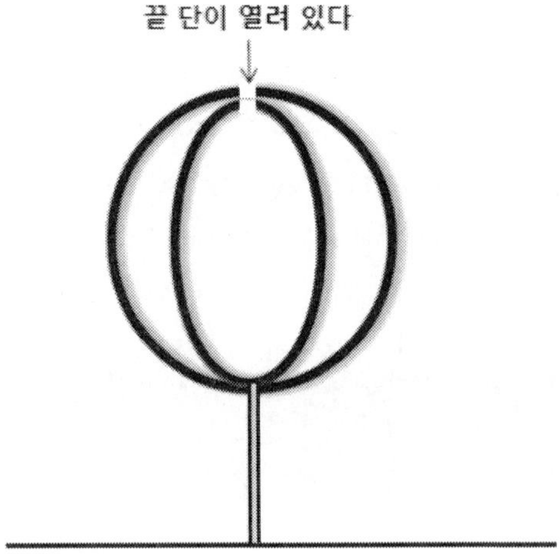

그림 3-52 루프 안테나 개념도

그림 3-53 실제 선박용 루프 안테나 모습

4. 안테나의 성능 파라미터

이미 앞의 VHF/MF/HF 등의 무선통신장비들에 관한 매뉴얼을 통해서 안테나 성능을 나타내는 다양한 파라미터(parameter)가 있음을 학습한 바 있다.

안테나 파라미터라는 것은 안테나의 성능을 나타내기 위한 다양한 지표를 의미한다. 안테나 성능을 나타내는 파라미터의 종류는 방사패턴, 지향성, 이득, 편파, 임피던스, 대역폭, 주사 등이 있다.

4.1 안테나 방사패턴

4.1.1 방사패턴의 의미

안테나에서 전파가 방출될 때, 특정한 방향에 대한 방사패턴(radiation pattern)을 갖는다. 실제 안테나에서 일정한 한 쪽 방향으로만 전파를 송수신하는 것은 불가능하다. 그 이유는 안테나에서 생성되는 전파는 마치 커다란 나무 잎사귀 모양과 같은 주-엽(main lobe)과 작은 나무 잎사귀 같은 부-엽(side lobe)이 필연적으로 나타나기 때문이다.

특정 방향으로만 강한 전파를 송수신하기 위한 지향성 안테나(directional antenna)의 경우에는 부-엽과 비교하여 주-엽의 에너지가 매우 크게 되도록 설계한다.

모든 방향으로 전파를 방사할 수 있는 이상적인 안테나를 등방성 안테나(isotropic antenna)라 한다. 등방성 안테나는 실제 구현이 불가능하고 이론적으로만 존재하는 것으로 모든 안테나 이론의 기준이 된다. 이상적인 안테나는 방사패턴이 안테나를 중심으로 고무풍선과 같은 완벽한 3차원 입체 구(sphere)로 나타난다.

한편, 등방성 안테나 이외의 대부분의 무지향성 안테나(omni-directional antenna)는 모든 수평방향에 대해서 동일한 세기를 갖는 전파를 방사하는데, 안테나로부터 거리가 멀어질수록 수직 상하 방향의 세기는 수평면 방향과 비교하여 크게 낮아진다. 이러한 성분을 무지향성 방사패턴이라 하며 마치 럭비공과 같은 모양으로 형성된다.

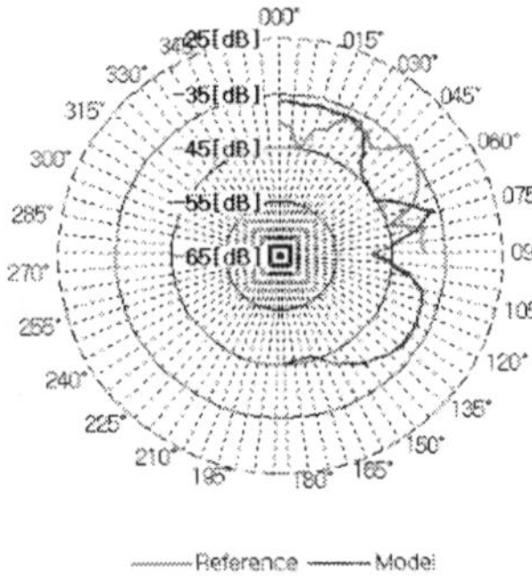

그림 3-54
방사패턴(레이더 리프렉터 특성)

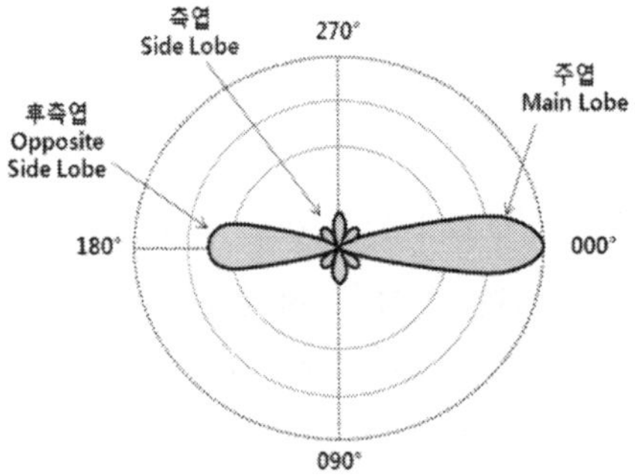

그림 3-55 안테나의 수평면에 대한 전형적인
방사패턴(극좌표 이용)

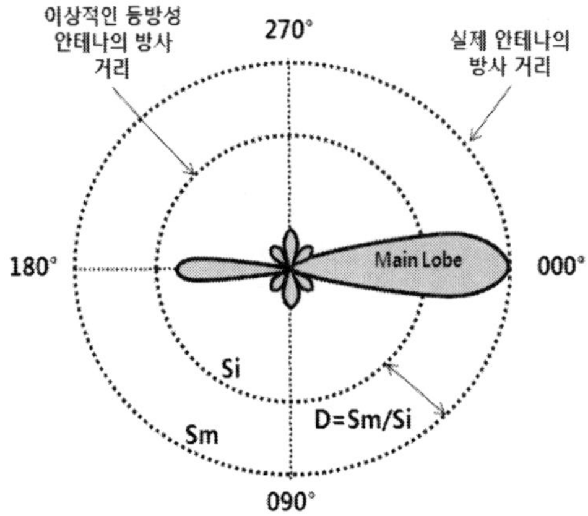

그림 3-56 안테나 효율 측정 방법

4.1.2 방사패턴의 분석 방법

부-엽에 대해서 주-엽에 얼마큼의 전력이 집중되는지를 나타내는 지표로서 다음과 같은 부-엽 레벨(Side Lobe Level, SLL), SLL(dB)을 이용한다.

$$SLL = 20\log\left|\frac{SL_{\max}}{ML_{\max}}\right| \tag{3-1}$$

여기서, $SL_{\max}$는 부-엽의 최대 전계강도를 나타내고, $ML_{\max}$은 주-엽의 최대 전계강도를 나타낸다.

그리고 주-엽의 최대 전계강도와 주-엽 후방에 발생하는 후부-엽 최대 전계강도의 비를 방사패턴의 전후방비(Front to Back Ratio, FBR)라 한다. 지향성 안테나에서는 FBR이 큰 것이 좋다.

$$FBR = \frac{ML_{\max}}{BL_{\max}} \tag{3-2}$$

여기서, $BL_{\max}$은 후부-엽의 최대 전계강도를 나타내고, $ML_{\max}$은 주-엽의 최대 전계강도를 나타낸다.

4.2 안테나 지향성

안테나는 사용자가 원하는 방향으로 전파를 집중해서 보낼 수 있다. 파라볼라(parabola) 안테나는 지구상공에 있는 위성과의 통신을 위한 것인데, 위성통신에 사용하는 진파의 세기는 아주 미약하다. 그래서 위성통신에서는 위성이 있는 방향 쪽으로 전파를 집중하여 송수신한다.

지향성(directivity)은 전파를 일정한 방향으로 집중해서 송수신할 수 있는 정도를 의미한다. 안테나의 지향성은 빔-폭(Beam Width, BW)으로 평가하는데, 주-엽의 최대 전계강도를 나타내는 방향을 중심으로 전계강도가 1/2로 감소하는 지점에서 형성된 빔의 각도를 빔-폭이라 한다. 주-엽에서 전계강도가 1/2로 감소하는 지점은 $10\log(0.5) = -3.01(\text{dB})$가 되는 곳이다.

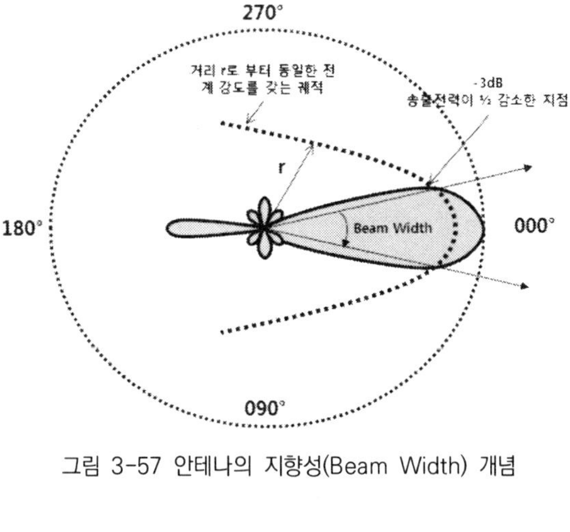

그림 3-57 안테나의 지향성(Beam Width) 개념

4.3 안테나 이득

안테나는 수동소자(passive elements)이기 때문에 입력보다 출력을 크게 증폭시킬 수 없다.

수동소자라는 것은 아무런 전원공급이 없는 단순한 전기소자를 의미한다. 예를 들면, 전선은 대표적인 수동소자이다. 전선에 전류를 흘리면 거리 증가에 따라서 전선의 저항으로 인하여 전류가 감소한다. 즉, 전선에 입력한 전류는 출력된 전류 보다 클 수 없다.

반면, 능동소자(active elements)라는 것은 전원과 회로를 이용하여 입력 보다 출력을 크게 증폭할 수 있는 전기소자를 의미한다.

안테나는 단순한 도체의 전선을 이용하기 때문에 입력신호를 증폭시킬 수 없다. 여기서 이득(Gain)이라는 개념을 알아야 하는데, 이득은 입력신호 대 출력신호의 비율을 의미한다.

그러면, 안테나는 신호를 증폭시킬 수 없는 소자인데, 왜 안테나 이득이라는 용어를 사용할까? 여기서 말하는 안테나 이득은 증폭의 개념과는 다른 것으로 전파 빔을 원하는 방향으로 얼마큼 강하게 보낼 수 있는지를 의미한다.

어떠한 안테나의 이득(Gain) G는 표준 안테나에 공급한 전력밀도 P_{Di}과 피측정 안테나에 공급한 전력밀도 P_{Da}과의 비(dB)로 나타낼 수 있다.

$$G = \frac{P_{Da}}{P_{Di}} \tag{3-3}$$

여기서, P_{Di}는 기준 안테나에 공급한 전력밀도(W/m^2)이다. 기준 안테나는 동일한 거리와 동일한 방향에 동일한 전계강도가 형성될 수 있는 안테나를 의미한다. P_{Da}는 피측정 안테나에 공급한 전력밀도(W/m^2)이다. 피측정 안테나는 기준 안테나에서 방사된 전파를 측정하기 위한 안테나를 의미한다. 피측정 안테나는 동일한 거리와 동일한 방향에서 최대 전계강도가 나타날 수 있도록 방향을 설정하여 측정한다.

안테나 이득 G는 절대이득과 상대이득으로 구분한다.

1) 절대이득은 등방성 안테나를 기준으로 측정한 이득으로서 파라볼라 안테나와 같은 개구면 안테나의 이득 측정에 사용한다.

2) 상대이득은 반파장 다이폴 안테나를 기준으로 측정한 이득으로서 선박용

안테나의 이득 측정에 사용한다.

선박용 안테나의 이득 측정에 사용하는 반파장 다이폴 안테나에 대한 상대이득 $G_d(dB_d)$는 다음과 같이 계산할 수 있다.

$$G_d(dB_d) = G_i(dB_i) - 2.14(dB) \tag{3-4}$$

여기서, $G_d(dB_d)$는 반파장 다이폴(dipole) 안테나의 이득(dB)을 나타낸 것으로 dB에 붙인 첨자 d는 dipole의 의미를 갖는다. $G_i(dB_i)$는 등방성(isotropic) 안테나의 이득을 나타낸 것으로 dB에 붙인 첨자 i는 isotropic의 의미를 갖는다.

그리고 위의 식에서 2.14 dB를 뺀 것은 반파장 다이폴 안테나의 지향성이 2.14 dB이기 때문에 이 값을 뺀 것이다. 예를 들어, 이득이 10.0 dB인 안테나는 절대이득은 10.0 (dB_i) 이고 상대이득은 7.86 (dB_d)가 된다.

4.4 등방성 안테나 수신 전력밀도

등방성(isotropic) 안테나는 무선통신 시스템에서 표준 안테나로 사용되는 중요한 안테나이다. 등방성 안테나는 실제 존재하는 안테나가 아니라 이론적으로만 존재하는 완벽한 안테나이다. 등방성 안테나는 안테나의 성능을 측정하는데 사용하는 기준 안테나이다.

등방성 안테나의 수신 전력밀도 $P_i(W/m^3)$은 다음과 같이 나타낼 수 있다.

$$P_i = \frac{P_T G_T}{4\pi d^2} \tag{3-5}$$

여기서, i는 isotropic의 의미이고, P_T는 송신전력(Watt), G_T는 송신 안테나 이득(dB), d는 안테나로부터 거리(m).

위와 같이 등방성 안테나의 수신 전력밀도 P_i는 안테나를 중심으로 거리 d까지의 일정한 부피($4\pi d^2$, 단위는 m^3)에 대한 $P_T G_T$의 비율(즉, 밀도)을 의미한다.

4.5 EIRP

EIRP(Effective Isotropic Radiated Power)는 최대송신전력을 나타내는 것으로, 무선통신장비의 중요한 평가지표 중 하나이다. 영어 의미 그대로 해석하면 '효율적인 등방성 방사 전력'이고 의역을 하면 '어떠한 안테나가 등방성 안테나와 비교할 때의 최대송신전력'이다.

EIRP는 이미 앞의 다양한 장비 설명에서 여러 번 거론한 평가지표이다. EIRP는 다음과 같은 2가지 지표를 이용하여 평가할 수 있다.

$$EIRP = P_T G_T \quad (3\text{-}6)$$

$$EIRP = ERP + 2.14(dB) \quad (3\text{-}7)$$

여기서, ERP(Effective Radiated Power)는 EIRP와 다른 것으로 앞에서 설명한 반파장 다이폴 안테나의 최대송신전력을 나타낸다. ERP는 아래에 기술되어 있다. 한편, 2.14 dB를 더한 이유는 ERP의 경우 다이폴 안테나의 지향성 이득 2.14 dB를 감한 것이기 때문에 이를 보상하기 위한 것이다.

이와 같이 EIRP는 송신전력 P_T(W)에 송신 안테나 이득 G_T(dB)을 곱한 것으로서 송신기에서 최대한 출력할 수 있는 송신전력을 의미한다.

4.6 ERP

ERP(Effective Radiated Power)는 반파장 다이폴 안테나의 최대송신전력을 나타낸 것으로, 다음 식 (3-8)과 식(3-9)을 이용하여 계산할 수 있다.

$$ERP = \frac{EIRP}{4\pi d^2} \quad (3\text{-}8)$$

$$ERP = EIRP - 2.14(dB) \quad (3\text{-}9)$$

4.7 전파신호 세기

전파신호 세기는 전기장의 강도(Volt, V)를 이용하여 측정할 수 있다. 송신기의 전력밀도 P_D는 다음 식(3-10)과 같이 나타낼 수 있다.

$$P_D = \frac{E^2}{Z_f} = \frac{E^2}{377} \qquad (3\text{-}10)$$

여기서, Z_f는 자유공간에서의 특성 임피던스(377 Ω)을 나타내고, E는 단위 미터 당 전기장 강도(V/m)로서 다음 식(3-11)과 같이 구해진다.

$$E = \sqrt{P_D\ 377} = \sqrt{\frac{EIRP\ 377}{4\pi d^2}} \approx \frac{\sqrt{EIRP\ 30}}{d} \qquad (3\text{-}11)$$

위의 식과 같이 전파신호 세기 E는 전기장의 강도 V을 측정하여 추정할 수 있다. 실제 선박용 안테나의 경우에도 이러한 방법을 이용하여 전파의 세기를 측정하고 있다.

한편, 위의 식에서 EIRP만 알면 거리에 대한 전파신호의 세기 E을 추정할 수 있음을 알 수 있다. 그래서 EIRP가 안테나 성능평가의 중요한 파라미터인 것이다.

4.8 수신 안테나의 유효면적

수신 안테나의 유효면적 $A_{eff}(m^2)$는 다음과 같이 나타낼 수 있다.

$$A_{eff} = \frac{P_R}{P_D} \qquad (3\text{-}12)$$

여기서 P_R는 안테나에 수신된 전력(W), P_D는 송신기의 전력밀도(W/m^2).

위의 식을 다시 쓰면 P_R은 다음과 같이 나타낼 수 있다.

$$P_R = A_{eff}P_D = A_{eff}\frac{P_T G_T}{4\pi d^2} \qquad (3\text{-}13)$$

여기서 A_{eff}은 다음과 같이 계산할 수 있고,

$$A_{eff} = \frac{\lambda^2 G_R}{4\pi} \quad 단,\ A_{eff} \gg \lambda^2 \qquad (3\text{-}14)$$

아울러 G_R은 수신 안테나의 이득을 나타낸 것으로 다음 식과 같이 된다.

$$G_R = A_{eff}\frac{4\pi}{\lambda^2} \qquad (3\text{-}15)$$

위 식들의 의미는 파장의 제곱보다 훨씬 큰 면적이 수신 안테나의 유효 면적이 된다는 것이다. 즉, 이 의미는 송신기에서 방사된 전파가 수신 안테나에 도달하는 경우, 수신 안테나의 넓은 범위에 전파가 퍼지게 되고 그래서 파장의 제곱보다 훨씬 큰 면적이 수신 안테나의 유효 면적이 된다는 것이다.

4.9 안테나 편파

전파는 전기장(electric fields)과 자기장(magnetic fields)으로 구성되어 있다. 이러한 전파를 장거리 송신하기 위해서는 전파를 직선으로 보낼 것인지, 빙글빙글 회전시켜서 보낼 것인지를 결정해야 한다. 전파의 송수신 방향을 제어하는 것을 편파(Polarization)라 한다. 편파는 x-y 평면에서 전기장을 똑 바로 직선으로 보내는 직선편파(Linear Polarization)와 빙글빙글 회전시키는 원형편파(Circular Polarization)로 구분한다.

그리고 편파와 안테나의 지향성은 관련이 높은데, 편파는 전기장 벡터의 지향성을 표시하는 전기량으로도 사용할 수 있다. 중요한 것은 이러한 편파는 송수신 안테나 사이에서 서로 일치해야만 원활한 통신이 가능하다는 것이다. 송신은 직선편파 방식인데 수신은 원형편파 방식이면 통신이 불가능하다.

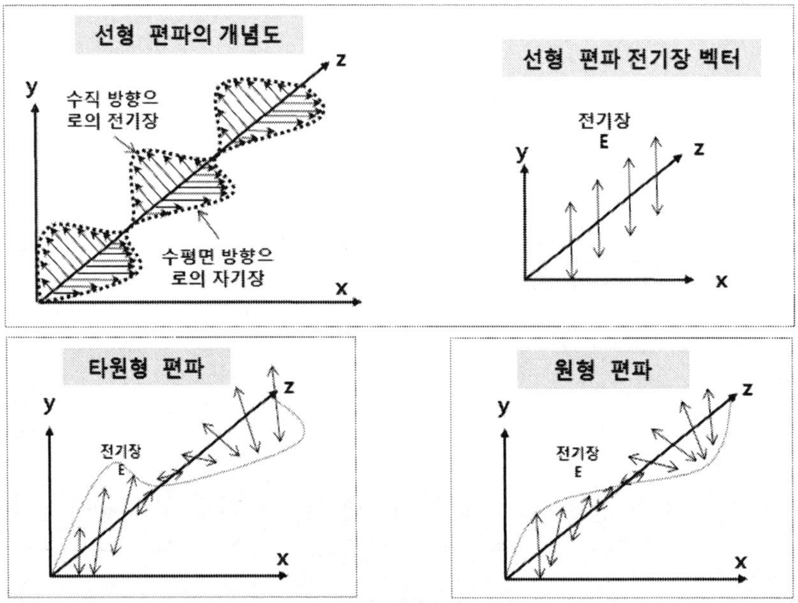

그림 3-58 편파의 종류

4.10 안테나 입력 임피던스

안테나의 입력 임피던스(input impedance)란, 안테나 단자에서 발생한 전압과 전류의 비를 의미한다. 입력 임피던스는 안테나에 연결되는 전송선로의 특성 임피던스와 정합(coupling이라 함)이 되어야만 최적의 성능을 발휘할 수 있다.

안테나의 입력 임피던스 Z_A는 다음과 같이 복소수로 표시한다.

$$Z_A = R_A + I_A \tag{3-16}$$

여기서, R_A는 실수부(real part)를 나타내고, I_A은 허수부(imaginary part)로서 $I_A = jX_A$이고 X_A는 리액턴스.

이와 같이 안테나의 입력 임피던스를 복소수로 나타내는 경우, 실수부는 실제 에너지를 소모하는 부분이 되고, 허수부는 위상을 변화시키는 부분으로 작용한다. 따라서 R_A는 전력소모를 의미하고, X_A는 안테나의 부근의 코일성분에 축적되는 리액턴스를 의미한다.

여기서, 안테나의 특성은 주로 임피던스, 이득, 지향성 등 3개의 요소로 대표할 수 있는데, 이 중에서 임피던스(Impedance)라는 개념이 여러분들에게는 쉽게 이해되지 않을 것이다. 일단 그냥 간단한 저항(resistance)이라 생각하자.

저항은 전류의 흐름을 방해하는 것이다. 임피던스는 전류가 흐르기 어려운 정도를 나타낸 것으로 일종의 저항으로 고려할 수 있으나, 임피던스는 주파수에 따라서 저항이 변화는 것이 특징이다.

무선통신에 사용하는 동축 케이블과 안테나는 모두 고유한 임피던스 값을 갖는다. 즉 주파수에 따라서 임피던스가 달라진다. 이러한 임피던스는 동축 케이블과 안테나가 동일한 임피던스를 가질 때 최적으로 전파가 전파된다.

마치 수도관의 굵기와 수도꼭지의 굵기가 같은 경우 원활하게 물이 흐르는 것과 동일한 이치이다. 만약 수도관은 굵은데 수도꼭지가 작다면 물이 세게 흐르지만 원활하게 흐르지 않는다. 이러한 경우 수도관이 얇은 PVC인 경우 PVC 관이 디질 수 있다.

그래서 임피던스 매칭(matching)이라는 것이 중요한데, 전파를 만들기 위해서 전류를 생성하는 회로와 이 전류를 전달하는 동축 케이블, 그리고 전류를 받아서 전파를 생성하는 안테나 모두가 동일한 임피던스를 가진다면 전파는 가장 효율적으로 전파된다.

4.11 반사 계수와 반사 손실

송수신기의 연결단자에서 임피던스 차이가 발생하면 입력한 전압이 반사된다. 이러한 입력 전압과 반사된 전압 사이의 비율을 반사 계수 Γ(감마)라 한다.

$$\Gamma = \frac{V-}{V+} = \frac{Z_L - Z_0}{Z_L + Z_0} \qquad (3\text{-}17)$$

여기서, $V-$ 는 반사된 전압, $V+$ 는 입력된 전압, Z_L 는 회로의 임피던스, Z_0 는 입력단 임피던스.

그리고 반사 손실(Return Loss) RL은 반사계수 Γ을 dB로 나타낸 것이다.

$$RL = -20\log|\Gamma| \qquad (3\text{-}18)$$

4.12 VSWR

VSWR은 정재파비(Voltage Standing Wage Ratio)를 의미하는 것으로, 일반적으로 그냥 VSWR로 부르는 경우가 많다. VSWR은 안테나를 통해서 전파가 방사되는 효율을 나타내는 수치이다.

① VSWR은 100% 방사되면 1.0으로 나타내는데, 일반적인 시중 안테나들은 대부분 1.5 정도를 나타낸다.

② VSWR이 1.5라는 의미는 96% 방사되고 4% 반사되는 특징을 나타낸다.

③ VSWR이 크면 클수록 방사효율이 나쁜 것을 의미한다.

④ 따라서 VSWR이 1.5 또는 그 이하라는 것은 일반적인 안테나 또는 그 이상 훌륭한 안테나를 의미한다.

여기서, 정재파라는 것은 파가 진행하다가 반사된 파와 합성이 되어서 생긴 고정된 파의 형태를 뜻한다. 마치 끈을 기둥에 묶고 흔들면 일정한 사인파가 생기는 것과 동일한 이치이다.

파의 경우에도 반사된 파가 고정되는 경우가 있는데 이러한 경우에는 정재파가 발생한다. 반사가 전혀 없는 경우에 VSWR은 1.0이 되고, 반사량이 늘어날수록 커진다. 즉, VSWR은 크면 좋지 않다. VSWR은 다음과 같이 나타낼 수 있다.

$$VSWR = \frac{1+|\Gamma|}{1-|\Gamma|} \qquad (3\text{-}19)$$

여기서, Γ은 반사계수.

4.13 안테나 대역폭

대역폭(Band Width, BW)은 본선 안테나에서 방사된 전파가 다른 안테나의 전파를 방해하지 않거나 또는, 다른 안테나에서 방사된 전파가 본선 안테나에 유입되는 경우 확실한 전파의 전파를 보장할 수 있는 주파수 범위를 나타낸다. 충분한 대역폭을 확보해야 원활한 통신이 가능하다.

안테나의 대역폭(BW)은 안테나가 정상적으로 작동하는 주파수의 범위로 정의할 수 있다. 안테나의 대역폭은 안테나의 VSWR이 2:1 이하로 나타나는 주파수(Hz)의 수를 퍼센트(%)로 나타낸 것이다. 대역폭은 다음 식과 같이 대역의 최고 주파수(F_H)와 최저 주파수(F_L) 사이의 차이에 대한 중심 주파수(F_C)의 퍼센트로 나타낼 수 있다.

$$BW = \frac{F_H - F_L}{F_C} \times 100 \qquad (3\text{-}20)$$

여기서, F_H는 대역의 최고 주파수(Hz), F_L은 대역의 최저 주파수(Hz), F_C는 중심 주파수(Hz).

이와 같이 BW는 주파수에 대한 상수(%)로 나타내는데, 상수로 나타내는 이유는 만약 BW를 주파수의 절대 값으로 나타내면, 동일한 안테나의 경우에도 중심 주파수에 따라서 다른 값으로 나타나기 때문이다. 즉, 다양한 안테나에 동일한 성능 파라미터를 적용할 수 없기 때문이다. BW는 안테나의 종류에 따라서 다른 대역폭을 갖는다. 다음과 같은 예를 들어보자.

【문제 1】: F_H=100MHz, F_L=50MHz, F_C=75MHz인 경우 BW(%)는?
[정답 1] : (100 - 50)/75 = 66.6%

【문제 2】: F_H=1,000MHz, F_L=500MHz, F_C=750MHz인 경우 BW(%)는?
[정답 2] : (1,000 - 500)/750 = 66.6%

따라서 중심 주파수가 변하더라도 BW(%)는 동일한 값이 된다. 이와 같이 대역폭은 중심 주파수가 변하더라도 그 비율이 일정하다면 일정한 값을 나타내는 상수이다.

4.14 안테나 주사

선박용 레이더(Radar)는 360도 방위에 있는 모든 물체를 탐지하기 위하여 전파를 송신하고 수신하는 기계적인 스캐너(Scanner)를 사용한다. 스캐너는 일정한 간격의 각도(0.1도라 가정하자)마다 아주 짧은 시간동안 정지하여(실제는 정지하지 아니함) 전파를 송신한 후 주위 물체에서 반사된 전파를 수신해서 물체의 거리와 방위를 획득한다. 그러면 어떻게 짧은 거리에서부터 먼 거리에 있는 물체를 알 수 있을까?

레이더 스캐너에서 송신되는 전파는 일시에 동일한 세기의 전파를 발생하는 것이 아니라 작은 강도의 신호부터 아주 센 강도의 신호를 일렬로 송신하기 때문에 신호 강도에 따른 거리마다 탐지된 물체를 파악할 수 있다. 이것을 소인(sweep)이라하며 마치 톱날과 같이 생긴 신호(Sawtooth, 톱니파)를 이용한다.

한편, 안테나에서의 주사(scan)라는 것은 전기적 또는 기계적으로 안테나의 빔-폭을 조정하여 원하는 방향을 탐지하도록 조절하는 것을 의미한다. Inmarsat의 파라볼라 안테나는 지구상에서 돌고 있는 인공위성을 탐지하기 위하여 기계적인 안테나 제어장치를 이용하여 위성을 추적한다.

5 통신 거리

5.1 개요

본 장의 내용은 다음과 같은 참고문헌을 일부 인용한 것임을 밝힌다.

- 출처 : J. Frank Jimenez(1999), Fundamentals of Radio Link Engineering, 30 March 1999

위성통신을 제외한 대부분의 근거리 무선통신은 대기권을 통하는 전파와 서로 보이는 가시거리(Line-Of-Sight, LOS)에서의 파장이 대단히 짧은(즉, 주파수가 높은) 마이크로웨이브(micro-wave) 등을 이용하고 있다. LOS 영역에서의 근거리 통신은 다음의 요소들에 의해서 통신거리가 결정된다.

- 주파수(Frequency)
- 파장(Wavelength)
- 자유공간에서의 손실(Free-space Loss)
- 강수에 의한 손실(Precipitation Loss)
- 안테나 이득(Antenna Gain)
- 안테나 빔 폭(Antenna Beam-width)
- 프레넬 영역(Fresnel zones)
- 위상 관계(Phase Relationships)
- 다중 경로 반사(Multi-path Reflections)
- 대기층에서의 굴절(Atmospheric Refraction)
- 지구의 곡면(Earth Bulge)

5.2 근거리 통신의 고려 요소

5.2.1 자유공간 손실

우리가 살고 있는 자유공간(free space)은 수분, 이온입자, 산, 바다 등의 주변 환경에 의해서 전파손실(Free Space Loss)이 발생한다. 전파손실은 주파수가 높을수록 그리고 전송거리가 길수록 더 많은 손실이 발생한다.

자유공간에서의 전파손실 L_{path} (dB)은 다음 식을 적용하여 구할 수 있다. 이 식은 실험에 의하여 확정된 것임에 유의해야 한다.

$$L_{path} = 36.6 + 20\log(F) + 20\log(d) \quad (3\text{-}21)$$

여기서, F는 MHz 단위의 주파수, d는 해리(miles) 단위의 거리,

예를 들면, 2.4 GHz 주파수를 이용하여 5.0 해리의 거리를 전송하는 경우, 자유공간에서의 전송손실은 다음과 같이 계산할 수 있다.

① 2.4 GHz = 2,400 MHz임으로 Log(2,400) = 3.38 dB

② Log(2,400)×20 = 67.6 dB

③ 거리 5 해리의 경우, Log (5) = 0.699임으로, Log(5)×20 = 13.98 dB

④ 전송손실 L_{path} = (36.6 + 67.6 + 13.98) = 118.18 dB

여기서 주의할 것은, 이 값은 전송손실임으로 엄밀하게 얘기하면 +118.18 dB가 아니고 -118.18 dB라는 의미이다. 즉, 감소가 되었다는 뜻이다.

5.2.2 기상에 의한 손실

주파수와 파장은 기상에 의한 영향을 크게 받는다. 이론적으로 기상의 물리 특성이 특정 주파수의 1/4 파장에 달하면 그 주파수에 가장 큰 영향을 미치는 것으로 알려져 있다.

강우의 경우 약 0.3175 cm 이상의 파장 감쇄를 가져오는데, 23 GHz 신호의 경우 다중 반사를 야기한다. 실험결과에 의하면 10 GHz 이하의 주파수를 갖는 전파는 기상에 의해서 덜 영향을 받지만, 23 GHz 이상의 전파는 비 입자의 크기와 안개 등의 영향을 크게 받는다.

즉, 대기의 분자와 크기가 같을 정도로 파장이 짧으면(즉, 주파수가 높을수록) 대기 분자가 이 주파수를 흡수하거나 반사하기 때문에 높은 손실이 발생한다.

여기서 위성통신의 경우에도 수 십 GHz 대역을 사용하지만, 바로 하늘 상공에서 직접 지구 기지국과 수직으로 통신하기 때문에 기상에 의한 영향을 덜 받는다. 반면, 지구 굴곡을 따라서 평행하게 전송하는 마이크로웨이브의 경우에는 기상에 의한 감쇄 정도가 심하게 나타난다.

5.2.3 안테나 이득

안테나 이득(Antenna Gain)은 주파수에 직접 영향을 받고, 안테나에서 신호를 수신하는 면적과 직접적인 관련이 있다. 안테나 면적이 크면 안테나 이득은 크다. 일반적으로 GPS의 경우에는 미약한 신호를 수신하기 위하여 넓적한 직사각형 모양의 패치 안테나(patch antenna)를 이용한다.

그림 3-59 GPS의 Patch 안테나 모습

AM 또는 FM 방송의 경우는 송신 출력이 크기 때문에 채찍 모양의 Whip 안테나 또는 그냥 철제 금속 선 모양의 dipole 안테나를 이용한다. LOS 통신에서 가장 효율적인 것은 접시 모양의 파라볼라 안테나(Parabolic antenna)이다. Inmarsat에서도 이러한 파라볼라 안테나를 사용하고 있다.

파라볼라 안테나는 접시 모양의 반사판에서 반사된 전파를 한군데로 모아서 사용하는데, 일반적으로 반사판에서 모은 전파의 55% 정도를 획득할 수 있을 정도로 성능이 좋다. 안테나 이득 공식은 다음 식으로 나타낼 수 있다.

$$G_{ant} = 7.5 + 20\log(F) + 20\log(d) \qquad (3\text{-}22)$$

여기서, F는 GHz 단위의 주파수이고(GHz 임에 주의할 것), d는 피트(feet) 단위의 거리(feet 임에 주의할 것).

예를 들어, 2.4 GH의 주파수에 직경 6 피트 파라볼라 안테나에 대한 이득을 계산해 보자.

① Log(2.4) = 0.38×20 = 7.6 dB

② Log(6) = 0.778×20 = 15.56 dB

③ $G_{ant} = 7.5 + 20\log(F) + 20\log(D)$ = (7.5 + 7.6 + 15.56) = 30.66 dBi

여기서 dBi 라는 단위에 주의하기 바란다. 앞에서 설명한 바와 같이 dBi의 첨자 i는 등방성 안테나(isotropic antenna)를 의미한다.

5.2.4 안테나 빔-폭

안테나 빔-폭(Beam-width)은 어느 방향의 신호를 강하게 수신하거나 송신할 것인지와 관련되어 있다. 송신의 경우, 일정한 방향으로만 전파를 송신하려는 경우에는 빔-폭이 작으면서 안테나 이득이 높은 것이 필요하다.

이러한 빔-폭은 안테나 사이의 간섭을 방지하는데 적용할 수 있는데, 안테나가 서로 인접하여 영향을 주고받는 경우에는 빔-폭이 작고 이득이 높은 안테나가 필요하다. 파라볼라 안테나는 이러한 빔-폭이 대단히 작기 때문에 원하는 방향으로만 전파를 송수신할 수 있다.

파라볼라 안테나의 빔-폭 BW_{ant}(°)은 다음 식으로 계산 할 수 있다.

$$BW_{ant} = \frac{70.0}{F} \times D \qquad (3\text{-}23)$$

여기서, F는 GHz 단위의 주파수(GHz 임에 주의할 것), D는 피트(feet) 단위의 파라볼라 안테나 직경(feet임에 주의할 것).

예) 주파수 2.4 GHz, 파라볼라 안테나 직경이 6 피트인 경우의 안테나 빔-폭을 계산해 보자. 정답은 4.86도가 된다.

$$BW_{ant} = \frac{70.0}{2.4} \times 6 = 4.86°$$

5.2.5 프레넬 영역

송신 안테나와 수신 안테나 사이에는 전파를 방해하는 장애물이 없어야할 뿐만 아니라 수면이나 지면에서 일정한 공간을 확보해야만 전파가 자유롭게 이동할 수 있다. 이와 같이 전파가 자유롭게 이동할 수 있는 공간을 프레넬 영역(Fresnel Zone)이라 한다.

프레넬 영역은 제1 영역, 제2 영역, 제3 영역 등과 같이 구분할 수 있는데, 제일 중요한 것은 제1 프레넬 영역이다.

근거리 통신은 광학적으로 빛이 도달 가능한 가시선 범위에서의 통신인데,

이러한 가시선을 LOS(line-Of-Sight)라 한다. 전파의 통로 개념을 갖고 있는 LOS를 확보하기 위해서는 제1 프레넬 영역에 대해서 60% 이상의 공간이 필요하다. 만약 60%를 확보하지 못하면 전파 손실이 발생하기 시작한다.

제1 프레넬 영역 F_1 은 다음 식으로 구할 수 있다.

$$F_1 = 72.1\sqrt{\frac{d1 \times d2}{f \times D}} \ \text{(feet)} \qquad (3\text{-}24)$$

여기서, F_1 은 Feet 단위로 나타낸 제1 프레넬 영역, D 는 송신 안테나에서 수신 안테나까지의 전체 거리(mile), d_1은 송신 안테나에서 방사된 전파가 처음으로 수면이나 지면에 반사되는 지점까지의 거리(mile), d_2는 d_1에서 반사된 지점부터 수신 안테나까지의 거리(mile), f 는 GHz 단위의 주파수.

5.2.6 위상

전파의 위상(phase)은 주파수와 함께 고려할 수 있다. 1.0 Hz(즉, 1초에 360도 변하는 주파수)의 사인파를 고려해 보자. 만약 0.5초의 시간이 흘렀다면 1.0 Hz 주파수의 1/2인 지점 즉, 180도인 지점(크기는 0)의 주파수에 해당할 것이다. 만약 0.75초라면 3/4인 지점 즉, 270도인 지점(크기는 -1.0)의 주파수에 해당한다.

이와 같이 위상은 순간적으로 상하로 진동하는 전파의 어떠한 지점을 의미하거나 또는 전파가 기상 등의 영향으로 제 시간에 도달하지 못하고 지연되는 등 시간과 관련된 개념이다.

위상은 각도(°) 또는 라디안(1 radian = 57.3°) 단위로 나타내는데, 무선통신에서 위상은 통신품질 결정에 대단히 중요한 요소이다.

2개의 동일한 전파가 서로 다른 거리를 진행하는 경우 그림 3-60과 같이 2개의 전파 사이에는 위상차가 발생한다. 이러한 신호는 서로 간섭하면서 크기가 커질 수도 있고 작아질 수 도 있다. 만약 180도 서로 다른 위상을 갖는다면 서로 상쇄되어 신호는 없어지게 된다.

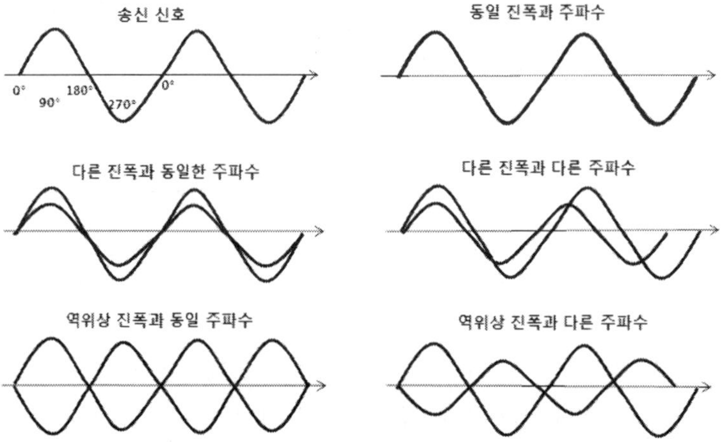

그림 3-60 위상과 주파수의 관계

5.2.7 다중 경로 반사

전파는 수면이나 지면, 산 등에 의해서 반사되기 때문에 다중 경로 반사(Multi-Path Reflections)를 형성한다. 즉, 전파는 송신 안테나에서 수신 안테나로 직접 전달되는 직접파와 다중경로에 의한 다중 반사파가 서로 혼재되어 나타난다.

다중 경로 반사에 의해서 반사파가 발생하면 원하지 않는 지연이 발생하여 통화품질이 저하된다. 마치 레이더 화면에 다중 반사가 발생하면, 잡음이 발생하여 작은 물체 또는 선박을 검출할 수 없는 원리와 같다. 이러한 다중 경로에 의한 반사를 방지하기 위해서는 가능한 안테나의 설치 높이를 증가시킬 필요가 있다.

5.2.8 기상환경에 의한 영향

전파는 대기의 기상환경에 의해서 굴절(refraction)된다. 대기는 가스, 습기, 수분 입자 등으로 구성되어 있기 때문에 전파를 흡수하거나 반사시키며 굴절시키는 현상을 발생시킨다. 이러한 기상환경은 거리에 따라서 그리고 지역에 따라서 크게 변동한다.

기상환경으로 인하여 전파는 멀리 도달하지 못할 뿐만 아니라 다양한 위상지연이 발생한다.

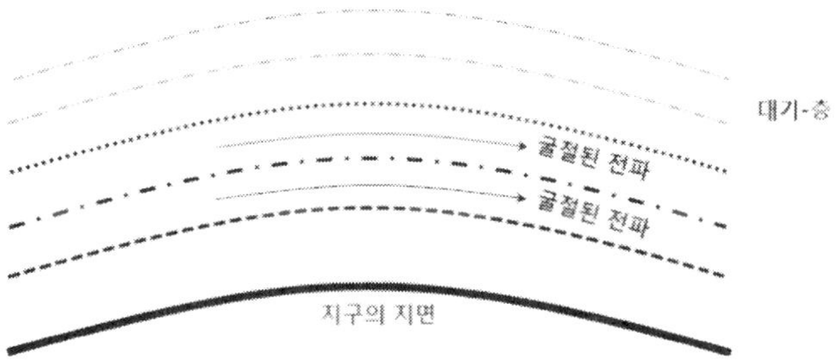

그림 3-61 기상환경이 전파에 미치는 영향

전파는 통상적인 상태의 지구표면에서 기상의 영향으로 인하여 빛 속도의 99.997%에 해당하는 속도로 전파된다. 그리고 대기밀도는 고도가 증가할수록 낮고 지면에 가까울수록 높다. 그래서 고도에 따라서 전파의 속도는 서로 다르게 나타난다.

따라서 동일한 주파수가 다양한 고도에서 전파되는 경우, 고도가 높은 쪽에서 진행하는 전파는 속도가 빠르고, 수면 위에서 진행하는 전파는 느리게 되어 결국 수신 안테나에서는 느리고 빠른 전파가 혼합 수신된다.

한편 위성통신의 경우에도 이러한 대기밀도의 영향을 받지만, 하늘 상공에서 바로 지상으로 전파를 송수신하기 때문에 수면을 따라서 방사하는 전파와는 달리 대기 영향을 덜 받는다. 그래서 위성항법이나 위성통신이 현대 통신에 적용되는 것이다.

이러한 대기밀도는 굴절의 양과 종류를 나타내는 'K 팩터(factor)'라는 지표를 이용하여 표시한다.

- K = 1 : 굴절 없이 전파가 직접 전달됨을 의미
- K 〈 1 : 직접파와 진행 방향이 다른 굴절을 야기 시키며, 굴절의 방향은 직접파의 아래로 휘어짐
- K 〉 1 : 직접파와 진행 방향이 다른 굴절을 야기 시키며, 굴절의 방향은 지구 곡면 방향을 따라서 진행함

5.2.9 지구 굴곡에 의한 영향

지구는 둥글다. 따라서 지구 표면을 따라서 진행하는 전파는 송신 안테나에서 수신 안테나까지 직선 형태로 전달되기도 하고, 지구 굴곡(Earth's Bulge라

고 부름)을 따라서 진행하기도 한다.

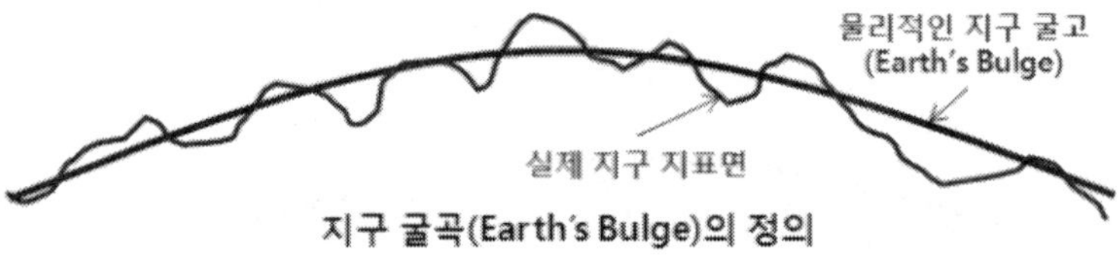

그림 3-62 지구 굴곡(Earth's Bulge)의 개념

이러한 지구굴곡은 두 가지로 구분할 수 있는데, 실제 지구의 모습을 매끄러운 곡면으로 고려한 '물리적인 지구굴곡'과 물리적인 지구굴곡에 대기권에서의 굴절을 고려한 '효과적인 지구굴곡' 등이다.

일반적으로 전파는 지구굴곡을 따라서 진행해야만 멀리 전송될 수 있는데(직접파의 경우에는 지구 상공을 뚫고 하늘로 사라지기 때문임), 지구굴곡을 따라 진행하는 경우에는 대기권의 영향으로 인하여 잡음과 위상지연 등의 원하지 않는 현상이 발생한다.

물리적인 지구굴곡에서, 전파가 전달되기 위한 높이는 다음 그림과 같이 고려할 수 있다. 즉, 전파가 전달되기 위해서 송신 안테나와 수신 안테나 사이의 높이는 지구굴곡에 의한 높이 h 보다 높아야 한다.

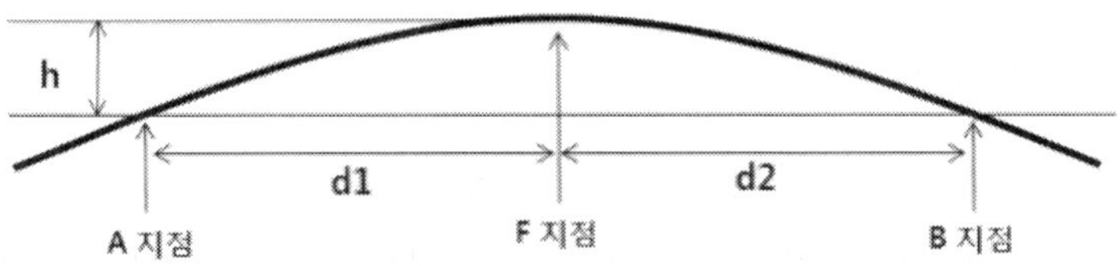

그림 3-63 통신에 필요한 안테나 높이

그리고 A지점과 B지점 사이에서 형성되는 물리적인 지구굴곡에 의한 수직거리 h (feet)는 다음 식으로 나타낼 수 있다.

$$h = \frac{d_1 \, d_2}{1.5} \tag{3-25}$$

여기서, h 는 지구굴곡에 의해 발생한 수면으로부터의 높이(feet), d_1은 A지점에서부터 중간지점까지의 거리(miles), d_2는 B지점에서부터 중간지점까지의 거리(miles).

한편, 효과적인 지구굴곡을 고려하는 경우에는, 대기권의 영향을 나타내는 K 팩터를 다음과 같이 고려해야 한다.

- K = 1 : 전파의 굴절이 발생하지 않고, 전파는 수평면 방향으로 직선으로 전파된다. 이 경우, '물리적인 지구굴곡'과 '효과적인 지구굴곡'의 영향은 같다.
- K 〈 1 : 전파의 굴절이 발생하고, 전파는 '물리적인 지구굴곡'에 대해서 상대적으로 반대방향으로 굴곡 된다. 이 경우, '효과적인 지구굴곡'은'물리적인 지구굴곡' 보다 크게 발생한다.
- K 〉 1 : 전파의 굴절이 발생하고, 전파는 '물리적인 지구굴곡'과 같은 정도의 굴곡상태로 전파된다. 이 경우, '효과적인 지구굴곡'은'물리적인 지구굴곡' 보다 작게 발생한다.
- K = +∞ : 전파의 굴절이 발생하는데, 전파는 완벽하게 '물리적인 지구굴곡'과 동일하게 거리에 관계없이 전파된다. 따라서 마치 수평면을 따라서 진행하는 것과 같은 효과가 발생한다.
- K = −∞ : 전파의 굴절이 '물리적인 지구굴곡'을 넘어서 반대방향으로 형성된다. 가장 원하지 않는 현상이다.

이러한 '효과적인 지구굴곡'을 고려하는 경우, A지점과 B지점 사이에서 형성되는 수직 거리 h (feet)는 다음 식으로 나타낼 수 있다.

$$h = \frac{d_1\, d_2}{1.5\, K} \tag{3-26}$$

여기서, K는 대기 굴절을 나타내는 K 팩터 값.

5.3 전송손실과 전송거리 계산 예

5.3.1 전송손실 평가 방법

송신기와 수신기 사이의 전기사양에 대한 평가 식은 다음 식으로 나타낼 수 있다.

$$P_{Rx} = P_{Tx} - L_{Tx} + G_{TxAnt} - L_{FSP} - L_W + G_{RxAnt} - L_{Rx} \quad (3\text{-}27)$$

$$L_{Tx} = L_{TxCon} + L_{TxLine} + L_{TxAntCon} \quad (3\text{-}28)$$

$$L_{Rx} = L_{RxAntCon} + L_{RxLine} + L_{RxCon} \quad (3\text{-}29)$$

여기서, P_{Rx}는 수신기에 입력된 신호 강도(dBm), P_{Tx}는 송신기의 송신 출력(dBm), L_{Tx}은 송신기와 송신 안테나 사이의 총 전송 손실(dB), L_{TxCon}은 송신기 접속단자 손실(dB), L_{TxLine}은 송신 안테나 접속단자 손실(dB), $L_{TxAntCon}$은 송신 안테나 접속단자 손실(dB), G_{TxAnt}은 송신 안테나 이득(dBi)으로서 i는 isotropic antenna를 의미함, L_{FSP}는 송수신 안테나 사이의 자유공간경로 손실(dB), L_W는 송수신 공간 사이의 기상에 의한 손실(dB), G_{RxAnt}는 수신 안테나 이득(dBi), L_{Rx}는 수신 안테나와 수신기 사이의 총 전송 손실(dB), $L_{RxAntCon}$는 수신 안테나 접속단자 손실(dB), L_{RxLine}는 수신 전송선로 손실(dB), L_{RxCon}은 수신기 접속단자 손실(dB).

한편, 전파 이론(Eugene F. Knott et. al., 1993; Kraus, F., 2003; Peyton Z. Peebles, JR, 1998)에 의하면, 자유공간에서 안테나 이득이 G_t 인 송신기에 P_t 의 전력(watt)을 공급할 때 거리 R 에서의 단위 면적당 수신 강도 P_{fs} 는 다음 식으로 나타낼 수 있다.

$$P_{fs} = \frac{P_t\, G_t}{4\pi R^2} \quad (3\text{-}30)$$

그리고 P_t 는 다음 식으로 나타낼 수 있다.

$$P_t = \frac{P_{fs}\, 4\pi R^2}{G_t} = \frac{(E_{fs}\, R)^2}{30 G_t} \quad (3\text{-}31)$$

여기서, E_{fs} 는 전기장의 세기로서 자유공간의 임피던스 Z_{fs} 를 이용하여 간단히 $E_{fs} = \sqrt{Z_{fs}\, P_{fs}}$ 로 나타낼 수 있는데, $Z_{fs} = \sqrt{\mu_{fs}/\epsilon_{fs}} \approx 120\pi$ 이고, μ_{fs} 는 자유공간에서의 투과율 $4\pi \times 10^{-7}\ (H/m)$, ϵ_{fs} 는 자유공간에서의 유전율 $\frac{1}{36\pi} \times 10^{-9}(F/m)$을 나타낸다.

그리고 이득이 G_r 인 수신 안테나에서 획득한 전력을 P_{rec} 로 두면, 수신기에서 최종 획득하는 전력 P_r 은 전기장의 세기 $E_{rec} = \sqrt{Z_{fs}\, P_{rec}}$ 을 도입하여 다음 식으로 나타낼 수 있다.

$$P_r = \frac{P_{rec}\,G_r\,\lambda^2}{4\,\pi} = \frac{\lambda^2}{4\,\pi}\cdot\frac{E_{rec}^{\;2}}{Z_{fs}}\cdot G_r = \left(\frac{E_{rec}\,\lambda}{2\pi}\right)^2\cdot\frac{G_r}{120} \tag{3-32}$$

여기서, λ 는 파장(m).

위의 식들을 이용하면 전송전력과 수신전력 사이의 비를 다음 식으로 나타낼 수 있다.

$$\frac{P_r}{P_t} = \left(\frac{\lambda}{4\pi R}\right)^2 G_t\,G_r\left(\frac{E_{rec}}{E_{fs}}\right)^2 \tag{3-33}$$

그리고 자유공간에서 $(E_{rec}\,/E_{fs})^2 \approx 1$ 로 간주할 수 있기 때문에 위의 식은 다음 식으로 나타낼 수 있다.

$$L_{fs} = \frac{P_r}{P_t} = \left(\frac{\lambda}{4\pi R}\right)^2 G_t\,G_r \tag{3-34}$$

따라서 송수신 안테나의 이득을 제외한 송수신기 사이의 자유공간에 대한 전파의 전송 손실 L_{FSP} (dB)은 다음 식으로 나타낼 수 있다.

$$L_{FSP} = -10\log_{10}\left(\frac{P_r}{P_t}\cdot\frac{1}{G_t\,G_r}\right) = 20\log_{10}\left(\frac{4\,\pi\,R}{\lambda}\right) \tag{3-35}$$

계산의 편의를 위하여 km로 나타낸 거리 R_{km} 과 MHz 단위의 주파수 f_{MHz} 을 도입하고, 파장 $\lambda = c/f_{MHz}$(c 는 299.8 km/sec의 빛 속도)를 적용하면 위의 식의 L_{FSP} (dB)는 다음 식으로 나타낼 수 있다.

$$L_{FSP}(Km, MHz) = 32.45\,dB + 20\log_{10}(R_{Km}) + 20\log_{10}(f_{MHz}) \tag{3-36}$$

5.3.2 전송거리와 안테나 높이 계산 이론

Peyton Z 등(1998)의 무선 이론을 이용하여 전송거리와 안테나 높이에 관한 계산 이론식을 도입하면 다음과 같다.

다음 그림 3-64는 h_{ei} 의 높이를 갖는 안테나에서, 둥근 지구표면에 수평하게 방사한 전파의 파선(wave ray)이 d_{Lsi} 의 거리까지 전달되는 형태를 나타낸다.

지구상에서 전파는 고도 증가에 따른 굴절 인덱스(index)의 감소 때문에 거의 원호에 가까운 굽어진 경로를 형성한다. 실용적으로 지구반경 $a = 4\,r_e\,/\,3 = 8{,}493\ km(r_e$ 는 지구반경 6,370 km)의 지구 모형을 이용하여 파선 경로를 해석할 수 있다.

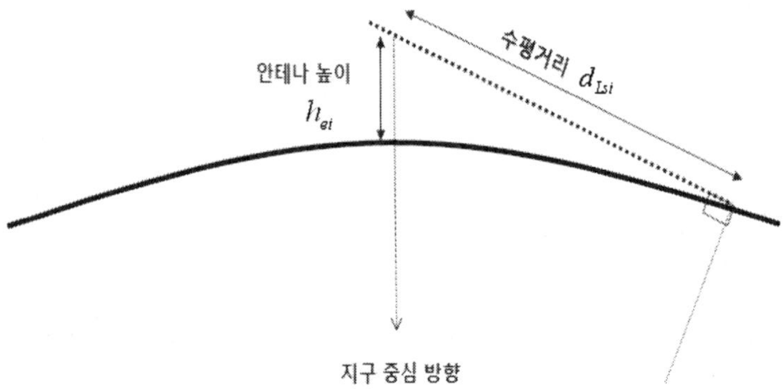

그림 3-64
평활하게 둥근 지구로 가정한 지구 모형에서의 전파 도달 수평거리의 개념

위의 그림 3-64에서 높이 h_{ei} 인 안테나에서 방사한 전파의 수평거리 d_{Lsi} 는 다음 식으로 계산할 수 있다.

$$d_{Lsi} = \sqrt{(a + h_{ei})^2 - a^2} \approx \sqrt{2\,a\,h_{ei}} \tag{3-37}$$

위의 식을 km 단위로 나타내면 다음 식으로 나타낼 수 있다.

$$d_{Lsi}(km) \approx \sqrt{0.002\,a(km)\,h_{ei}(m)} = \sqrt{17\,h_{ei}(m)} \tag{3-38}$$

한편, 송신기와 수신기 사이의 통달 거리 d 가 $d_{Lsi} \stackrel{\Delta}{=} d_{Lst} + d_{Lsr} > d$ 의 관계를 가질 때, 송신기와 수신기는 LOS(line-of-sight)에 있는 것으로 정의되는데, 일반적으로 지형특성이나 구조물 등이 전파 경로를 가리는 경우 실제 수평거리는 이론적인 수평거리보다 작게 나타난다.

이러한 송수신기 사이의 원활한 통신이 가능한 LOS 영역을 프레넬 영역(Fresnel zone)이라 하며, 송신기로부터 상대적으로 먼 거리에 수신기가 있는 경우, 지표면에서 반사되는 반사파선의 위치는 제1 프레넬 영역에 포함된다.

일반적으로, 제1 프레넬 영역은 다음 그림 3-65와 같이 직접파선과 반사파선의 경로길이 차이가 반 파장 이하인 반사점을 포함하는 타원체를 이용하여 정의할 수 있다. 그리고 송수신기 사이의 원활한 통신을 위해서는 반경 h_0 을 갖는 프레넬 영역이 지형이나 구조물의 영향을 받지 않기 위해서 일정한 거리 이상 이격되어야한다.

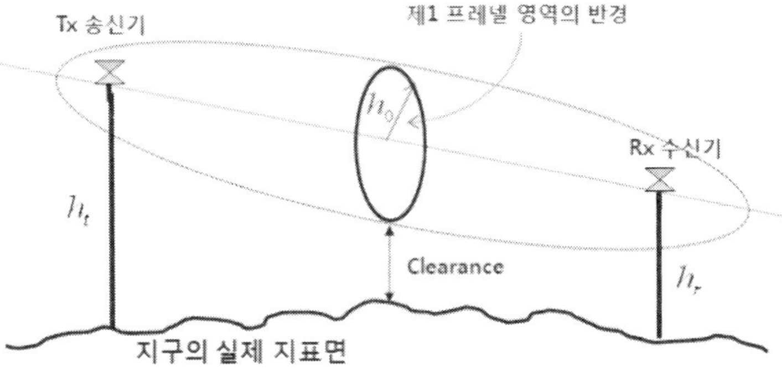

그림 3-65 전파 전송을 위한 프레넬 영역과 제1 프레넬 영역에 대한 개념도

이동통신에서 프레넬 영역을 해석하는 경우, 다음 그림 3-66과 같이 평면으로 근사한 지구 모델을 이용하여 LOS 경로전송에 대해서 분석할 수 있다.

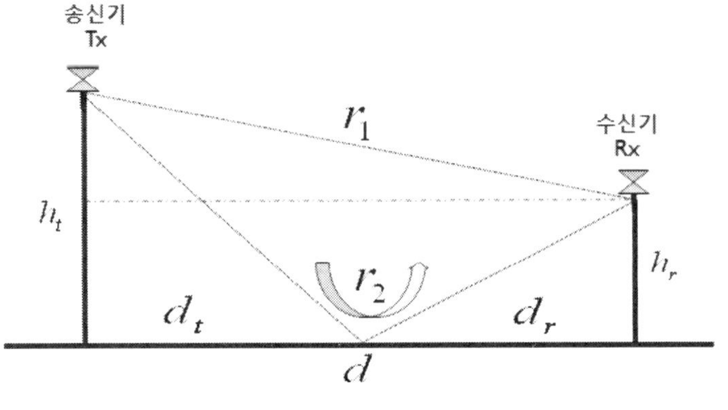

그림 3-66 평편한 지반에서의 전파 경로 발생 개념도

위의 그림에서 직접파선의 경로 r_1과 반사파선의 경로 r_2 사이의 차이는 다음 식으로 구할 수 있다.

$$r_2 - r_1 = \sqrt{(h_t + h_r)^2 + d^2} - \sqrt{(h_t - h_r)^2 + d^2}$$

$$= d\left[1 + \frac{1}{2}\left(\frac{h_t + h_r}{d}\right)^2 + \cdots\right] - d\left[1 + \frac{1}{2}\left(\frac{h_t - h_r}{d}\right)^2 + \cdots\right] \approx \frac{2\,h_t\,h_r}{d}$$

(3-39)

여기서, h_t 는 지면으로부터 송신기 안테나까지의 높이(m), h_r 는 지면으로부터 수신기 안테나까지의 높이(m), d 는 송수신기 사이의 거리(m).

그리고 송수신기 사이의 반파장 길이 $\lambda / 2$는 다음 식으로 나타낼 수 있다.

$$\lambda / 2 = \text{반사경로의 길이} - d = \sqrt{d_t^2 + h_0^2} + \sqrt{d_r^2 + h_0^2} - (d_t + d_r)$$

$$= d_t \left[1 + \frac{h_0^2}{2d_t^2} + \cdots \right] + d_r \left[1 + \frac{h_0^2}{2d_r^2} + \cdots \right] - (d_t + d_r) \approx \frac{h_0^2}{2} \cdot \frac{d_t + d_r}{d_t\, d_r} \quad (3\text{-}40)$$

여기서, d_t 는 송신기로부터 반사점까지의 거리, d_r 은 수신기로부터 반사점까지의 거리, h_0 는 제1 프레넬 영역의 반경.

그리고 위의 식으로부터 h_0 는 다음 식과 같이 구할 수 있다.

$$h_0 = \sqrt{\frac{\lambda\, d_t\, d_r}{d}} \quad (3\text{-}41)$$

위의 식에 $\lambda = c / f_{MHz}$(c 는 299.8 km/sec)를 도입하면, 미터(m) 단위를 갖는 $h_0(m)$ 는 다음 식으로 계산할 수 있다.

$$h_0(m) = 548 \sqrt{\frac{d_{tkm}\, d_{rkm}}{d_{km}\, f_{MHz}}} \quad (3\text{-}42)$$

여기서, d_{tkm} , d_{rkm} , d_{km} 등은 km 단위로 나타낸 거리 d_t , d_r , d 등을 각각 나타내고, f_{MHz} 은 MHz 단위로 나타낸 주파수.

5.3.3 전송 손실 계산 예

다음과 같은 조건에 대한 전송손실을 구해보자.

주파수 900 MHz, 송신출력 100 mW, 송수신기 안테나 이득 2.0 dB, 송수신 거리 10해리(약 18.52 km).

우선, 전송손실을 계산하기 위해서는 다음과 같이 주어진 조건의 값들에 대한 dB를 구해야한다.

○ Step 1: 먼저 송신기의 출력 $P_{Tx}(Watt)$에 대한 이득(dBm)을 다음 식으로 구한다.

$$P_{Tx}(dBm) = 10Log_{10}(Watt) + 30 \qquad (3\text{-}43)$$

위의 식을 이용하면 100mW에 대한 이득은 20dBm가 된다.

○ Step 2: 송수신기의 접속단자 손실, L_{TxCon}, $L_{TxAntCon}$, $L_{RxAntCon}$, L_{RxCon} 등을 구한다. 일반적으로 접속단자 손실은 제조회사마다 다양하기 때문에 다음과 같은 실험식을 적용할 수 있다.

$$L_{Con} = 0.01 \times \sqrt{f(GHz)} \qquad (3\text{-}44)$$

위의 식을 이용하면 900 MHz에 대한 손실은 0.00095가 된다.

○ Step 3: 전송선로 손실 L_{TxLine}와 L_{RxLine}을 구한다. 이러한 전송선로 손실은 제조회사마다 다양한데, 송수신기와 안테나 사이의 거리가 짧은 경우에는 0으로 둔다.

○ Step 4 : 송신기 안테나 이득 G_{TxAnt}와 수신기 안테나 이득 G_{RxAnt}을 구한다.

○ Step 5 : 송수신 안테나 사이의 자유공간경로 손실 L_{FSP}을 구한다. 주파수를 900 MHz로 두고, 거리를 18.52 km(10해리)로 가정하면, L_{FSP} = 32.45 + 25.3 + 59.1 = 116.85 dB가 된다.

○ Step 6 : 안개나 비 등에 의한 기상 손실 L_W는 수 GHz 이상의 주파수에 대해서 큰 영향을 미치고, 900 MHz의 경우에는 영향이 거의 없기 때문에 0으로 가정한다.

상기 계산결과를 종합하면 다음 표와 같다. 주파수 900 MHz, 송신출력 100 mW, 송수신기 안테나 이득 2.0 dB 등의 변수를 갖는 무선송수신기가 10해리 (약 18.52 km) 전송되는 경우 92.85 dB의 손실이 발생함을 알 수 있다.

표 3-14 계산결과 종합 표

구 분	dB
P_{Tx} (송신 출력 이득)	20
L_{TxCon} (송신기 접속단자 손실)	- 0.00095
L_{TxLine} (송신 전송선로 손실)	0
$L_{TxAntCon}$ (송신 안테나 접속단자 손실)	- 0.00095
G_{TxAnt} (송신 안테나 이득)	2
L_{FSP} (송수신 안테나 자유공간 경로)	-116.85
L_{W} (송수신 공간 기상 손실)	0
G_{RxAnt} (수신 안테나 이득)	2
$L_{RxAntCon}$ (수신 안테나 접속단자 손실)	- 0.00095
L_{RxLine} (수신 전송선로 손실)	0
L_{RxCon} (수신기 접속단자 손실)	- 0.00095
Sum	**-92.85**

제4장 전세계 해상 조난 및 안전시스템

1912년 4월 15일 대서양에서 빙하와 충돌한 타이타닉(RMS Titanic)에 GMDSS(Global Maritime Distress and Safety System)가 있었다면 더 많은 귀중한 생명을 살릴 수 있었을 것이다.

위성통신과 다양한 통신장비 및 서비스를 제공하는 GMDSS는 근대 인류가 개발한 우수한 통신기술을 접목한 최첨단 해상통신 시스템이다.

GMDSS가 비록 수색과 구난 목적으로 개발되었으나, 선박에서는 일반 통신용으로 많이 활용되고 있다.

GOC 면허의 목적이 바로 GMDSS의 원활한 운용에 있다.

- 저자 -

1. GMDSS 개요

1.1 GMDSS 탄생 배경

현재 상선과 어선 및 여객선 등에 사용되고 있는 해상통신장비의 대표적인 것이 전세계해상조난및안전시스템(Global Maritime Distress and Safety System, GMDSS)이다. GMDSS는 그림 4-1과 같이 전 세계 해상을 대상으로 조난 및 안전 활동(Search And Rescue, SAR)을 지원하고 있다.

Global Maritime Search and Rescue Areas

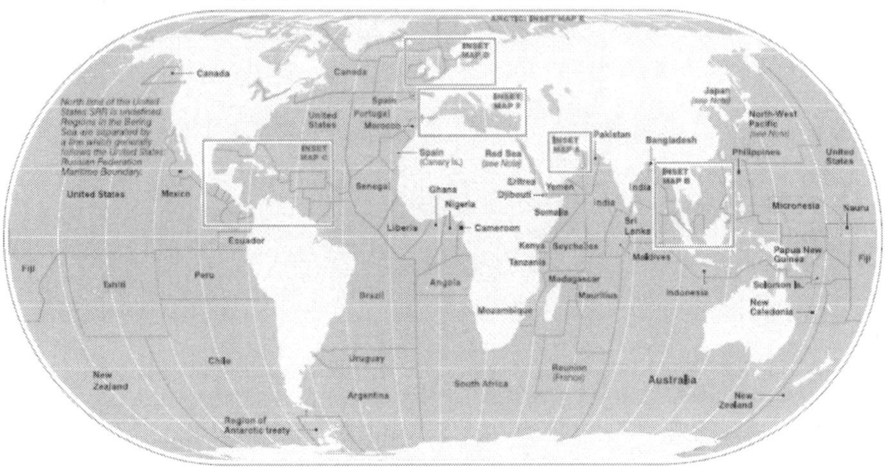

그림 4-1

GMDSS의 전 세계 활동범위(IMO, GMDSS Handbook on CD-ROM, 3rd Edition, 2001)

1.1.1 1979 SAR 협약

1985년 6월 22일에 해상에서의 수색과 구조를 위한 국제협약 1979 (International Convention On Maritime Search and Rescue 1979, SAR 1979)가 발효되었다. 이 협약의 체결 국가는 정해진 의무를 다함과 동시에 해당 선박은 이 협약에 의거하여 규정을 따라야 했다(국가법령정보센터 2013, 1979년 해상수색 및 구조에 관한 국제협약, SAR 1979).

이러한 조직적인 해난구조체계는 이에 적합한 통보 시스템이 필요하였다. 한편, 이 당시부터 선박이 점차 자동화되고 선장을 포함하는 사관과 부원 등 선박운용자 수의 감소가 예상되었으며, 특히 기존 모스(morse) 통신 장비를 운영하던 통신사(Radio Operator)의 승선의무 제도가 폐지될 것으로 예상하였다. 이에 따라 1979 SAR에 요구된 선박 장착 무선통신 시스템의 개선이 요구되었는데, 전문 통신사가 아닌 해기사들도 운용할 수 있도록 보다 간편화되고 자동화된 시스템이 필요하였다.

1979 SAR 협약은, 이 협약의 체결에 동의한 국가 사이의 국제적인 약속이며, 우리나라는 이 협약을 법으로 보장하고 있다. 이 국제 협약은, 해상에서 조난자를 신속하고 효과적으로 구조하기 위한 것으로, 연안국이 자국 주변의 일정 해역에 관해서 수색 및 구조를 책임지고, 적절한 수색 및 구조 업무를 수행하기 위하여 법적인 제도를 확립함과 동시에, 관계 국가에서는 해난 구조 활동과 조정 등의 협력을 약속한다(국가법령정보센터 2013, 1979년 해상수색 및 구조에 관한 국제협약, SAR 1979).

종래 선박의 조난통신 시스템은 모스 무선전신이 주체였지만, SAR에서는 인공위성을 포함한 현대적인 통신기술을 이용하기 때문에 신뢰성 높고 자동화 통신이 가능한 GMDSS을 사용한다. GMDSS는 1992년 2월 1일부터 적용이 시작되어 1999년 2월 1일부터는 전면 실시되고 있다.

1.1.2 1974 SOLAS

1981년 3월 31일에 발효된 1974 SOLAS는 해상에서의 인명안전을 위한 국제협약이다(국가법령정보센터 2013, 1974년 해상에서의 인명안전을 위한 국제협1약, SOLAS 1974). 1974 SOLAS에는 조난신호를 송수신할 수 있는 설비로서, (1) 500 KHz의 중파(MF) 모스 무선전신과 (2) 2,182 KHz의 중파 또는 (3) 156.8 MHz의 고주파(VHF) 무선전화 등의 설비를 강제한 바 있다.

이러한 설비는 훈련된 통신사만이 운용 가능하고, 교신거리도 150 해리(miles) 정도로 짧은 문제점이 있었다. 이러한 문제점을 개선하기 위한 방안으로 인공위성통신과 디지털 선택호출(Digital Selective Calling) 등 현대기술을 도입하고 이를 1979 SAR와 연계하여 GMDSS가 탄생하게 되었다.

1.1.3 조난 및 안전통신의 변화

1974 SOLAS에서는 조난 및 안전 통신에 대해서, 1981년까지는 무선전신

조난 주파수 500 KHz, 또는 무선전화 조난 주파수 2,182 KHz 중에서 어느 한 전파를 청취하는 체계로 되어 있었다. 그 후 선박에 2,182 KHz 전파 청취가 의무화되고, VHF 무선전화가 선박에 널리 보급되면서 모든 선박은 156.8 MHz의 청취가 의무화되었다.

이에 따라 2,182 KHz와 156.8 MHz가 모든 선박의 공통 주파수로 되었다. 또한, 이들 장치를 의무적으로 설치해야 하는 대형 선박 사이의 통신뿐만 아니라, 어선과 소형선 등과의 통신도 가능하게 되었다.

1.1.4 통신장비의 변화

다음 그림들은 2010년 태국의 컨테이너항만 람차방항(Laem Chabang Port, LPC)에 정박 중인 M.V. Nanta BHUM에서 촬영한 GMDSS와, 2001년 한진해운 말타호(M.V. MALTA)에서 촬영한 다양한 항해장비들의 모습이다.

이러한 GMDSS 장비들은 2001년과 2010년 등에 촬영한 것으로 현재 사용하고 있는 장비이기도 하지만, 최근 장비는 첨단 디지털 기술을 적용하여 더 세련되고 항해사가 운용하기 편리한 구조로 되어 있다. 특히, 다양한 장비를 한 군데에 모아서 자동으로 그리고 편리하고 쉽게 운용할 수 있는 구조로 되어 있다. 따라서 GOC 정도의 해기사 면허를 소지한 항해사들도 쉽게 운용 가능하다.

아울러, 본 교재에는 '항해'라는 용어와 '항행'이라는 용어가 등장한다. 이 두 가지 용어는 영어 'Navigation'을 의미하는 것으로, 서로 동일하거나 또는 유사한 것이다. 국내표준용어로는 '항행'으로 통용하는데, 일반적으로'항행'은 해상은 물론 항공과 연안이 모두 포함된 개념이고, '항해'는 주로 해상 선박을 대상으로 하는 경우 사용한다.

그림 4-2 GMDSS 장치 등

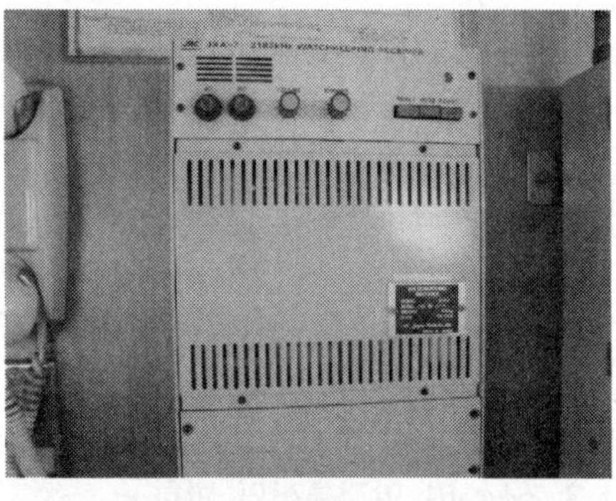

그림 4-3 2,182 kHz 수신장치

그림 4-4 말타호 선교의 제어장치

그림 4-5 VHF 무선전화기

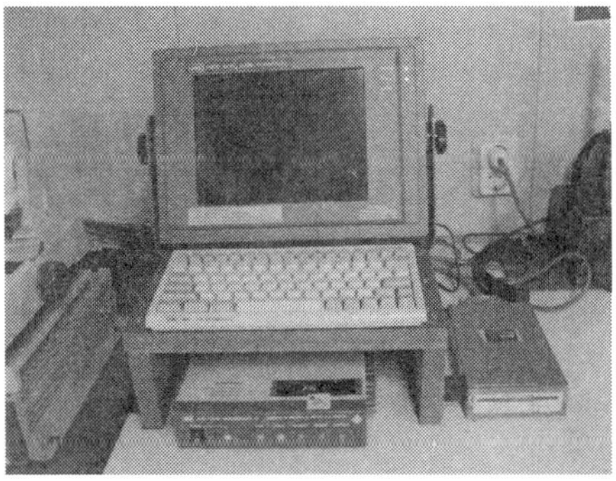

그림 4-6 Inmarsat-C 터미널

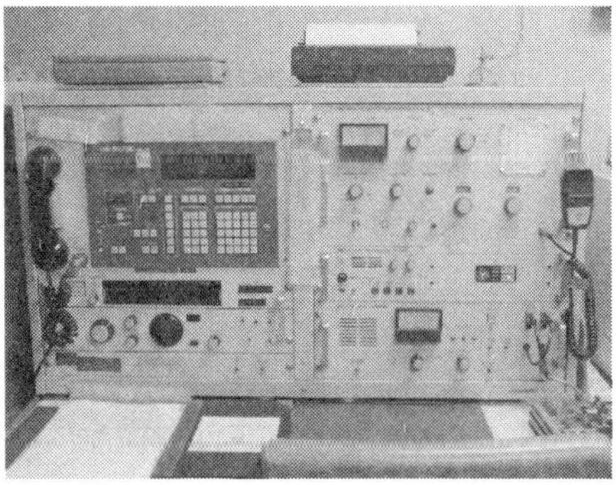

그림 4-7 MF/HF 통신 제어장치

1.2 GMDSS의 기본 개념과 적용 해역

1.2.1 GMDSS의 기본 개념

다음 그림 4-8은 GMDSS(Global Maritime Distress and Safety System)의 기본 개념도를 나타낸다. GMDSS는 조난 선박에서 송신한 조난신호가 그 부근을 항행중인 선박과 육상의 수색구조 기관에 전송되어 가능한 신속하게 수색구조 활동이 전개될 수 있도록 지원하기 위한 종합적인 장비들을 의미한다. GMDSS는 한 개만의 장비가 아님에 주의해야 한다.

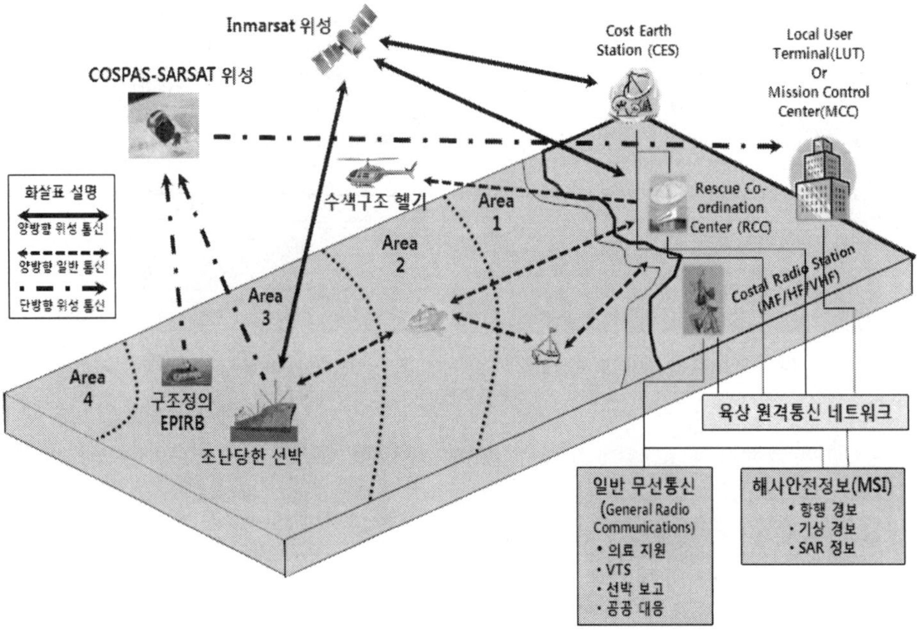

그림 4-8 GMDSS 적용 해역에 대한 개념도(IMO, 2001)

그림 4-8에서 GMDSS가 장착된 모든 선박은 항상 효율적인 통신망을 유지할 수 있기 때문에 조난이 발생하면 신속하고 쉽게 조난신호를 전파할 수 있다. 방사한 조난신호는 구조조정본부(Rescue Coordination Center, RCC)에 전달된 후 국제적으로 협약된 SAR 시스템과 절차에 의해서 수색구조가 전개된다. 이러한 조난에 적용되는 전파 통신망(radio communication network)은 1) 지구 정지궤도에 있는 Inmarsat 위성과 2) 극궤도를 갖는 COSPAS-SARSAT 위성으로 구성되어 있다.

그리고 GMDSS는 전 세계 해상을 대상으로 서비스가 가능한데, 전 세계를 대상으로 하는 경우 GMDSS 설비는 대단히 방대한 장비가 필요하다. 이에 반하여 연안을 주로 항행하는 선박은 소수 몇 가지 장비만 있어도 조난신호 발생이 가능하다. 그래서 GMDSS에서는 선박의 항행구역에 따라서 선박에 탑재해야하는 설비의 종류를 달리 정하고 있다.

GMDSS는 조난 발생에 가장 효과적인 대응이 목표이기 때문에 조난 경보에 최우선 관심을 두고 있다. 주요한 조난경보 발생 방법은 다음과 같은 3가지 방법이 대표적이다.

1. 조난경보를 해기사가 수동으로 디지털선택호출 장비(Digital Selective

Calling, DSC)를 작동시켜서 발생시킬 수 있다.

2. 승무원 중 어느 누구라도 위성을 이용한 Inmarsat 장비의 조난 버튼을 눌러서 조난경보를 발생시킬 수 있다.
3. 조난경보가 송신되기 전에 조난이 발생한 경우에는 EPIRB(Emergency Position-indicating Radio Beacon)가 선박에서 자동으로 이탈되어 조난 신호를 발생한다.

따라서 GMDSS 규정에는 모든 선박에 대해서 EPIRB를 포함하여 완전히 별개로 작동될 수 있는 조난경보 송신설비를 갖추도록 요구하고 있다.

위의 그림 4-8에서 선박 조난이 발생한 경우, 수색구조기관(한국의 해양경찰 또는 미국의 USCG 등의 기관)에서는 지연시간을 최소화하면서 협동적인 수색구조 활동이 가능하도록 육상 기관과 조난 선박 부근을 항행중인 다른 선박에게 조난발생 사실을 신속하게 통보해야 한다.

조난사고 발생 후의 수색구조는 해상에서 선박 안전이 이미 심각하게 손상된 상황이기 때문에 상황을 더욱 악화시키지 않고 신속하게 대응하기 위하여 사전에 철저한 안전대책을 강구해야 한다. 더욱 중요한 것은 이러한 조난이 발생하지 않도록 사전에 다양한 항행안전 관련 정보를 제공하거나 안전에 위해가 되는 사건을 신속하게 제거하는 것이 중요하다.

따라서 GMDSS에서는 조난통신 이외에 긴급 안전통신, 항행경보, 기상정보 등을 포함하여 해상에서 필요한 각종 안전정보도 제공하고 있다.

이러한 GMDSS의 근본 취지는 다음과 같다.

1) 모든 선박이 항행하고 있는 해역에서는 그 선박 자체의 안전뿐만 아니라, 2) 다른 선박의 안전을 위해서도, 3) 가용 가능한 모든 통신 기능을 이용하여, 4) 협동적인 수색구조 활동이 가능한 체계를 구축한다.

그래서 위의 그림 4-8에 나타낸 GMDSS의 안전망이 구축된 것이다.

1.2.2 해역별 요구 장비

GMDSS는 각 해역별로 요구되는 장비가 다른데, 그 이유는 육지로부터 먼 해역과 가까운 해역은 각 해역에 적합한 통신거리를 갖는 장비가 필요하고, 각 해역별 특성에 적합한 통신장비가 필요하기 때문이다.

GMDSS에서 구분하는 해역은 위의 그림 4-8에 나타낸 바와 같이 Area-1 해역(A1), Area-2 해역(A2), Area-3 해역(A3), Area-4 해역(A4) 등 4개의 해역으로 구분한다.

(1) A1 해역 : 이 해역은 최소 1대의 VHF 연안기지국으로 통화할 수 있는 해역이다. VHF 연안기지국은 연속적으로 DSC 통보가 가능하고, 이 해역은 주권 국가의 영해에 속하는 정도의 해역으로 고려할 수 있다.

(2) A2 해역 : A2 해역은 A1 해역을 제외한 해역으로, 최소 1대의 MF 연안기지국으로 통화할 수 있는 해역이다. A1 해역과 마찬가지로 이 연안기지국은 연속적으로 DSC 통보가 가능하고, 이 해역은 주권 국가의 영해에 속하는 정도의 해역으로 고려할 수 있다.

(3) A3 해역 : A1과 A2를 제외한 해역이다. A3 해역은 Inmarsat 지구정지위성에 의해서 통신이 가능한 해역이고, 연속적으로 DSC 통보가 가능한 해역으로 고려할 수 있다.

(4) A4 해역 : A1, A2, A3 해역을 제외한 모든 해역이다. 특히, 남극과 북극지방이 이 해역에 속한다.

1.3 GMDSS의 통신 기능

GMDSS는 다음과 같은 통신기능을 갖는다. 이들 통신기능은 GMDSS에 포함된 다양한 무선통신장비에 의해서 개별적으로 이루어진다.

그림 4-9는 JRC회사 NCU-331D 모델의 GMDSS 통신 콘솔(Communication Console)을 예로 나타낸 것이다. 이 콘솔에 MF/HF 무선통신장비가 내장되어 있다. 해상통신 장비는 다양한 것이 있는데 이를 효율적으로 활용하기 위하여 박스와 같은 콘솔(console)에 모두 모아서 사용한다.

그림 4-10은 JRC회사의 NKG-800 모델 도트 프린터(Dot Printer) 모습이다. 선박에서는 습기에 강한 도트 프린터를 사용하는데, 용지는 일반 종이가 아니라 특수한 페인트가 칠해져 있는 종이다. 일반용 잉크 프린터와 종이는 해수에 젖는 경우 잉크가 번지고 훼손되기 때문이다.

그림 4-9 JRC의 NCU-331D GMDSS 통신콘솔

그림 4-10 JRC의 NKG-800 도트 프린터

1.3.1 조난통보 기능

조난통보(distress reporting)는 선박에 조난사고가 발생했음을 알리 것이다. 이러한 조난통보는 조난경보(distress warning)에 의해서 알려지게 된다. 조난통보는 전파규칙(Radio Regulations, RR)의 N3112에 규정된 것으로, 제공 가능하고 지원 가능한 설비를 이용하여 조난사고를 신속하고 성공적으로 처리할 수 있는 보고체계이다(ITU 1994, Radio Regulations, Edition of 1990, Revised in 1994).

참고로, 우리나라 전파법은 국제전기통신(ITU)의 협약에 부속되어 있는 전파규칙(RR)을 근거로 제정한 것으로, RR과 우리나라 전파법이 서로 다를 경우 RR이 우선한다(나라기록 2013, 전파법 시행령: 대통령령 제14090호).

이러한 조난통보는 해양경찰에 구축되어 있는 구조협조센터(Rescue Coordination Center, RCC) 또는 조난당한 선박의 인근에 있는 다른 선박에 의해서 실시된다.

해안에 구축되어 있는 연안국(Coast Station) 또는 연안지구국(Coast Earth Station)을 경유해서 조난신호를 수신한 RCC에서는 SAR 조직 또는 조난당한 선박 부근에 있는 다른 선박에 조난 사실을 통보해야 한다. 조난통보에는 원활한 수색구조 작업을 위하여 1) 선박의 정체와 2) 조난 위치가 포함되고, 3) 실행 가능하다면 조난의 속성과 조난관련 참고 정보가 표시되어야 한다. 이 내용은 전파규칙(RR)의 N3113에 나타나 있다(ITU 1994, Radio Regulations, Edition of 1990, Revised in 1994).

여기서 SAR라는 것은 수색과 구조를 위한 규정과 절차를 말하기도 하고, 그냥 단순하게 수색구조를 의미하기도 한다. 수색구조에 관한 내용은 방대하기 때문에 별도의 교재에서 학습해야 한다.

GMDSS의 조난통보를 위한 통신은 다음과 같은 3가지 경로를 통해서 실시될 수 있다.

(1) 선박 대 연안(ship-to-shore) : 선박에 설치된 무선통신장비를 이용하여 해안에 설치된 무선통신국과 통신

(2) 선박 대 선박(ship-to-ship) : 선박과 선박 사이의 통신

(3) 연안 대 선박(shore-to-ship) : 해안 기지국과 선박 사이의 통신

조난통보 기능은 다음과 같이 실시된다.

1) 조난통보는 인공위성과 육상 양쪽을 통해서 이루어질 수 있다.

2) 초기 조난통보는 우선적으로 선박-대-연안(ship-to-shore) 경로를 통해서 이루어지는 것이 기본이다. 즉, 조난당한 선박에서 자발적으로 또는 조난당한 선박의 인근을 통항하는 다른 선박에서 자발적으로 조난사실을 통보할 수 있다.

3) 조난당한 선박에서 VHF 또는 MF/HF의 DSC를 이용하여 조난통보를 전송하면, 조난당한 선박의 DSC 통신범위에 있는 선박들의 DSC에 조난통보 내용이 표시되어 선박-대-선박(ship-to-ship) 경로가 자동으로 형성된다.

4) 조난통보는 초기에는 수동으로 작동되고 조난통보가 성공적으로 수신되었음을 의미하는 모든 조난통보의 인지(acknowledge) 역시 수작업으로 이루어진다.

5) 선박이 침몰하는 경우 자기부상 위성 EPIRB(Emergency Position Indicating Radio Beacon)이 자동으로 작동된다.

6) A1 해역에서만 운항하는 선박은 통신 거리가 긴 위성 EPIRB 대신에 통신 거리가 짧은 채널 70의 VHF EPIRB를 이용할 수 있다.

7) 한편, RCC에서 조난당한 선박 부근에 있는 다른 선박으로 조난통보를 중계하는 것은 위성 통신이나 연안 통신을 이용할 수 있다.

8) 그리고 모든 선박에 조난통보가 전송되는 것을 방지하기 위하여 지역조난통보(area call) 기능을 이용하면 조난당한 선박 부근에 있는 선박에만 조난사실이 통보된다.

9) 조난당한 선박 부근에 있는 선박은 중계된 조난통보를 수신한 즉시 RCC와 연락을 취하여 조난 가능한 방법을 협의해야 한다.

1.3.2 SAR 협조통신 기능

SAR 협조통신은 다음과 같은 목적을 위한 기능이다.

1) 일반적으로 SAR 협조통신은 수색구조 활동에 참여한 선박들과 항공기 사이의 협조를 위한 통신에 필요하다.

2) 아울러 SAR 협조통신은 조난사고가 발생한 해역에서 RCC와 현장지휘자(On-Scene Commander, OSC) 사이 또는 RCC와 현장수색협조자(Co-ordinator Surface Search, CSS) 사이의 통신에 필요하다.

SAR 수행을 위해서 조난 메시지는 RCC와 OSC 사이 또는 RCC와 CSS 사이 등 양쪽 방향으로 전송되어야 하는데 일반적으로 조난통보는 특정된 메시지를 한쪽 방향으로만 전송한다. 그래서 무선전화(Radiotelephony)를 이용한 조난-안전-교통(distress and safety traffic)과 협대역 직접인쇄전신(Narrow-Band Direct-Printing Telegraphy) 양쪽을 이용하여 조난 메시지를 중계한다.

따라서 SAR 협조통신에 유용한 기술은 무선전화와 직접인쇄전신 또는 양쪽이다. 이러한 통신은 선박에 설치된 장비 또는 조난이 발생한 해역에 따라서 위성통신이나 연안기지국 등을 통해서 이루어질 수 있다.

1.3.3 현장통신 기능

현장통신(On-Scene Communications, OSC)이란 사고발생 현장에서의 통신을 의미한다. OSC는 조난-안전-교통(distress and safety traffic)에 할당된 주파수를 갖는 MF와 VHF 대역의 무선전화와 직접인쇄전신을 이용한다.

조난당한 선박의 구조지원을 위한 선박 또는 항공기 사이의 통신은 선박에 대한 구조지원 또는 생존구조에 관한 국제협약에 의거하여 실시된다.

국제협약에 의거하여 수색구조를 실시하는 이유는, 조난당한 선박을 구조하는 경우에 막대한 인력과 비용 및 위험이 수반되고, 조난당한 선박 부근을 항해하는 선박이 구조지원에 투입되는 경우에도 막대한 경제적인 손실이 발생하기 때문이다. 그래서 국제적인 협약에는 수색구조에 소요된 경비와 위험 등을 보상할 수 있는 방법이 제시되어 있다. 만약 이러한 위험과 비용을 보상받을 수 없다면 효율적인 조난이 불가능할 것이다.

- 참고 : 우리나라의 경우, 해양경찰의 수난구호법에 수색구조에 소요되는 경비를 다음과 같이 명시하고 있다. 제23조 (구조된 사람의 구호비용)의 제1항에는 '구조된 사람의 보호 기타 구호에 소요되는 비용은 구조된 사람의 부담으로 한다.'고 명시되어 있고, 제24조 (구호비용의 지급) 제1항에는 '제7조제1항의 규정에 의한 명령에 의하여 구호에 종사한 자는 시장·군수로부터 구호비용을 지급받을 수 있다.'고 명시되어 있다(수난구호법, 2008).

항공기가 현장통신에 투입되는 경우 이들은 3,023 kHz, 4,125 kHz, 5,680 kHz 등을 사용할 수 있다. 또한, SAR 항공기에는 선박에 장착된 2,182 kHz 또는 156.8 MHz 또는 양쪽 전부를 갖고 있다.

1.3.4 위치확인 기능

위치확인(Locating) 기능이란, 조난당한 선박이나 구조정 또는 생존자의 위치를 찾는 것을 의미한다.

GMDSS에서의 위치확인 기능은 조난당한 선박이나 생존자가 작동시킨 9 GHz 대역의 SAR 레이더 응답 장치(SAR Radar Transponder, SART)를 이용한다. SART는 침몰하는 선박에서 구조정으로 탈출한 경우 구조정에서 작동시키는 장비이다.

SART가 작동되면, 구조 선박의 9 GHz 레이더에 간섭이 발생하면서 레이더 화면상에 12개 이상의 점이 SART가 작동한 위치 쪽으로 나타난다.

한편, EPIRB에는 조난당한 선박의 위치가 저장되어 있기 때문에 EPIRB를 이용하여 조난당한 선박의 정확한 위치를 확인할 수 있다. 단, 다음과 같은 이유 때문에 EPIRB에 기록된 위치가 현재 조난당한 선박의 위치가 아닐 가능성이 있기 때문에 주의해야 한다.

① EPIRB는 선박에 고정시키는 형식과 선박이 침몰하는 경우 자동으로 부상하는 형식 등 2종류가 있다.

② 고정식의 경우, 선박과 함께 EPIRB가 침몰되면 수중에서 수상으로 전파를 송신하지 못한다. 따라서 상선에서는 고정식 EPIRB는 거의 사용하지 않는다.

③ 부유식의 경우에는 조난당한 선박이 조류와 바람 등으로 표류하는 경우

EPIRB 위치와 다른 곳에 있을 수 있다.

한편, 위성 EPIRB에 사용하는 121.5 MHz는 해상항공 SAR 지원대에서 조난자 위치를 찾기 위해 사용한다.

1.3.5 해양안전 정보의 확산 기능

선박은 항해 안전을 확보하기 위하여 새로 갱신된 항행경보, 기상경보, 기상예보와 다른 긴급 해상안전정보(Maritime Safety Information, MSI) 등의 수신이 필요하다. MSI는 해안국에서 협대역 직접인쇄(Narrow-Band Direct-Printing, NBDP)에 의한 무선전신 방송을 이용하여 확산시킬 수 있다.

NBDP는 국제 NAVTEX 서비스에 사용하는 주파수 518 kHz를 사용할 수도 있고, NAVTEX 범위를 넘어서 항해하는 선박의 경우에는 Inmarsat의 EGC(Enhanced Group Call) 시스템을 통해서 해양안전 정보를 보급할 수 있다. 특히, Inmarsat의 EGC 시스템은 국제안전망시스템(International SafetyNET system)으로 알려져 있다.

1.3.6 일반통신 기능

GMDSS에서의 일반통신이란, 수색구조 목적 이외에 사용하는 통신을 의미한다. 이러한 일반통신은 선박국과 연안 통신망 사이의 통신에 사용되는데 선박의 관리와 운영 및 안전관련 업무에 사용할 수 있다.

일반통신에는 일반적으로 다음 그림들과 같은 VHF 무선전화기를 사용한다. 이러한 일반통신은 공식적으로 지정된 적절한 채널을 이용하여 도선사를 호출하거나 터그(Tug) 서비스 요청, 해도 구입, 장비의 수리요청 등에 사용할 수 있다. 사적인 통화는 금지되어 있다.

1.3.7 선교-대-선교 통신 기능

선교-대-선교(Bridge-to-Bridge, BtoB) 통신은 선박 사이의 안전통신용으로 사용하는 것으로, 선박이 항해 중일 때 사용한다. 일반적으로 다음 그림들과 같은 VHF 무선전화기를 이용한다.

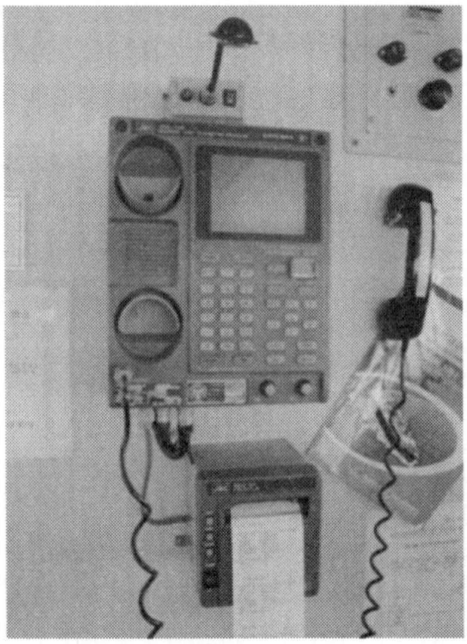

그림 4-11 해상용 VHF 무선전화기(위)와 NAVTEX(아래)

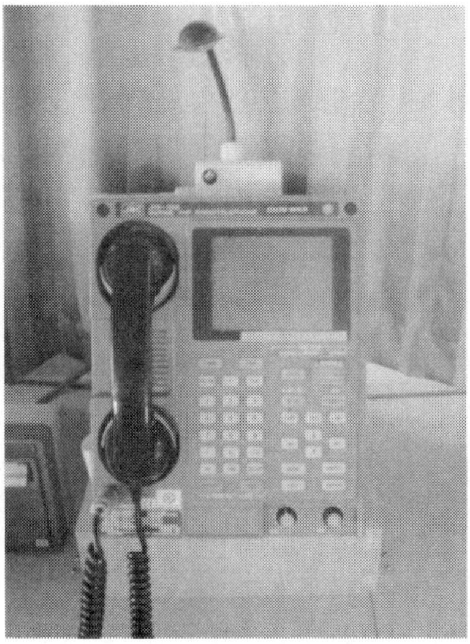

그림 4-12 해상용 VHF 무선전화기(야간을 위한 램프가 있다)

1.4 GMDSS 통신방식과 주파수

GMDSS는 조난 선박의 위치에서부터 연안기지국까지의 거리에 따라서 다양한 통신방식과 장비가 있다. 다양한 통신방식과 장비에는 다양한 주파수가 사용된다. 다양한 주파수가 필요한 이유는 각 주파수마다 고유한 목적이 정해져 있기 때문이다.

단일 주파수만으로는 다양한 종류와 다양한 목적 및 다양한 거리에 따른 서로 다른 장비의 사용 등이 불가능하다.

그리고 후속하는 장에서 기술한 바와 같이, 주파수는 높은 주파수(고주파수)와 낮은 주파수(저주파수)에 따라서 이동 거리에 차이가 발생하고, 다양한 반사와 간섭 등이 현저하게 다르게 나타나기 때문에 장비의 사용 목적에 따라서 주파수가 각각 다르다.

1.4.1 위성통신 방식

위성통신(Satellite communications)은 말 그대로 인공위성을 이용한 통신 방식을 의미하는데 GMDSS에서 제일 중요한 통신 방식이다.

위성통신을 이용한 대표적인 통신장비 또는 통신 시스템이 Inmarsat이다. Inmarsat는 International Maritime Satellite System을 의미하는데, 초창기에는 머리글자를 이용한 약어의 개념으로 INMARSAT라고 불렀으나, 현재는 일반 명사화되어 Inmarsat라고 부르고 있다. 한편, Inmarsat는 장비 이름을 의미하기도 하고 시스템을 뜻하기도 한다. 또한 Inmarsat에는 이미 system이라는 용어가 포함되어 있기 때문에 'Inmarsat 시스템'이라고 불러서는 안 된다. 단, 'Inmarsat 시스템'이라 부르는 경우에는, Inmarsat 장비와 기능 및 조직 등을 포함하는 광범위한 개념을 의미하는 것으로 해석할 수 있다.

이러한 Inmarsat 시스템은 지구정지궤도위성(geostationary satellites)을 이용하고, 주파수는 1.5 GHz와 1.6 GHz의 L-밴드를 사용한다.

- 참고 : L-밴드는 1.0 ~ 2.0 GHz의 주파수 대역을 의미한다. 밴드(band, 또는 대역)라는 것은 특정 장비나 기술에 적용하는 주파수를 간단하게 문자로 나타내기 위한 주파수 표시 방법이다. 부록에 다양한 밴드 표시 방법을 나타냈으니 참고하기 바란다(정보통신기술용어해설, 2013).

선박에 설치한 Inmarsat를 선박지구국(Ship Earth Station, SES)이라 한다. 즉, 지구에 있는 선박에 Inmarsat를 설치하여 마치 하나의 무선국(radio Station)으로 사용한다는 의미이다.

선박에서는 Inmarsat 이외에도 GMDSS에 포함된 다음과 같은 다양한 위성통신 장비를 이용하여 조난통보를 수행할 수 있다.

① 우선 위에서 설명한 Inmarsat를 이용하여 조난통보를 송신하거나 수신할 수 있다. 또한, Inmarsat는 선박과 육상 사이의 양방향 일반통신에도 사용한다.

② 직접인쇄전신(NBDP)을 이용한 데이터 전송 기능과 무선전화(Radio Telephony)를 이용한 음성통신 기능 등을 이용하여 선박과 육상 사이의 조난통보를 위한 양방향 통신이 가능하다.

③ L-밴드 위성 EPIRB 역시 조난통보에 사용할 수 있고, 국제안전망(International SafetyNET) 시스템은 국제 NAVTEX 시스템이 커버할 수 없는 지역에 대해서 국제해사안전정보(MSI)를 제공할 수 있다.

④ 406 MHz의 COSPAS-SARSAT 시스템은 대표적인 조난통보 장치인데, 극궤도 위성(polar-orbiting satellite) 시스템을 사용한다. COSPAS-SARSAT 시스템은 GMDSS에서 조난통보와 조난 선박의 위치와 정체를 파

악하는 가장 핵심적인 시스템으로 사용하고 있다.

1.4.2 육상통신 방식

육상통신에서 조난통보의 핵심적인 장비는 DSC(Digital Selective Calling)이다. DSC란, 조난통보를 디지털 방식에 의하여(Digital) 선택적으로(Selective) 선박이나 육상에서 호출(Calling)할 수 있다는 의미이다.

- 참고 : 호출(Calling)이라는 의미는 통신을 위한 주파수 채널(channel)을 할당 받고, 통신을 위한 무선국을 지정하기 위하여 상대방을 부르는 것을 의미한다. 호출했음에도 어느 누구도 응답하지 않는 경우가 발생하는데, 해당 연안국에서 사용하지 않는 통신장비나 주파수를 사용하는 경우 또는 당직자가 없는 경우 등에 해당한다. 따라서 각 나라마다 해안국에서 사용하는 주파수와 무선장비가 다름에 주의해야 한다. 이를 위하여 국제적으로 공통된 VHF 채널 6, 13, 16에 의한 무선전화, VHF 채널 70번을 이용한 DSC 등이 상선에서의 호출에 사용되고 있다.

DSC는 일반 음성통신과 같이 통화를 통해서 이루어지는 것이 아니라, 문자 또는 경보 형태의 메세이지(message)로 이루어진다. 따라서 DSC에 의해 조난통보가 전달된 이후에 무선전화(radiotelephony)와 직접인쇄전신(directprinting telegraphy) 또는 양쪽 시스템 모두를 이용하여 '조난안전통신'을 할 수 있다.

'조난안전통신'이란, 조난통보 이후에 구조할 선박과의 통신 또는 주위 통항 선박과 통신하여 조난에 대응하기 위한 다양한 통신을 의미한다.

이러한 육상통신 방식에는 장거리통신, 중거리통신, 단거리통신 등 3가지로 다음과 같이 구분할 수 있다.

가. 육상 장거리 통신방식

일반적으로 육상 장거리 통신방식에는 HF(High Frequency) 통신을 적용하여 선박-대-선박, 육상-대-선박 또는 양쪽 방향으로의 통신이 가능하다.

한편, Inmarsat가 커버할 수 있는 해역에서 육상 장거리 통신방식은 위성통신 방식을 대신하여 사용할 수 있고, Inmarsat가 커버할 수 없는 해역에서는 육상 장거리 통신방식이 유일한 통신방식이 된다. 육상 장거리 통신방식에 사용하는 주파수는 4 MHz, 6 MHz, 8 MHz, 12 MHz, 16 MHz 등의 밴드이다.

나. 육상 중거리 통신방식

육상 중거리 통신방식은 MF(Medium Frequency) 무선통신을 사용한다. 선박-대-육상, 선박-대-선박, 육상-대-선박 등의 통신에는 2187.5 kHz와 2182 kHz, 2174.5 kHz 등의 주파수 밴드가 사용된다.

① 2187.5 kHz는 DSC의 조난경보안전호출(distress ad safety calls)에 사용된다.

② 2182 kHz는 무선전화에 의한 조난안전교통(distress and safety traffic)에 사용되는데 여기에는 SAR 협조와 현장통신이 포함된다.

③ 2174.5 kHz는 직접인쇄전신에 의한 조난안전교통에 사용된다.

다. 육상 단거리 통신방식

육상 단거리 통신방식은 VHF를 사용한다. 우리나라의 VHF 주파수 대역은 전파법시행령(국가법령정보센터 2012)에 의거하여 30 ~ 300 MHz의 주파수 대역으로 정해져 있다.

소난안선에 사용하는 VHF 내역의 장비와 주파수는 다음과 같고, 그 외의 VHF는 다양한 채널을 이용하여 일반 무선통신에 의한 항무통신, 도선사 호출 등에 사용되고 있다.

① 156.525 MHz(VHF 채널 70번에 해당) : DSC에서 사용하는 조난안전호출용의 주파수이다.

② 156.8 MHz(VHF 채널 16번에 해당) : SAR 협조와 현장통신을 포함한 무선전화에 사용하는 조난안전교통용이다.

③ 그리고 VHF에서 직접인쇄전신은 불가능하다.

라. 육상용 3가지 통신방식의 요약과 검토

상기에 기술한 세 가지 육상 통신방식을 요약하면 다음 표 2-1과 같다.

표 2-1 육상통신 방식의 종류와 내용

구분 항목	장거리통신	중거리통신	단거리통신
통신장비	▪ HF	▪ MF	▪ VHF
통신방향(주1)	▪ 선박-대-육상 ▪ 육상-대-선박	▪ 선박-대-육상 ▪ 선박-대-선박 ▪ 육상-대-선박	▪ 선박-대-선박
주파수	▪ 4 MHz ▪ 6 MHz ▪ 8 MHz ▪ 12 MHz ▪ 16 MHz	▪ 2187.5 kHz : DSC ▪ 2182 kHz : 무선전화 ▪ 2174.5 kHz : 직접인쇄전신	▪ 156.525 MHz(채널 70번) : DSC ▪ 156.8 MHz(채널 16): 무선전화
특징	▪ 위성통신 대용으로 사용 가능	-	▪ VHF에서 직접인쇄전신은 불가능

위의 표 2-2에 나타낸 통신방향(주1)에서, HF, MF, VHF 모두 통신방향은 선박-대-선박, 선박-대-육상, 육상-대-선박 등 3가지 기능이 모두 가능하지만, 주로 상기와 같이 구분하여 사용한다는 의미이다.

그리고 초급 수준의 독자들은 다음과 같은 사항에 대해서 의문을 갖고 고민해 볼 필요가 있다.

1) 일반적으로, 주파수가 낮은 통신방식은 주파수가 높은 통신방식과 비교하여 상대적으로 멀리 전송할 수 있는데, 위의 세 가지 통신의 경우에는 그러하지 않다.

2) 즉, 장거리 통신은 오히려 주파수가 높은 4 ~ 16 MHz 밴드의 HF를 사용하고, 중거리통신은 주파수가 낮은 2 MHz 대역(2187.5 kHz, 2182 kHz, 2174.5 kHz 등)의 MF를 사용하며, 단거리 통신은 주파수가 가장 높은 156 MHz 대역의 VHF를 사용하고 있다.

3) 즉, 거리별로 보면, 단거리 통신 156 MHz 〈 중거리 통신 2 MHz 〈 장거리 통신 4~16 MHz 등의 순서인데, 주파수별로 보면, 단거리 통신 156 MHz 〉 장거리통신 4~16 MHz 〉 중거리통신 2 MHz 등과 같이 순서가 다르다.

4) 그 이유는, 전파는 전송되는 거리에 따라서 지구굴곡이나 습기, 공기입자, 이온층 등의 영향을 받기 때문에 이러한 영향을 고려하여 과학자들이 실험을 통해서 주파수를 결정한 것이다. 또한, 역사적으로 각 장비가 탄생할 당시에 주파수가 이미 정해져 있었기 때문인 경우도 있다. 뒷장에서 기술하는 다양한

전파환경에서 이러한 내용을 학습한다.

1.4.3 GMDSS에 사용하는 주파수

GMDSS에서 사용하는 주파수는 국제법으로 규정되어 있고, 위에서 설명한 바와 같이 다양한 주파수가 각 무선통신 장비마다 할당되어 있다. 일반인들이나 특정 국가에서 이러한 주파수를 사용해서는 아니 된다. 그 이유는 해상통신은 전 세계 해상안전을 위한 공용통신이기 때문이다.

이러한 주파수는 세계적으로 공인된 ITU WARC Mob-87의 부속서 9-3(RR N38)에 규정되어 있다(ITU 1994, Radio Regulations, Edition of 1990, Revised in 1994).

1.5 GMDSS 장비성능 표준

GMDSS에 포함되는 모든 장비는 IMO 규정(IV/4)에 의거한 성능표준에 따라서 형식 승인된 제품을 사용해야 한다. 그 이유는 GMDSS의 장비들은 귀중한 생명을 보호하고, 해상이라는 극한 상황에서도 확실하게 작동이 보장되어야 하기 때문이다. 이러한 성능표준은 관련된 ITU-R의 권고사항에 상세하게 기술되어 있는데, ITU-R은 International Telecommunication Union(ITU)의 무선통신(Radio-communication) 분야에서 정한 무선주파수 관련 통신규약을 의미한다. 이러한 IMO 규정들은 다음 참고문헌에 나타나 있다.

- IMO (2010), Information Resources on the Global Maritime Distress and Safety System(GMDSS)(Last update: 18 March 2010)
- IMO (2004), Harmonization of GMDSS Requirements for Radio Installations on Board SOLSA Ship, COMSAR/Circ.32, 16 August 2004
- ITU (1994), Radio Regulations, Edition of 1990, Revised in 1994, International Telecommunication Union (ITU)
- ITU-R (2013), ITU Radiocommunication Sector

육상과 달리 해상에서 사용하는 GMDSS 장비들은 다음과 같은 특징이 있음에 주의해야 한다.

① 해상에서 사용하는 GMDSS 장비들은 해수나 소금기에 항상 노출되어 있기 때문에 부식과 침식이 육상 보다 현저하게 빠르게 진행된다.

② 선박이 항해하는 지역이나 국가마다 온도 차이가 대단히 심하기 때문에 GMDSS 장비에 포함된 반도체 회로들의 과열이나 저온냉동에 의한 고장 발생이 잦다.

③ 파도에 의해서 무선통신 안테나가 물속에 들어가서 전파의 송수신이 불가능한 상황이 발생할 수 있다.

④ 어떠한 상황에서도 조난통신에 사용하는 장비는 장거리에서도 탐지 가능해야하고 장거리까지 전파가 송수신되어야 한다.

⑤ 일반 전파급 GOC 해기면허를 소지한 항해사들도 쉽게 GMDSS를 작동시키거나 유지 보수가 가능해야 한다.

따라서 IMO의 성능표준과 ITU-R의 각종 권고사항을 기준으로 각 장비들을 제작하고, 제작한 이후에는 IMO에서 정한 기준에 의거하여 선급(Class)이나 전파관련 기관에서 형식승인을 득해야만 한다. 형식승인을 득하지 않은 제품은 사용할 수 없다.

선급이란, 선박의 검사와 인증 및 다양한 선박관련 장비의 형식 승인을 각 국가의 정부를 대신하여 수행하는 공공목적의 기관이다. 각 국가마다 선급이 정해져 있는데 주요 해운국가의 선급은 국제선급협회(International Association of Classification Societies, IACS)에 가입되어 있고, 주요 선급은 다음과 같다(IACS 2005, Recommendation85).

- 한국 선급(Korean Register of Shipping, KR)
- 미국 선급(American Bureau of Shipping, ABS)
- 프랑스 선급(Bureau Veritas, BV)
- 중국 선급(China Classification Society, CCS)
- 노르웨이 선급(Det Norske Veritas, DNV)
- 독일 선급(Germanischer Lloyd, GL)
- 영국 선급(Lloyd's Register, LR)
- 일본 해사협회의 선급(Nippon Kaiji Kyokai, Class NK)

- 이탈리아 선급(Registro Italiano Navale, RINA)
- 러시아 선급(Russian Maritime Register of Shipping, RS)

2. GMDSS 장착 요구사항

2.1 GMDSS 적용 지역

1974 SOLAS에 적용되는 모든 선박은 1988년 SOLAS 개정서에 의거하여 항해에 종사하는 해역에 따른 GMDSS 장비를 장착해야 한다.

GMDSS 장착 요구사항의 기본원칙 중 하나는 최소한 2개의 분리되어 있거나 독립된 방법으로 선박-대-해안 조난경보를 전송할 수 있는 능력을 요구하고, 다른 통신 기능을 수행할 수 있는 능력 역시 요구하고 있다.

1974 SOLAS IV/7부터 IV/11까지에 다음과 같이 선박 항행 해역에 따라 선박에 요구되는 특별한 조건을 규정하고 있다. GMDSS의 장착 요구사항은 다음과 같다.

- Sea Area A1 : VHF 장비를 장착해야 하고, 위성 EPIRB 또는 VHF EPIR를 장착해야 한다.
- Sea Area A2 : VHF와 MF 장비를 장착해야 하고, 위성 EPIRB를 장착해야 한다.
- Sea Area A3 : VHF와 MF 장비 그리고 위성 EPIRB를 장착해야 하고, HF 또는 위성통신 장비를 장착해야 한다.
- Sea Area A4 : VHF, MF, HF 장비와 위성 EPIRB를 장착해야 한다.
- 모든 선박은 MSI 방송을 수신할 수 있는 장비를 장착해야 한다.

2.2 GMDSS 적용 시기

1988년에 개정된 1974 SOLAS 협약에는 다음과 같이 GMDSS 무선시설 설치에 관한 스케줄(schedule)을 명시하고 있다.

- 1992년 2월 1일부터 건조되는 모든 선박은 생존정을 위하여 SART와 같은 레이더 응답기와 양방향 VHF 무선전화설비를 장착해야 한다.
- 1993년 8월 1일까지 모든 선박은 NAVTEX 수신기와 위성 EPIRB를 장착해야 한다.
- 1992년 2월 1일부터 건조되는 모든 선박들은 레이더 응답기와 양방향 VHF 무선전화설비를 1995년 2월 1일까지 장착해야 한다.
- 1995년 2월 1일부터 건조되는 모든 선박은 GMDSS에서 요구하는 모든 조건을 만족해야 한다.
- 1995년 2월 1일 1까지 모든 선박들은 9 GHz 밴드에서 작동하는 최소한 1개 이상의 레이더를 장착해야 한다.
- 1999년 2월 1일까지 모든 선박들은 GMDSS에 관한 최적의 요구조건을 준수해야 한다.

2.3 SOLAS 미적용 선박에 대한 권고

1974 SOLAS에 적용 받지 않는 선박들은 GMDSS(MSC Circ. 803)에 명시된 비협약 선박의 참여에 관한 지침이 권고되어 있다. 이와 관련된 협약과 코드(code)는 다음과 같다.

- 1977년 어선의 안전에 관한 토레몰리노스 국제협약(Torremolinos International Convention for the Safety of Fishing Vessels, 1977)과 관련된 1993년 Protocol
- 이동 해상시추장비에 관한 코드(Code for the Construction and Equipment of Mobile Offshore Drilling Units, MODU Code)에 대한 1991년 개정서
- 고속선 안전에 관한 국제 코드(International Code of Safety for High-Speed Craft)

3. GMDSS의 작동 절차

GMDSS에 대한 조난통신, 안전통신, 긴급통신 등에 대한 작동절차는 무선규정(Radio Regulations, RR)의 N39와 N40에 명시되어 있다. 다음과 같은 서류들에 GMDSS 무선장비에 관한 작동절차가 상세하게 기록되어 있다.

- 해상이동통신에서 DSC 장비 사용에 관한 작동절차(ITU-R M.541 권고)
- 해상이동 서비스에서 직접인쇄무선전신 장비의 사용에 관한 작동절차(ITU-R 권고 M.492)
- 선박에 대한 항행경보와 기상경보 및 긴급정보의 확산과 전파를 위한 자동직접인쇄무선전신 장비에 관한 작동과 기술특성(ITU-R권고 M.540)

그리고 조난당한 선박의 선장이 취할 행동은 다음 문서에 명시되어 있다.

- 조난상황에서 선박의 선장을 위한 GMDSS 작동절차(COM/Circ. 108)

4. 육상에서의 SAR 통신망과 작동

4.1 통신망

세계적으로 통합된 위성통신과 육상통신의 장점을 극대화하기 위하여 GMDSS는 RCC 사이의 효율적인 통신망 구축이 필요하였다. 이를 위해 1979 SAR 협약을 근거로 IMO가 조정하여 RCC 사이의 상호 통신링크를 구축할 수 있었다.

또한, 각 RCC는 Inmarsat CES와 COSPAS-SARSAT MCC와 같은 관련 해안국과의 상호 효율적이고 신속한 통신 링크가 필요하였다.

RCC 사이의 상호 링크는 공중전환망(public switched network) 또는 적절한 전자회로를 이용하여 구현할 수 있다. 공중전환망에 효율적으로 접근할 수 없는 RCC의 경우에는 Inmarsat SES를 이용하여 RCC 사이의 조난과 안전 정보를 서로 빠르게 교환할 수 있다(RR N2938).

4.2 육상 SAR 절차

발생한 조난상황에 대한 SAR 행동은 지원이 가능한 SAR 협약국 사이에서의 협조를 통해서 실시된다. 그림 4-13은 SAR 절차를 나타낸다. 특히, 제1위의 RCC(the first RCC)에서 취해야 할 행동들에 주목하여 학습하기 바란다.

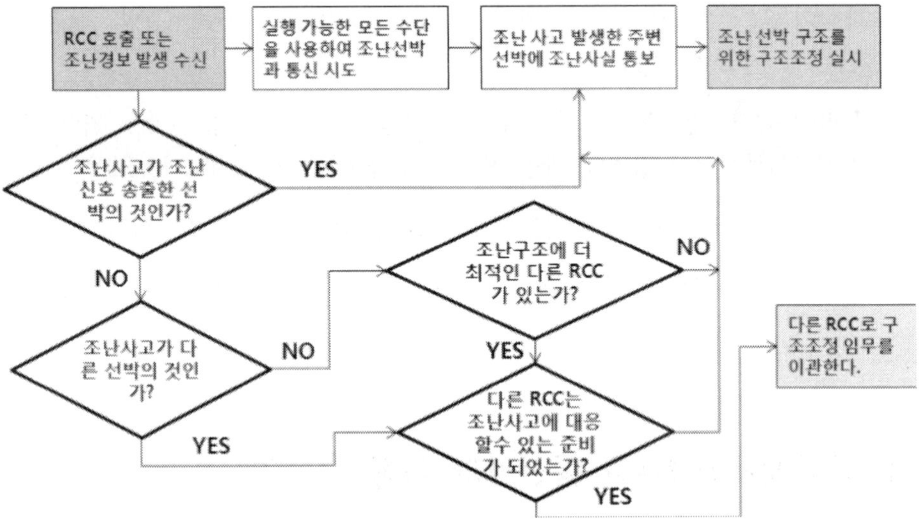

그림 4-13 제1위 RCC가 취해야할 행동의 처리 순서

SAR 절차를 설명하면 다음과 같다.

1) 조난이 통보된 곳과 가까이 있는 육상국은 조난경보를 승인(acknowledge)해야 한다. 조난경보를 수신한 다른 육상국은 부근에 있는 다른 육상국에서 조난통보를 승인하지 않았다면 대신 승인해야 한다.

2) 이러한 조난경보를 승인한 육상국은 조난당한 선박과 통신을 유지해야 하고, 선박이 구조될 때까지 임무는 지속된다. 또한 인근 육상국을 대신하여 승인하였다고 하여 의무가 해제되는 것이 아니다.

3) 제1위의 RCC는 처음으로 조난경보를 승인한 육상국을 의미하는데, 제1위의 RCC는 모든 부가적인 SAR 협조체계 유지에 대한 책임이 있는 것으로 가정하고, 조난당한 선박에 더 적합한 위치에 있는 다른 RCC에서 승인하지 않는 한 제1위의 책임을 지속적으로 유지한다.

4) 만약 다수의 RCC에서 조난경보를 승인하였기 때문에 어느 RCC가 제1위

의 RCC인지를 모르는 경우에는, 가능한 처음으로 조난통보를 승인한 RCC를 제1위의 RCC로 지정한다고 약속하여 속히 사고에 대해서 조치를 취해야 한다.

5) 제1위의 RCC에 의해서 협조 SAR 행동 또는 더 적합한 RCC가 있는지를 조사하는 등의 즉각적인 조치가 이루어져야 한다.

5. GMDSS 계획과 장비의 유지보수

5.1 GMDSS의 계획

GMDSS의 우주와 육상 통신 서비스에 관한 육상 관련시설에 정보를 제공하기 위해서 협약정부에 제공한 정보는 IMO의 GMDSS에 관한 Master Plan에 포함되어 있다(GMDSS/Circ.8 및 개정서). 이러한 다양한 정보는 MSC/Circ. 684 또는 개정서 등에 의거하여 1988 SOLAS 개정서 IV/5.2 규정에 의거하여 제공된 것이다.

IMO의 Master Plan에는 다음사항 들이 포함되어 있다.

- Annex 1 - Status of shore-based facilities for the GMDSS : GMDSS에 관한 육상 관련 장비들의 상태
- Annex 2 - List of VHF DSC coast stations for sea areas A1 : A1 해역에 적용되는 VHF DSC 해안국에 대한 목록
- Annex 3 - List of MF DSC coast stations for sea areas A2 : A2 해역에서의 MF DSC 해안국의 목록
- Annex 4 - List of HF DSC coast stations for sea areas A3 and A4 : A3와 A4 해역에서의 HF DSC 해안국의 목록
- Annex 5 - List of Inmarsat coast earth stations : Inmarsat 해안지국 목록
- Annex 6 - List of rescue co-ordination centres using ship earth stations : 선박지구국에 사용되는 수색조정 센터의 목록
- Annex 7 - NAVTEX service : NAVTEX 서비스

- Annex 8 – The International SafetyNET service: 국제 SafetyNET서비스
- Annex 9 – HF NBDP maritime safety information broadcast service : HF NBDP 해상안전정보 방송 서비스
- Annex 10 – List of COSPAS-ARSAT Mission Control Centres and Local User Terminals : COSPAS-ARSAT 임무조정센터와 지역 사용자 터미널
- Annex 11 – Maps of shore-based facilities for the GMDSS : GMDSS를 위한 육상 관련 장비들의 지도
- Annex 12 – Satellite EPIRB registration information:위성EPIRB 등록 정보
- Annex 13 – List of 24-hour points of contact for MMSI ship's identification : MMSI 선박들의 정체에 관한 24시간 연락 리스트
- Annex 14 – Questionnaire on shore-based facilities for the GMDSS (MSC/Circ. 684) : GMDSS에 관한 육상 관련 시설에 대한 질문

5.2 GMDSS 장비의 유지보수

GMDSS에서 장비의 유지 보수를 위한 무선종사자의 승선은 요구하지 않는다. 다음 3종의 사항은 장비를 사용할 수 있도록 유지하기 위한 선박에서의 선택사항이다.

① 장비를 복수로 설치한다.

② 육상에서 유지보수를 담당한다.

③ 해상의 선박에서 장비의 유지보수를 담당한다.

1988 SOLAS 개정서의 IV/15.7 규정에 명시되어 있는 바와 같이, GMDSS의 A1 또는 A2 해역에 종사하는 선박은 상기 3가지 중에서 최소한 한 가지를 만족하면 된다. 그러나 A3과 A4 해역에 종사하는 선박은 최소한 세 가지 중에서 두 가지의 조합을 유지해야 한다.

SOLAS 규정 IV/15.7에 의하면 협약정부는 IMO의 권고를 고려해야 하는데, 특히 A3과 A4 해역의 경우에는 국제적으로 승인된 방법을 적용해야 한다.

여기서 국제항해에 종사하는 선박의 경우에는 상기 3가지 방법 중에서 두 가지를 조합해야 하는데, 여러분들은 어떤 조합을 선택할 것인가? ①의 방법과 같이 장비를 복수로 설치하면 경제적인 손실이 발생한다. ②의 방법과 같이 육상에 유지보수를 의뢰하면 추가비용이 발생한다. ③의 방법과 같이 선박에서 장비의 유지와 보수를 담당해야한다면 선장을 포함한 항해사들은 유지와 보수를 위한 특별교육이 필요하다.

현재, 국제항해에 종사하는 선박에서는 주로 ①과 ②의 방법을 선택하고 있다.

6. GMDSS의 실제 구성

6.1 본장의 학습목적

앞에서는 GMDSS에 관한 IMO, SOLAS, RR 등의 관계 규정에 의거한 법적인 장비의 구성과 운용 방법 등에 대해서 학습하였다.

한편, 현재 상용화되어 있는 제품을 분석하면 IMO에서 요구하는 GMDSS 관련 장비들의 사용방법이나 현황 등을 파악할 수 있다. 이러한 내용은 장비를 제조한 회사의 매뉴얼(manual)에 상세하게 기록되어 있다. 매뉴얼은 장비소개 매뉴얼, 사용자 매뉴얼, 장비설치를 위한 기술적인 매뉴얼 등 다양한 것이 있다. 이러한 매뉴얼은 기초과정 학습자들에게 대단히 유용한 학습 자료임과 동시에 항해사는 실제 이러한 영문 매뉴얼의 해석과 이해가 필요하다.

특히, 각종 매뉴얼에 기술된 용어를 얼마큼 충분하게 이해할 수 있는지에 따라서 장비의 유지보수 운용능력이 정해진다. 관련 용어는 다음 장에서 설명하기로 하고, 본 장에서는 어떠한 용어를 알아야 하는지 살펴본다. 그리고 매뉴얼을 학습하면, 전기 및 전자 회로와 관련 이론은 물론, 통신, 기계, 물리, 화학 등 전반적인 분야 역시 학습해야 함을 알 수 있다.

본 절에서는 GMDSS에 관한 모든 장비의 매뉴얼을 설명하고, 특히 단위 장비는 대단히 복잡하고 사용하는 해역에 따라서 구성이 다르기 때문에 우선 GMDSS를 구성하는 전체적인 시스템 구성 방법을 설명한다.

6.2 Furuno사의 GMDSS 통합장비

- 출처 : Furuno(2012), Catalogue: GMDSS Guide, Catlogue No. GC-019h, FURUNO ELECTRIC CO., LTD. 9-52 Ashihara-cho, Nishinomiya City, Japan Phone: +81 (0)798 65-2111 Fax: +81 (0)798 65-4200, 66-4622 Web : www.furuno.co.jp

Furuno사는 세계적으로 유명한 해상용 장비제작회사이다. 세계적인 항해장비는 물론 다양한 산업용 장비도 생산하고 있다. 우선, Furuno 회사의 GMDSS 관련 통합장비 구성방법을 통해서 GMDSS의 해역별 장비구성 방법과 필요한 장비를 학습해 보자.

6.2.1 일반개념
General Concepts

- The Global Maritime Distress and Safety System (GMDSS) has been developed by the maritime nations in the International Maritime Organization (IMO) and is the result of their adoption of amendments made in 1988 to the 1974 International Convention on the Safety of Life at Sea (SOLAS).
(해석) GMDSS는 IMO의 해사 국가들을 위하여 개발한 것으로 1974 SOLAS의 1988 개정서를 적용한 것이다.

- Based on recent developments in the marine communications such as satellites and digital technologies, GMDSS is designed to ensure maximum availability of safety communications for all passenger vessels and also on cargo vessels of 300 GT and upwards engaged in international voyages.
(해석) 위성 및 디지털 기술과 같은 해상통신의 첨단기술 발전을 통해서 GMDSS는 모든 여객선과 국제항해에 종사하는 300 GT 이상의 화물선의 안전통신을 최대한 확보할 수 있도록 설계하였다.

- A principal aim of GMDSS is to virtually guarantee that complying vessels will be able to communicate with a shore station at any time, from any location, in case of distress or to exchange safety information.
(해석) GMDSS의 주요한 목적은 GMDSS 적용대상 선박이 장소에 불문하고 해안국과 조난 또는 안전정보의 교환을 위한 통신이 가능하도록 궁극적

으로 보장하기 위함이다.

6.2.2 해역구분
SEA AREAS

- The GMDSS defines four sea areas based on the location and capability of shore-based communications facilities. The definition of the Sea area for GMDSS is as stated below. For your intuitive image, please refer to the rough layout of European area indicating the sea area and coastal stations.
(해석) GMDSS는 육상기반 통신시설의 설치 장소와 능력을 기준으로 4개의 해역으로 구분되어 있다. GMDSS에 대한 4개의 해역은 다음과 정의되어 있는데, 사용자가 쉽게 알 수 있도록 대략의 유럽지역 해역과 연안국을 다음 그림에 나타냈다.

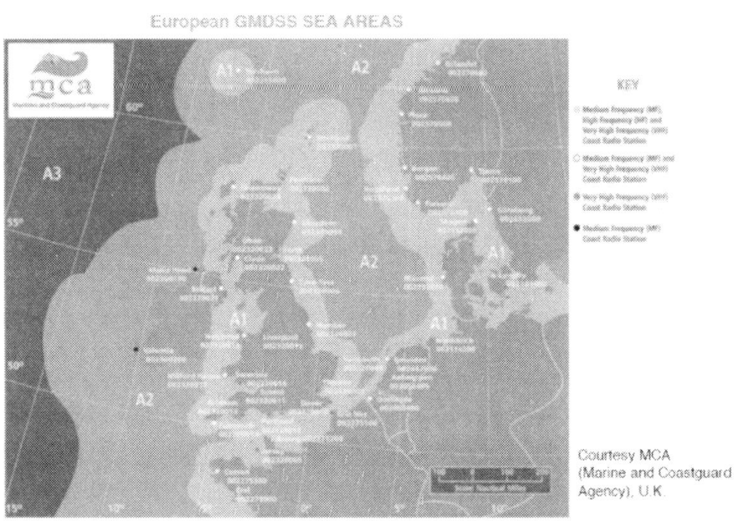

그림 4-14 유럽의 GMDSS 적용 해역

- Sea Area A1: An area within the radiotelephone coverage of at least one VHF coast station in which continuous DSC (Digital Selective Calling) alerting is available, as may be defined by a Contracting Government.

(해석) A1 해역은 DSC 경보가 연속적으로 가능한 최소한 1대의 VHF 해안국으로 무선전화가 가능한 해역이고, 이 해역은 협약을 체결한 정부가 정한 것이다.

- Sea Area A2: An area, excluding Sea Area A1, within the radiotelephone coverage of at least one MF coast station in which continuous DSC alerting is available, as may be defined by a Contracting Government.
(해석) A2 해역은 A1 해역을 제외하고 DSC 경보가 연속적으로 가능한 최소한 1대의 MF 해안국으로 무선전화가 가능한 해역이고, 역시 협약을 체결한 정부에서 정한 해역이다.

- Sea Area A3: An area, excluding Sea Areas A1 and A2, within the coverage of an Inmarsat geostationary satellite in which continuous alerting is available.
(해석) A3 해역은 A1과 A2 해역을 제외하고 연속하는 조난경보가 가능한 Inmarsat의 지구정지궤도 위성으로 커버할 수 있는 지역이다.

- Sea Area A4: An area outside sea areas A1, A2 and A3.
(해석) A4 해역은 A1부터 A3까지 이외의 해역이다.

- Note : For other countries, only Sea Area A3 is defined until coast stations are implemented.
(해석) 참고 : 일부 국가에서는 A3 해역을 해안국이 구현될 수 있는 해역으로 정의하고 있기도 하다.

6.2.3 GMDSS와 기존 시스템 비교
Comparison of old distress system and GMDSS

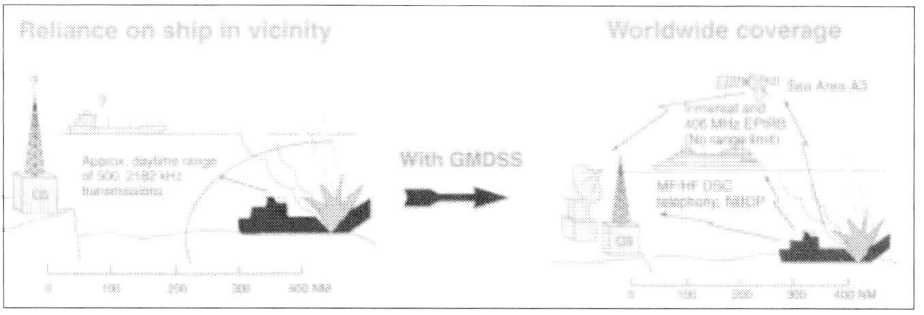

그림 4-15 기존 조난 시스템과 GMDSS의 비교 그림

- Because of the inherently limited range of transmissions on the previous commonly used distress and calling frequencies of 500 and 2182 kHz, there was no guarantee that a call for assistance would be received if the vessel was more than a few hundred miles from a coast station. Assistance would only be available if another vessel was within range.
  (해석) 기존에 조난과 호출에 사용하던 400 Hz와 2182 kHz 주파수의 선송범위가 근본적으로 제한되어 있었기 때문에 조난당한 선박이 해안국에서 수 백 해리 떨어진 곳에 있는 경우에는 조난을 위한 호출을 보장할 수 없었다. 이에 대한 유일한 방법은 조난당한 선박 부근에 만약 다른 선박이 있다면 이 선박이 지원하는 것이었다.

- The GMDSS vessels carry the communications equipment appropriate to the Sea Area in which they are operating. Having the capability to choose a long range method when necessary, a call for assistance can reach a coast station and will have a greater chance of being heard by other ships.
  (해석) GMDSS 장착 대상 선박은 선박의 항행지역에 해당하는 최적의 통신장비를 장착하고 있다. 이러한 능력은 필요한 경우 장거리 통신방법을 선택함으로서 조난지원 호출이 해안국까지 도달할 수 있고, 다른 선박들도 조난지원 요청을 들을 수 있는 기회가 증대되었다.

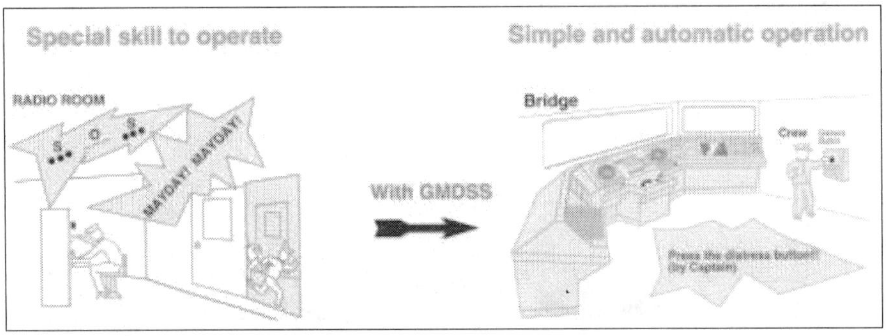

그림 4-16 GMDSS 활용시의 장점

- Radio officers send a distress call in Morse Code on 500 kHz through complicated operations such as the switching and adjustment of transmitters. A successful distress attempt relies heavily on his skill. On the contrary, the GMDSS equipment provides easy operation in an emergency situation just by pressing the distress button on Inmarsat Maritime MES or DSC. In addition, a float-free EPIRB automatically transmits a distress alert and location.

  (해석) 예전에는 통신사가 500 kHz 모스 코드를 이용하여 송신기의 스위치를 On/Off하고 제어하면서 조난 호출을 실시하였다. 성공적인 조난신호의 즉각적인 전송은 온전히 통신사의 솜씨에 의존하였다. 반면, GMDSS 장비는 비상상황에서 단순히 Inmarsat 해사 MES 또는 DSC 장비의 조난 버튼을 누르면 조난신호가 간단하게 이루어진다. 또한, 자유부상 EPIRB가 자동으로 조난경보와 지역의 정보를 송신한다.

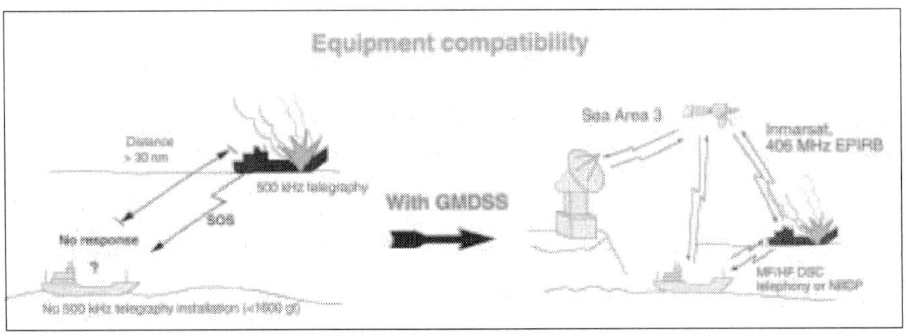

그림 4-17 GMDSS의 기능

- With the previous system, it was only possible for a vessel in distress to ask for assistance of other vessels in the vicinity as the communication equipment has limited ranges. Another problem was incompatibility of communicating between a telephony vessel and a telegraphy vessel. All GMDSS vessels carry standard equipment for the Sea Area they are in, operating on the same frequencies and modes; thus, the compatibility between them is completely assured.

  (해석) 기존의 장비는 송신거리가 제한되어서 조난당한 선박 부근에 있는 다른 선박에게만 지원요청이 가능하였다. 또 다른 문제는 무선전화를 갖고 있는 선박과 무선전신만 갖고 있는 선박은 통신이 불가능하였다. 모든 GMDSS 장착 선박은 각 해역에 대한 표준장비를 갖고, 이 장비들은 동일한 주파수와 통신방식을 이용하기 때문에 이들 사이의 통신이 완벽하게 이루어진다.

6.2.4 해역별 장비

Furuno 회사는 4개의 해역에 대한 GMDSS 통신장비를 다음 그림 4-18과 같이 판매하고 있다. A1 해역 또는 A1과 A2 해역의 경우, VHF 무선전화는 규정상 2대 이상을 설치해야 하고, MF/HF는 1대만 있으면 된다. 그리고 우측 그림의 DUPLICATION의 의미는 앞에서 설명한 바와 같이 규정에 의거하여 선박에서 유지보수를 담당하지 않으려면 복수의 장비를 구축해야하는데, 이러한 이중화를 위해서는 박스에 있는 장비를 더 구입하면 된다는 의미이다.

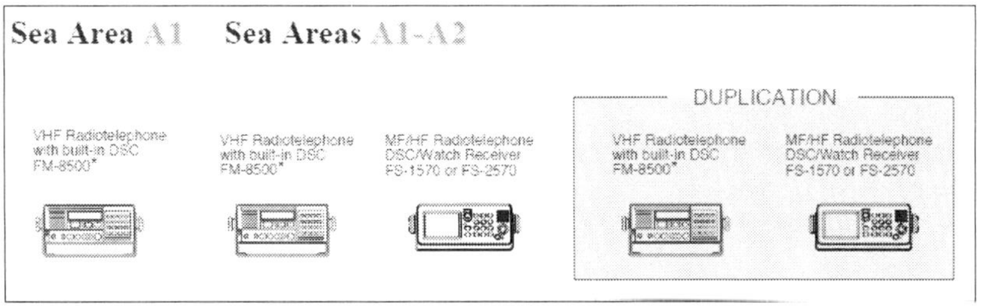

그림 4-18 해역별 장비의 구성(A1과 A1-A2)

A1 해역부터 A3 해역의 경우에는 다음 그림의 장비를 구축하면 되는데, Inmarsat-C MES와 NBDP가 추가되어 있다. NBDP는 MF/HF 무선전화기와

연결되어 있음에 주의하기 바란다. 그리고 이중화 장비로 구축하려면 우측 박스의 장비를 더 구입하면 된다.

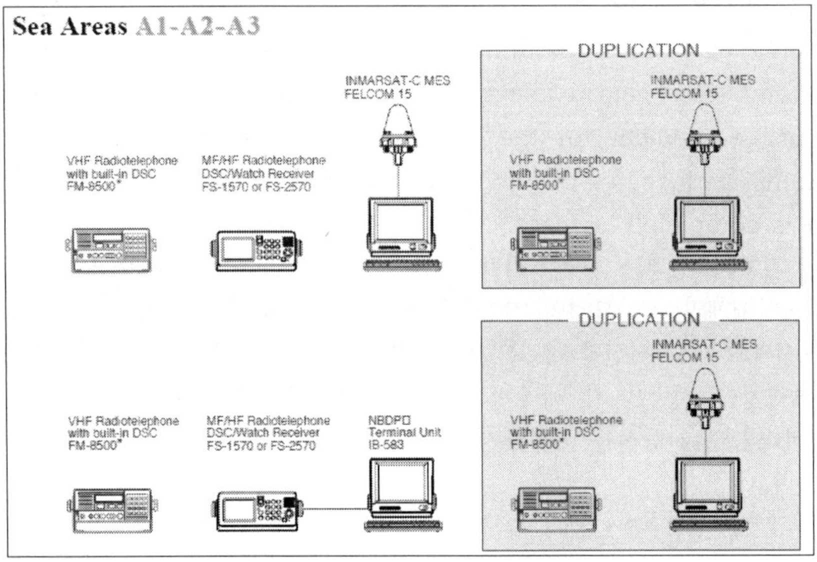

그림 4-19 해역별 장비의 구성(A1-A3)

그리고 모든 선박에는 해역구분에 상관없이 다음 장비를 장착해야 한다. 이 장비는 생존정에 사용하는 양방향 VHF 무선전화기 2대 ~ 3대(2대의 경우는 300 ~ 500 GT 화물선, 3대는 모든 여객선과 500 GT 이상의 화물선), SART 1대 ~ 2대(1대인 경우는 300 ~ 500 GT 화물선, 2대는 모든 여객선과 500 GT 이상의 화물선), 406 MHz 위성 EPIRB와 NAVTEX 수신기 등이다.

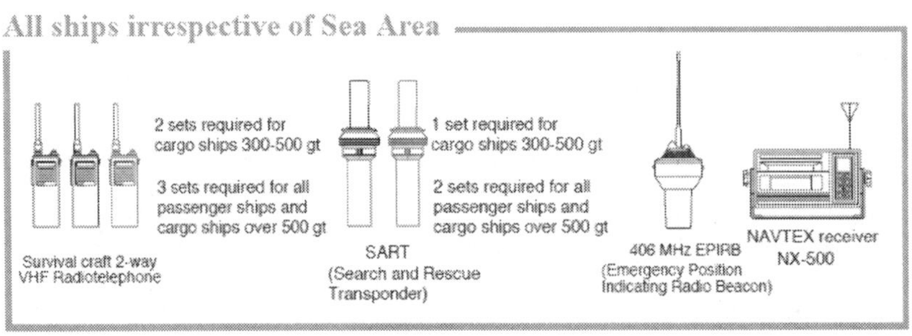

그림 4-20 모든 해역에서 모든 선박이 장착해야할 장비

A1 ~ A3 해역과 A1 ~ A4 해역 모두를 만족하기 위해서는 다음 장비가 필요하다. A4 해역은 Inmarsat 위성 지원이 안 되는 해역이기 때문에

Inmarsat-C는 없고, 대신 장거리 통신을 위하여 SSB 무선전화와 MF/HF DSC 수신기, NBDP Telex 터미널 등이 서로 연계되어 있음에 주의한다.

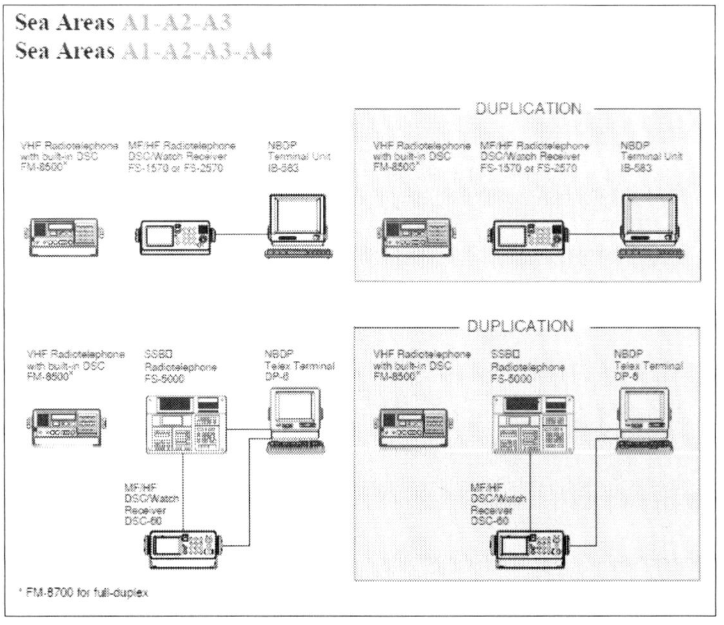

그림 4-21 모든 해역별 장비

6.2.5 장비의 이중화

AVAILABILITY OF RADIO COMMUNICATIONS BY DUPLICATION OF EQUIPMENT 장비 이중화에 의한 무선통신의 가능성

장비 이중화는 선주에게 경제적인 손실을 야기할 수 있으나, 예전과 같이 통신사가 없기 때문에 통신장비가 고장이 나면 수리할 방법이 없다. 그래서 장비의 이중화를 강제하고 있다.

- Sea Areas A1 and A2: Either of the following as approved by the Administration.
  (해석) A1과 A2는 주관청에 의해서 승인된 다음 방법의 어느 하나를 선택한다.
  1. Duplication of equipment (VHF, MF radio, DSC) : 장비를 이중으로 구입하는 방법
  2. Shore-based maintenance : 육상에 유지보수를 의뢰하는 방법
  3. At-sea electronic maintenance capability : 해상에서 항해사들이

유지 보수하는 방법

- Sea Areas A3 and A4: Combination of at least two of the following as may be approved by the Administration
(해석) A3과 A4는 주관청에서 승인할 수도 있는 최소한 다음 주에서 2가지 방법의 조합을 선택한다.

  1. Duplication of equipment (VHF, MF/HF radio, DSC) : 장비 이중화
  2. Shore-based maintenance : 육상에 유지보수를 의뢰
  3. At-sea electronic maintenance capability : 항해사들이 유지 보수

- If availability is ensured by using a combination of methods including duplication of equipment, the following equipment should be available in addition to the Shore-based maintenance requirements
(해석) 만약 장비의 이중화를 포함하여 다른 한 가지 방법을 선택했다면, 육상의 유지보수 요구사항에 추가하여 다음 장비를 선택할 수 있다.

- Sea Area A3: a VHF radio (VHF+DSC) and either MF/HF radio (MF/HF+DSC+NBDP plus DSC watch) or an Inmarsat Maritime MES
(해석) A3 해역에서는 1대의 VHF 무선과 MF 무선 또는 Inmarsat 해사 MES 중에서 선택한다.

- Sea Area A4: a VHF radio (VHF+DSC) and an MF/HF radio (MF/HF+DSC+NBDP+DSC watch). For ships in A4 only occasionally but mostly in A3, the additional MF/HF radio may be substituted by an Inmarsat Maritime MES
(해석) A4 해역에서는 1대의 VHF 무선과 1대의 MF/HF 무선을 선택한다. 주로 A3 해역에서 항해하고 가끔 A4 해역을 항해하는 선박이라면 Inmarsat 해사 MES 대신에 MF/HF 무선을 추가하여 대체할 수 있다.

※ 참고 : 국제항해에 종사하는 대형 상선의 경우, 많은 장비를 구입하여 이중화시키라는 의미이다. 왜냐하면 선박의 항해사들이 장비를 유지 보수 및 수리할 수 있는 고급기술의 습득은 곤란하기 때문이다. GOC 해기면허를 소지하였다 하더라도 유지 보수는 불가능할 것이기 때문이다.

6.2.6 개별장비

VHF Radiotelephone with built-in DSC FM-8500

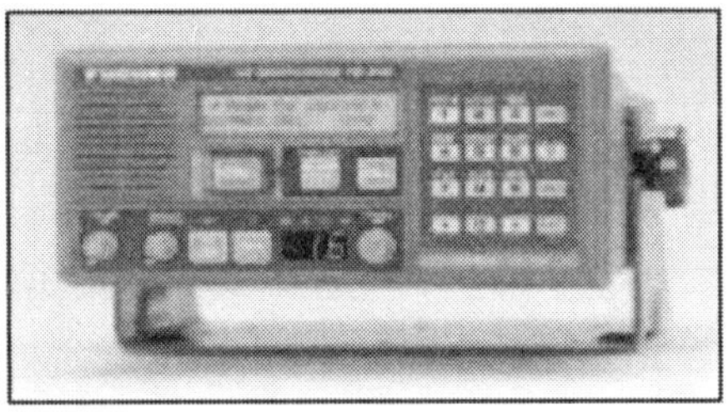

- The FURUNO FM-8500 is a cost-effective all-in one marine VHF radio system consisting of a simplex/semi-duplex 25 W VHF radiotelephone, a DSC modem and a CH 70 Watch Receiver. If a full-duplex communication is required, FM-8700 is recommended.

  (해석) Furuno회사의 모델 FM-8500은 다음의 장비가 내장되어 있는 일체화된 해상 VHF 무선 시스템이다. 이러한 장비는 1개의 단신/준복신 25 Watt VHF 무선라디오, 1개의 DSC 모뎀, 1개의 채널 70 DSC 감시수신기 등이다.

  ※ 주의 : 새로 건조되어 새로운 GMDSS를 설치하지 않은 이상 대부분의 선박에는 이러한 일체화된 장비를 갖고 있지 않을 것이다. 왜냐하면 이미 오래전부터 선박에서는 VHF 무선전화기를 사용하고 있기 때문이다. 이러한 선박에서는 기존 VHF 무선전화기에 DSC 모뎀과 채널 70의 DSC 감시 수신기를 부착해야 한다.

Navtex Receiver NX-500

- The NX-500 is a compact Navtex receiver. It stores 64 message identifications for 66 hours, verifying the ID of every newly received message and printing only the new ones. In the European area and the East/West coast of the USA, the NX-500 automatically selects an optimum Navtex station with regard to ship's position when connected with a radionav receiver. A 2.6 m whip antenna and an Active Antenna (preamp) are optionally available.

  (해석) NX-500은 콤팩트한 NAVTEX 수신기이다. 64개의 메세이지의 속성을 66시간동안 기록하고, 매번 새로 수신하는 메세이지 ID를 검색하여 새

로운 메세이지만 프린트한다. NX-500은 유럽과 미국 동부와 서부 연안에서, 무선항해 수신기와 연결되어 있는 경우 선박의 위치에 따라서 최적의 NAVTEX 국을 자동으로 선택할 수 있다. 2.6 미터의 Whip 안테나와 Active Antenna(능동안테나는 전단증폭기가 부가되어 있어서 안테나 이득 증가 가능한 안테나를 의미함)를 선택할 수 있다.

- The FELCOM 15 is FURUNO's Inmarsat-C Mobile Earth Station which provides a high quality two-way telex and data link between ships and other parties at sea or on land. All functions and services of the Inmarsat-C system are provided: EGC (Safety NET/FleetNET), distress message handling, two-way digital store-and-forward messaging including polling, data reporting, E-mail, etc. Distress alert is initiated by the remote distress alert unit. The distress message including own ship's position is easily edited. A PC can be used for editing the message via Ethernet when it is supplied with dedicated software. GMDSS compliance can be achieved by adding a printer and a AC/DC power supply unit.
  (해석) FELCOM 15는 푸루노 회사의 Inmarsat-C 이동지구국으로서 고품질의 양방향 Telex와 선박과 다른 기관이나 육상국과 데이터를 연결할 수 있다. Inmarsat-C 시스템의 모든 기능과 서비스를 통해서 EGC(Safety NET 또는 FleetNET 등)의 서비스, 조난 메세이지 취급, Polling과 데이터 리포팅 및 E-mail 등을 포함하는 양방향 디지털 저장과 전단전송 기능 등이 가능하다. 메세이지 편집을 위하여 PC를 Ethernet와 연결해서 사용할 수 있는데 별도의 소프트웨어가 필요하다. GMDSS의 요구사항을 만족하기 위해서는 프린터기와 AC/DC 전원장치를 추가하면 된다.

6.2.7 MF/HF 무선전화기 선택 방법

- The FS-1570/2570 work on all authorized transmit frequencies between 1.6 and 27.5 MHz. Receiver frequencies are selectable between 100 kHz and 30 MHz in 10 Hz steps. The transmit and receive frequencies can be selected separately or in pair. The FS-1570/2570 are MF/HF radiotelephones for general communications. Provided in addition to radiotelephony operation are DSC (Digital Selective Call) on general communications and DSC Watch Receiver on all distress and safety frequencies in MF and HF bands. The FS- 1570/2570 can be connected with Narrow-Band Direct-Printing Terminal IB-583 for maritime safety and efficient public correspondence.

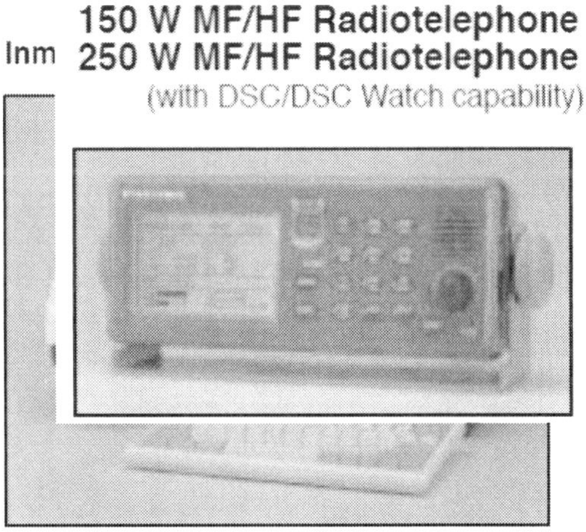

(해석) FS-1570/2570 MF/HF 무선전화기는 1.6 MHz와 27.5 MHz 사이의 모든 승인된 송신 주파수에서 작동한다. 수신 주파수는 10 Hz 간격으로 100 kHz 와 30 MHz 사이에서 선택할 수 있다. 송신과 수신 주파수는 분리하여 선택할 수 있거나 또는 쌍으로 선택할 수 있다. FS-1570 /2570은 일반통신을 위한 MF/HF 무선전화기이다. 이 무선전화기에 추가 제공할 수 있는 것은 일반통신에서 작동하는 DSC 그리고 MF와 HF 밴드의 조난과 안전 주파수에서 작동하는 DSC 청취 수신기 등이다. FS-1570 /2570는 해상안전과 효율적인 공중통신(public correspondence)을 위한 협대역직접인쇄(NBDP) 터미널 IB-583 사이를 연결할 수 있다.

- The FS-5000 is SSB radiotelephone for general communications. It offers easy and instant selection of 2182 kHz, 2187.5 kHz, ITU HF channels (current and new), or 400 transmit and receive factory programmed frequencies. The FS-5000 is provided with full-duplex operation with two-antenna configuration. Dual station operation is available by adding a second control unit. The FS-5000 can be connected with Digital Selective Calling Terminal DSC-60 and Narrow-Band Direct-Printing Terminal

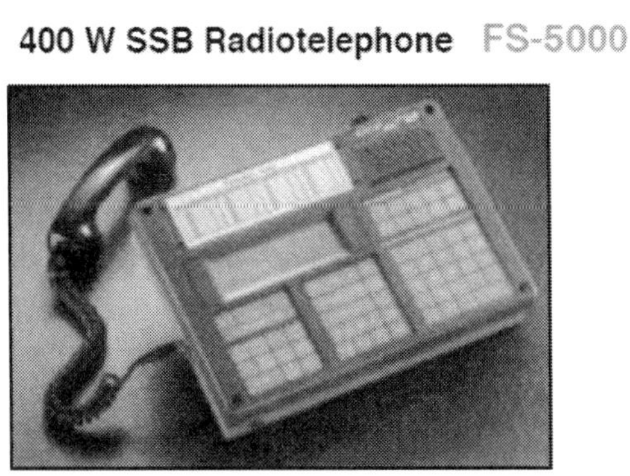

DP-6 for maritime safety and efficient public correspondence.
(해석) FS-5000은 일반통신을 위한 SSB 무선전화기로서 2182 kHz, 2187.5 kHz, ITU HF 채널, 회사에서 미리 프로그램을 해 놓은 400개의 전송 주파수 등을 쉽고 빠르게 선택할 수 있다. FS-5000은 2개의 안테나를 이용하여 Full-Duplex로 작동한다. 이중국으로 운용하기 위해서는 제어장치를 추가하면 된다. FS-5000은 해사안전과 효율적인 공중통신을 위하여 DSC 터미널 DSC-60과 NBDP DP-6과 연결할 수 있다.

NBDP Terminal Unit IB-583
(for FS-1570/2570)

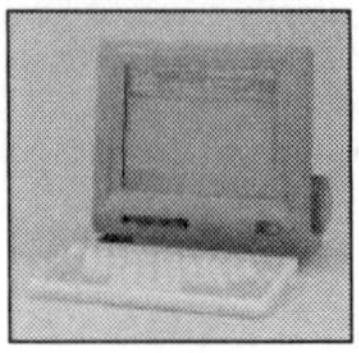

NBDP Telex Terminal DP-6
(for FS-5000)

New display unit coming soon

MF/HF DSC/Watch Receiver DSC-60

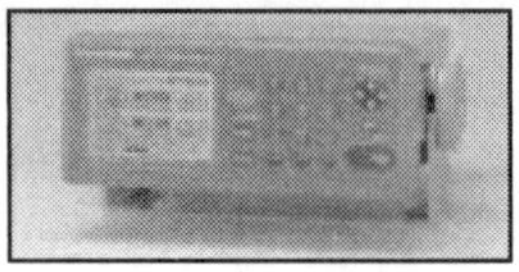

- The DSC-60 is required when the FS-5000 is selected as a radiotelephone.
(해석) DSC-60은 FS-5000이 무선전화기로 선택된 경우에 필요하다.

6.2.8 A1-A3 해역에 대한 무선 콘솔 GMDSS Radio Console for Sea Areas A1-A2-A3

- FURUNO's systematic design concept provides flexible installation on the radio table, in a rack or console. Shown below is a typical equipment package fitted in the radio console RC-1800T.
(해석) 푸르노 회사에서는 다양한 장비를 일체화시킨 콘솔(console)을 이용하여 무선작업대를 구성하고 있다. 다음 그림과 같이 장비를 일체화시킬 수 있는 무선 콘솔 RC-1800T가 있다.

- The 1974 SOLAS as amended by 1988 GMDSS conference requires the VHF radio installation to be fitted at the conning position in the navigation bridge.
(해석) 1988년 GMDSS 컨퍼런스에서 개정된 1974 SOLAS 협약에 의하면 VHF 무선설비는 선교의 선박지휘 위치에 설치하도록 되어있다. 이 의미는 다양한 무선설비를 선교 여기저기에 설치하지 말고 무선 콘솔을 이용하여 선박을 지휘하는 장소(일반적으로 조타기가 있는 부근)에 가지런하게 설치

해서 신속하게 사용할 수 있도록 해야 한다는 의미이다.

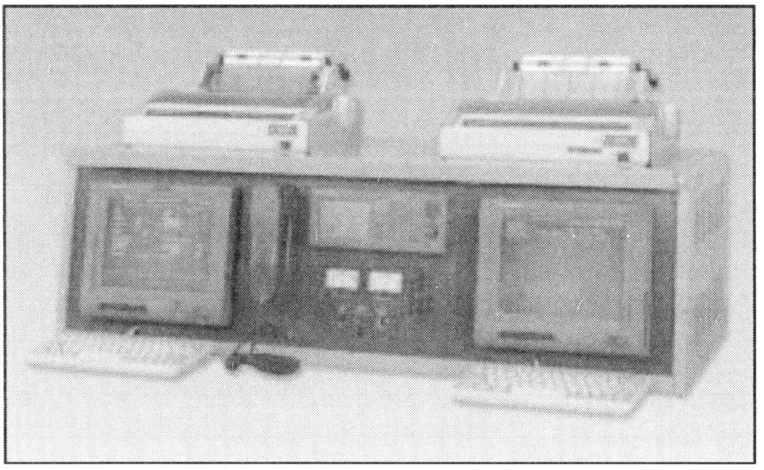

- Console includes: 콘솔에 포함된 장비는 다음과 같다.
  - ▷ MF/HF radiotelephone : FS-1570 (150 w) or FS-2570 (250 w), If higher power model is required, FS-5000 (400 W) is available.
  - ▷ MF/HF DSC/Watch Receiver : DSC-60
  - ▷ NBDP telex terminal : DP-6
  - ▷ Inmarsat-C Maritime MES : FELCOM 15
  - ▷ VHF Radiotelephone with built-in DSC : FM-8500 (simplex), FM-8700 (full-duplex)

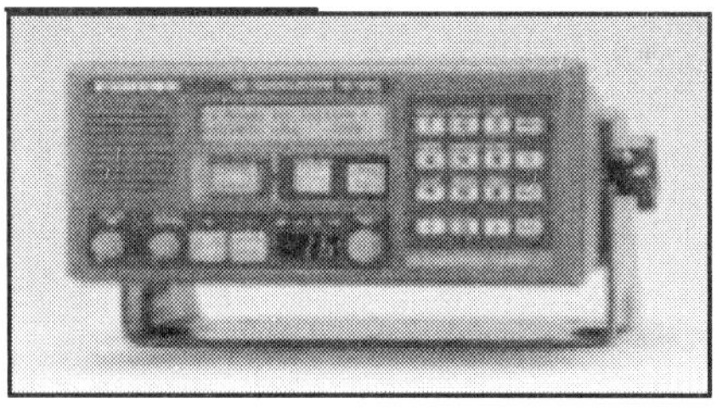

6.3 JRC 통신콘솔

- 출처 : JRC(2012), Catalogue : GMDSS Communication Console, JRC America, 1021 SW Klickitat Way Bldg. D, Suite 101, Seattle WA 98134 U.S.A., Tel : 1-(206)-654-5644, : 1-(888)-225-4472, Fax : 1-(206)-654-7030, Email: sales@jrcamerica.com, Web www.jrcamerica.com

통신콘솔(Communication Console)은 튼튼한 보관 박스에 단위 통신장비를 통합한 설치대를 의미한다. 다양한 통신장비를 하나의 박스에 일체화시킴으로써 사용하기 쉽고 유지 관리 및 보수의 효율성을 높이고, 다양한 장비와의 연계를 쉽게 할 목적으로 만든 것이다. 다양한 장비가 여기저기 분산되어 있으면 효율적으로 사용할 수 없을 것이다.

6.3.1 통신 콘솔의 해법

- Complete Solution : JRC GMDSS Communication Consoles are complete solutions ergonomically designed to allow the ship''s crews to access all the GMDSS equipment efficiently. It meets the international standards and requirements from IMO/SOLAS.
  (해석) 완벽한 해법 : JRC GMDSS 통신 콘솔은 인간공학적으로 설계하여 선원들이 모든 GMDSS 장비에 효율적으로 접근할 수 있도록 구성하였다. 이 콘솔은 IMO/SOLAS의 요구사항과 국제표준을 만족한다.
- Configuration : JRC GMDSS Communication Console is equipped with JRC MF/HF Radio Station, Inmarsat-C Ship Earth Station, and VHF/DSC Radiotelephone. All of the equipment has been proven to be highly reliable and user friendly.
  (해석) 구성 : JRC GMDSS 통신 콘솔은 JRC MF/HF무선국, Inmarsat-C 선박지구국, VHF/DSC 무선전화 등을 장착하고 있다. 모든 장비는 높은 신뢰성과 사용자의 편이성이 입증된 것이다.

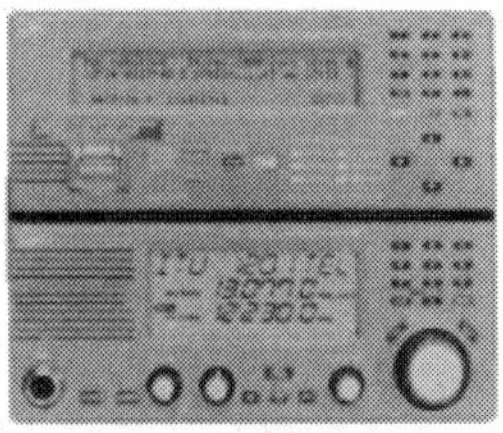
JSS-196GM/JSS-296
MF/HF Radio Station

- MF/HF Radio Station : The JSB-196GM (150W) / JSS-296 (250W) MF/HF radiotelephones are designed for vessels navigating in A2, A3 and A4 sea areas. It is one of the most advanced GMDSS systems JRC ever developed, allowing for superior performance. The compact and lightweight construction allows for a flexible installation approach.
  (해석) MF/HF 무선국 : 이 장비는 A2부터 A3까지의 해역에서 항해하는 선박을 위한 무선전화이다. 이 장비는 JRC가 이전에 개발한 것보다 더욱 진일보한 GMDSS 시스템으로서 우수한 성능을 자랑한다. 콤팩트하고 가벼운 구성은 유연하게 설치할 수 있는 장점을 갖는다.

- Inmarsat-C Ship Earth Station : The JUE-85 Inmarsat-C Ship Earth Station is a highly reliable mobile satellite message communication system having the ability to handle commercial, operational and personal messages just as easily as distress and safety communications. The JUE-85 Inmarsat system comprises a small antenna with built-in GPS, terminal (transmitter and receiver) with distress button, messaging unit and power supply unit. Unlike a typical Inmarsat C system, JRC also includes a printer as standard, offering a total solution to the shipping industry.

JUE-85
Inmarsat-C Ship Earth Station

(해석) Inmarsat-C 선박지구국 : JUE-85 Inmarsat-C 선박지구국은 높은 신뢰성을 갖는 이동 위성 메세이지 통신 시스템으로서 조난과 안전 통신을 통해서 쉽게 상업적이고 작동적이며 개인적인 메세이지를 취급할 수 있다. JUE-85 Inmarsat-C 시스템은 GPS가 내장된 작은 안테나와 조난 버튼을 갖는 송수신 터미널, 진원장치 등으로 구성되어 있다. 재래의 Inmarsat-C 와 달리 JRC 장비는 표준으로 프린터를 제공하고 해상운송산업에 완벽한 해법을 제공한다.

- VHF/DSC VHF Radiotelephone : The JHS-770S (semi-duplex) / JHS-780D (duplex) VHF/DSC Radiotelephone is a first class VHF with an advanced modular design that allows for maximum installation flexibility. When your AIS is connected to the JHS-770S/JHS-780D, new possibilities become available. This innovative feature, unique to JRC, allows you to quickly navigate through a list of targets in your surrounding area. Bearing, range and MMSI information of target vessels are sorted from the shortest range upwards. You can now easily select the vessel you wish to get in contact with, and send a DSC message immediately.
(해석) VHF/DSC VHF 무선전화 : JHS-770S (단신 운용방식) / JHS-780D (복신 운용방식)

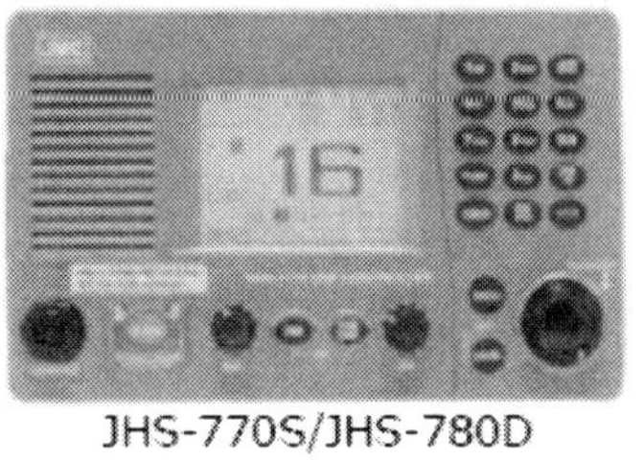

JHS-770S/JHS-780D
VHF Radiotelephone

VHF/DSC 무선전화는 최대한의 유연성을 갖도록 진보된 모듈단위로 설계한 첫 번째 VHF이다. 귀 선박의 AIS를 JHS-770S/ JHS-780D와 연결하면 새로운 가능성이 있는데, 이러한 혁신적인 특징인 JRC 만의 자랑이며 귀 선박 부근에 있는 상대방 선박의 목록을 통해서 신속한 통신이 가능하다. 상대방 선박의 방위와 거리 및 MMSI 정보에는 매우 가까이 있는 물표의 정보까지 저장된다. 따라서 귀하가 원하는 선박과 편하게 통신할 수 있고 DSC 메세이지를 신속하게 전송할 수 있다.

6.3.2 통신 콘솔의 라인-업

- Variety of Lineups : JRC offers different types of GMDSS Communication Consoles to meet the various needs of our customers.
  (해석) 장비구성(Lineups)의 다양성 : JRC는 다양한 종류의 GMDSS 통신 콘솔을 준비하고 있기 때문에 고객의 다양한 요구에 부응할 수 있다.

[JCO-*A3 Series]**

- 150W model : **JCO-150A3**
- 250W model : **JCO-250A3**
  - For Ocean Area A3
  - Consists of; (1) MF/HF with DSC & NBDP
    (1) Inmarsat-C
    (1) VHF

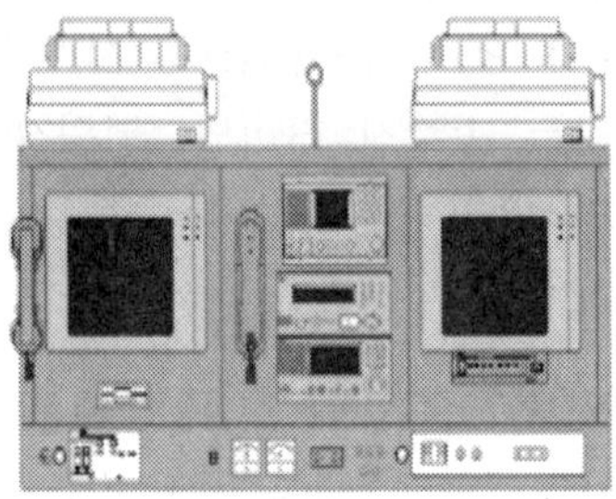

[JCO-*A3DUC Series]**

- 150W model : **JCO-150A3DUC**
- 250W model : **JCO-250A3DUC**
  - For Ocean Area A3
  - Consists of (1) MF/HF with DSC & without NBDP
    (2) Inmarsat-C
    (1) VHF

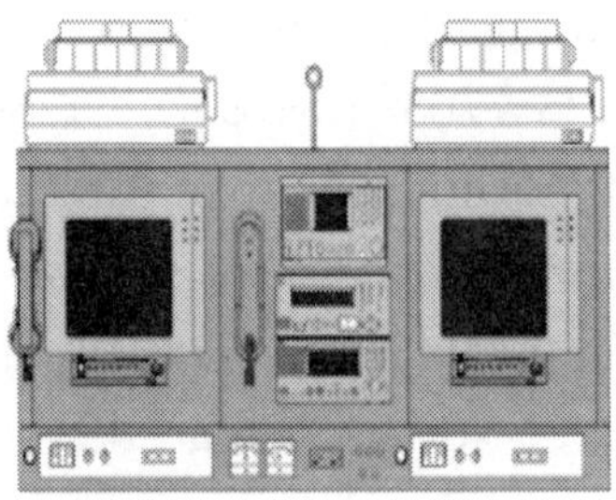

[JCO-***A4 Series]

- 150W model : JCO-150A4
- 250W model : JCO-250A4

- For Ocean Area A3 & A4
- Consists of (2) MF/HF with DSC & NBDP
  (1) Inmarsat-C
  (1) VHF

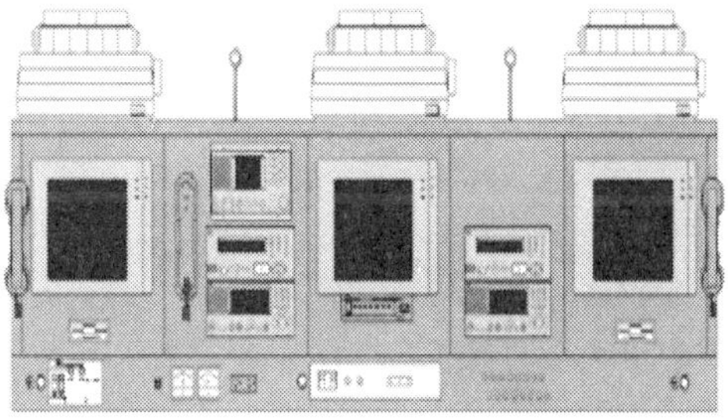

6.3.3 통신 콘솔의 명세

GMDSS 통신 콘솔은 다양한 통신장비로 구성되어 있다. 다음 그림들과 같이 사용자의 요구에 따라서 다양한 장비를 콘솔에 조합할 수 있다.

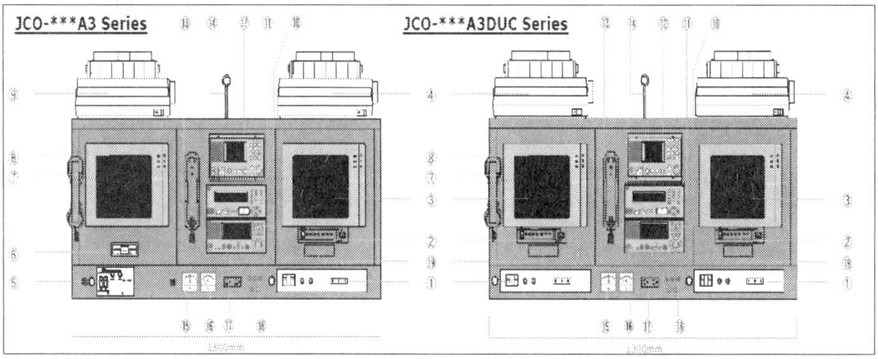

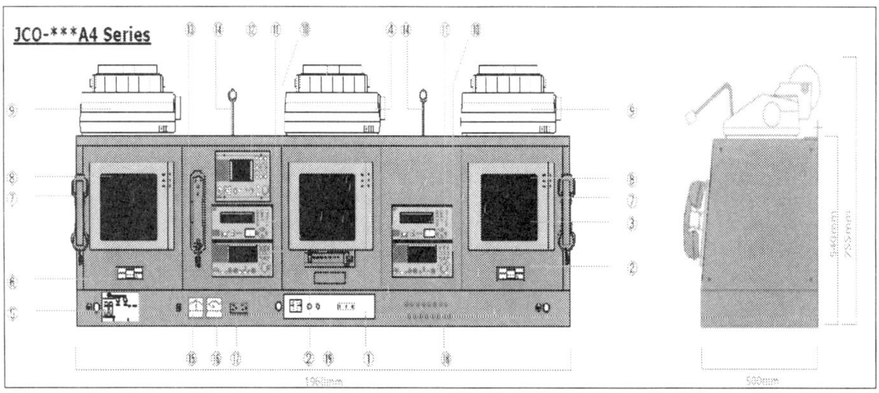

제5장 인말 세트 시스템

Inmarsat 시스템은 GMDSS의 통신기능을 보장하는 핵심 시스템이다.

Inmarsat 시스템은 근대 인류가 개발한 가장 우수한 인공위성 통신기술을 접목한 최첨단 해상통신 시스템이다.

현재 Inmarsat 시스템은 수색구조용 보다는 일반통신용으로 더 많이 사용하고 있다.

GOC 면허의 주요 목적이 바로 Inmarsat 시스템의 원활한 운용에 있다고 해도 과언이 아닐 것이다.

\- 저자 -

1. Inmarsat 시스템의 구성

1.1 Inmarsat 시스템의 배경

Inmarsat는 1966년 IMO에서 개념이 도출된 위성통신 시스템이다. 1976년 9월 3일 IMO에서는 국제해사위성기구(International Maritime Satellite Organization)에 관한 협약과 작동에 관한 동의가 의결되었는데, 이것이 현재 사용하고 있는 Inmarsat이다. 국제해사위성기구는 1994년에 국제이동위성기구(International Mobile Satellite Organization)로 변경되었다. 이러한 배경으로 인하여 현재도 그냥 Inmarsat라고 불리고 있다(Inmarsat, 2013, Inmarsat-The Mobile Satellite Company 홈페이지; Inmarsat, 2013, KT Sat 인말세트 홈페이지; Inmarsat Maritime Handbook, 2013).

Inmarsat 시스템은, 선박과 해안지구국 사이에서 전파를 송수신하는 해사통신위성(maritime satellite)이 필요하고, 연안에서 전파를 송수신하는 해안지구국(Coast Earth Station, CES)이 있어야 하며, 마지막으로 선박에 장착하여 전파를 송수신 하는 선박지구국(Ship Earth Station, SES) 등 3가지 주요 시스템으로 구성되어 있다.

Inmarsat 시스템의 3가지 구성요소를 요약하면 다음과 같다.

① Inmarsat 위성(Satellites) : Inmarsat에서 미리 설치하고 서비스를 제공하고 있는 4개의 인공위성으로 구성되어 있다.

② 해안지구국(Coast Earth Stations, CES) : Inmarsat 협약 국가에서 Inmarsat 서비스를 이용하기 위하여 설치해야 하는 장비와 조직을 의미한다.

③ 선박지구국(Ship Earth Stations, SES) : 선박에서 Inmarsat 서비스를 이용하기 위해서 선주가 선박에 설치하는 장비와 조직을 의미한다.

아래에서는 상기 3가지 구성요소에 대해서 상세하게 설명한다.

1.2 Inmarsat 위성

Inmarsat 시스템의 핵심은 Inmarsat 위성을 제어하고 운용하는 운용제어센터(Operational Control Center, OCC)이다. 영국의 Inmarsat 본부에 OCC가 있다. OCC에서는 Inmarsat 위성 전체에 대해서 연중 24시간 제어와 관리를 담당하고 있으며, 선주가 설치한 SES의 임무를 제어한다.

Inmarsat는 적도 상공 36,000 km 위에 있는 4개의 지구정지궤도 위성을 이용하며, 다음과 같은 전 세계 대양을 커버하고 있다(Inmarsat Maritime Handbook, 2013).

1) AOR-E (Atlantic Ocean Region-East) : 대서양 동쪽

2) AOR-W (Atlantic Ocean Region-West) : 대서양 서쪽

3) IOR (Indian Ocean Region) : 인도양

4) POR (Pacific Ocean Region) : 태평양

여기서, 대서양에 2개의 위성이 있는 것은 대서양과 대서양 연안에서의 사용이 많다는 의미이다. 사실 태평양은 넓기만 할 뿐 Inmarsat 사용자는 대서양과 비교해서는 그리 많지 않고 인도양도 마찬가지이다.

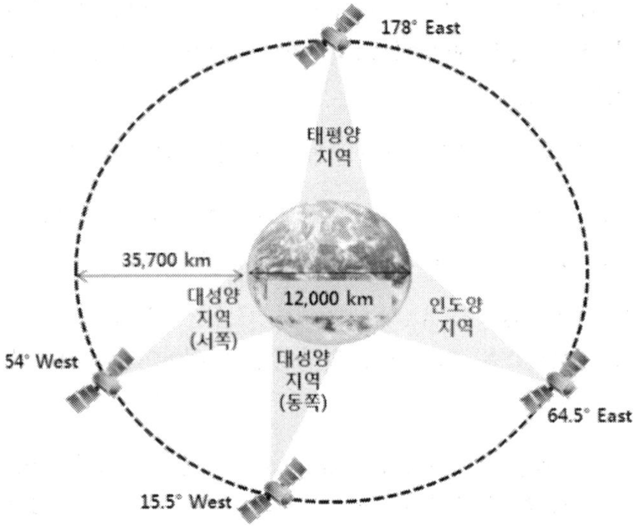

그림 5-1 Inmarsat의 지구정지궤도 위성의 위치(Inmarsat Maritime Handbook, 2013)

그리고 위성통신에서는 다음 그림과 같이 상향연결(Up-Link)과 하향연결(Down-Link)이라는 용어가 있다. 상향연결은 말 그대로 육상 지구국에서 위성 방향 쪽으로 통신을 연결한다는 의미이고, 하향연결은 위성에서 육상 지구

국 방향 쪽으로 통신을 연결한다는 의미이다.

이와 같이 위성에서 Up-Link와 Down-Link를 분리한 이유는, 위성통신은 통신 채널이 한정되어 있고, 통신 내용에 따라서 인공위성을 제어해야하며, 지상과 우주 사이의 원활한 통신 등을 위하여 분리하고 있다.

일반적으로 위성통신은 Up-Link 또는 Down-Link 또는 양쪽 모두를 사용할 수 있는데 사용 목적에 따라서 다양한 형태로 전개된다.

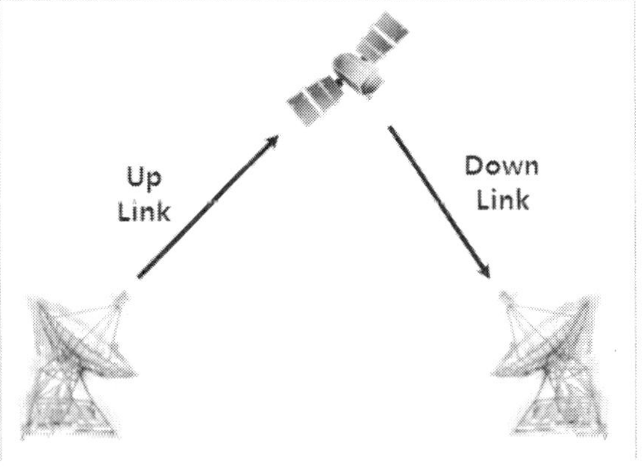

그림 5-2 위성통신 방법에서 상향연결(Up Link)과 하향연결 (Down Link)의 개념도(Inmarsat Maritime Handbook, 2013)

1.3 Inmarsat 해안지구국(CES)

해안지구국(Coast Earth Station, CES)은 Inmarsat 회원국이 자국의 비용으로 Inmarsat 서비스를 이용하기 위하여 설치한다. CES는 인공위성과 지상계 통신망 사이의 연결 역할을 위한 것으로, Inmarsat 회원국에서 설치하고 소유하며 운용된다.

다음 그림은 앞 장에서 나타냈던 GMDSS 적용 해역에 대한 개념도 중에서, Inmarsat CES 부분만 나타낸 것과 우리나라 금산에 설치된 한국통신 CES의 사진을 나타낸다.

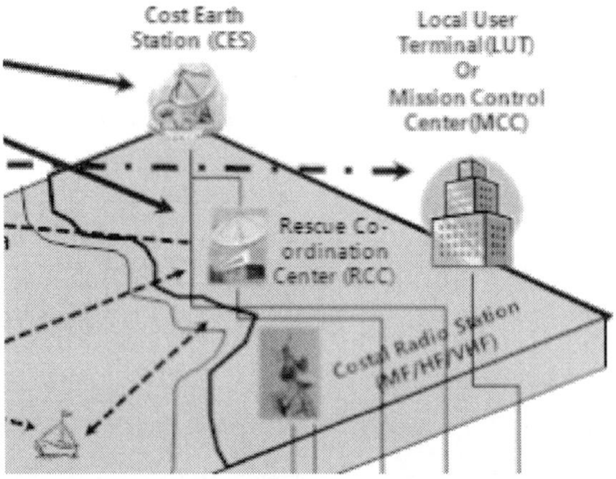

그림 5-3 해안지구국(CES)의 의미

그림 5-4 대전 금산에 있는 한국통신의 Inmarsat 해안지구국(CES)의 모습. 위성을 추적하는 거대한 파라볼라 안테나와 고정식 파라볼라 안테나가 보인다.

위의 그림에 나타낸 한국통신의 Inmarsat CES에 대해서 국가기록원 자료(국가기록원, 2013)를 조사한 결과는 다음과 같다.

Inmarsat CES의 위치는 충남 금산군에 있고, 정식명칭은 '금산위성지구국'으로, 1969년 5월 15일 위성통신 지구국으로 준공되었다. 이 위성지구국의 준공 목적은 '세계 각국 위성통신 지구국 상호간의 고성능 품질의 통신회선을 구성함으로써 전신, 전화, 텔렉스, 사진전송, TV의 국제중계 등을 가능케 하는 최신식 국제통신 수단을 널리 신장'하는 것으로 제시되어 있다. 그리고 위성통신과 지구국은, 지구의 회전속도와 동일한 속도로 지구 주위를 돌고 있는 통신위성을 중계국을 이용하여 지구상의 각국에 설치된 지구국 상호간의 원거리 지점을 연결하는 통신이며, 인공위성 기술과 마이크로웨이브 기술의 종합기술로 이루어진 과학과 기술의 최첨단을 걷는 최신식 국제통신 수단으로 소개하고 있다.

이러한 CES는 다음 그림들에 나타낸 바와 같이, 직경이 약 11 m에서 14 m에 달하는 파라볼라 안테나(parabolic antenna, 접시 형태의 안테나)를 이용한다. 그리고 해안지구국과 위성 사이의 연결은 다음 표와 같이 서로 다른 주파수를 사용하고 있다.

표 5-1 Inmarsat에서 사용하는 주파수

항목 \ 구분	주파수
상향 연결(Up Link)	6 GHz
하향 연결(Down Link)	4 GHz
L-밴드 EPIRB	신호 수신 : 1.5 GHz 신호 송신 : 1.6 GHz

그림 5-5 위성 안테나

그림 5-6 위성안테나 제어장치

위의 표에 나타낸 3가지 연결방식을 설명하면 다음과 같다.

① 상향 연결(Up Link) : 해안지구국에서 인공위성 방향 쪽으로 파라볼라 안테나를 이용하여 6 GHz의 주파수를 이용하여 신호를 전송한다.

② 하향 연결(Down Link) : 인공위성에서 해안지구국 방향 쪽으로 송신하는 4 GHz의 신호를 파라볼라 안테나를 이용하여 전송한다.

③ L-밴드 EPIRB : 파라볼라 안테나를 이용하거나 다른 우수한 안테나를 이용하여, 1.5 GHz와 1.6 GHz의 L-밴드 회선망 조정신호를 송수신할 수 있다. 신호 송신에는 1.6 GHz를 사용하고, 신호 수신에는 1.5 GHz를 사용한다.

그리고 무선전화, 직접인쇄전신 등과 같은 다양한 통신 서비스를 위해서 각 해역에 설치된 CES 중 하나가 회선망 조정국(Network Co-ordination Station, NCS)으로 지정된다. NCS는 시스템의 운용을 일부 통제하고, 해당 해역 내의 각 CES와 SES에 대한 통신 채널의 할당을 적절히 통제한다. 우리나라는 금산 지구국에서 NCS 역할을 하고 있다.

1.4 Inmarsat 선박지구국(SES)

선박지구국(SES)은 선박에 설치하는 Inmarsat 장비를 의미한다. 이 장비는 반드시 Inmarsat에서 지정한 SES 조건에 합당한 제품이어야 한다.

그리고 GMDSS에 필요한 SES는 쌍방향 통신이 가능한 Inmarsat SES이다. 그리고 선박에서는 Inmarsat-A와 Inmarsat-B 및 Inmarsat-C 등을 현재 사용하고 있는데, 이에 대한 상세한 설명은 뒷장에서 한다. Inmarsat의 성능표준은 별도로 규정되어 있고, Inmarsat-A, Inmarsat-B, Inmarsat-C 등은 구성장비와 기능이 다르기 때문에 목적에 적합한 것을 선택하여 사용한다.

Inmarsat SES는 크게 2가지 종류로 구분되는데, 다음 그림 5-7과 같이 선교 위 갑판에 설치하는 장비(Above-Deck Equipment, ADE)와 갑판 아래에 있는 선교에 설치하는 장비(Below-Deck Equipment, BDE)이다.

그림 5-8은 Inmarsat-A의 ADE를 나타낸 것으로, 인공위성을 추적하는 장치와 인공위성과 통신을 위한 파라볼라 안테나가 내장된 레이돔(radome)을 나타낸다. 그림 5-9는 Inmarsat-A의 BDE를 설치하기 위한 선교를 나타낸다. 이러한 선교나 별도의 사무실에 Inmarsat-A 신호를 송수신하기 위한 장비가 설치된다.

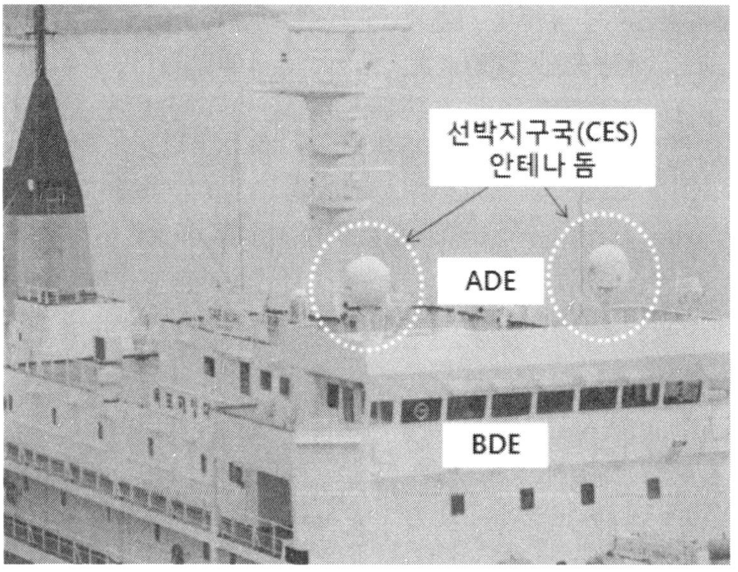

그림 5-7 선박지구국(CES)과 ADE, BDE의 개념

그림 5-8 ADE를 의미하는 위성 안테나의 레이돔

그림 5-9 BDE가 설치되는 선교 모습

1.4.1 Inmarsat-A SES

Inmarsat-A SES의 구성은 대단히 복잡하다. ADE와 BDE로 나누어 간략하게 설명하고, 상세한 구성에 대해서는 뒷장에서 설명한다.

가. ADE의 구성

ADE의 제일 중요한 부분이 레이돔(radome)에 장착되어 있는 파라볼라 안테나이다. 직경 0.85 m에서 1.2 m 사이의 파라볼라 안테나는 선박이 흔들리는 경우에도 인공위성을 안정하게 추적하기 위한 스테빌라이저(stabilizer)에 설치되어 있다.

ADE의 특징적인 것이 저손실 보호 레이돔(low-loss protective radome)이다. 레이돔이라는 것은 파라볼라 안테나를 보호하기 위한 덮개를 의미하는데, 이 덮개는 인공위성과 파라볼라 안테나 사이에 존재하기 때문에 미약한 L-밴드 신호를 더욱 약하게 만들 수 있다. 그래서 덮개를 제작하는 재질이나 덮개에 칠하는 페인트는 저손실용을 사용한다.

그리고 인공위성에서 송출된 전파의 강도는 대단히 미약한 L-밴드 신호이기 때문에 이 신호를 크게 증폭하기 위한 반도체 L-밴드 파워 증폭기(Power Amplifier, PA)가 내장되어 있다. 또한, L-밴드 저잡음 증폭기(Low-Noise Amplifier, LNA)가 내장되어 있다. 인공위성에서 송출한 신호는 대단히 약한데, 이 신호를 증폭시키면 장치 자체에서 발생하는 잡음까지 증폭되어 인공위성 신호를 획득할 수 없다. 그래서 LNA를 이용하여 미약한 신호를 검출하는 것이다.

ADE에는 다이플렉서(diplexer)라는 것이 있다. Inmarsat는 파라볼라 안테나 1개를 이용하여 송신과 수신을 해야 하기 때문에 송신할 때는 수신을 차단하고, 수신할 때는 송신을 차단해야 한다. 이러한 목적으로 사용하는 것이 다이플렉서이다.

다이플렉서와 유사한 것이 듀플렉서(Duplexer)가 있다. 듀플렉서는 특정 주파수만을 선택하여 송신과 수신을 분리하기 때문에 대역통과필터(Band-Pass Filter, BPF)를 이용한다. 반면, 다이플렉서는 저역통과필터(Low-Pass Filter, LPF)와 고역통과필터(High-Pass Filter, HPF)를 이용하여 송신과 수신을 분리한다.

파라볼라 안테나는, 6 GHz의 송신 주파수와 4 GHz의 수신 주파수를 이용하기 때문에 다이플렉서를 이용하여 송신과 수신을 번갈아가면서 한다.

나. BDE의 구성

갑판 아래에 있는 선교에 설치하는 BDE는 데이터나 음성 등의 통신을 위한 통신 전자장치, 인공위성과 접속하거나 접속해제 등을 위한 접근제어 및 신호장치, 통신이나 문자송신 등을 위한 전화기와 텔렉스 장치 등으로 구성되어 있다.

다. 최근 동향

이러한 Inmarsat-A SES는 초기 모델과 비교하여 현재는 더 작아지고, 더 쉽게 사용할 수 있는 형태로 발전하고 있다.

ADE의 경우, 모든 선박이나 요트에 장착할 정도로 작아졌고, 최근에는 팩시밀리, 저속스캔 TV(Slow-Scan TV, SSTV) 등의 기능을 선택할 수 있는 모듈도 개발되어 있다.

BDE의 경우에는 모니터와 같은 가시화 장치와 문자 키보드, 프린터기, 모뎀 등이 장착된 컴퓨터를 이용하여 다양한 부가기능을 제공할 수 있다. 특히 컴퓨터를 이용하기 때문에 워드프로세서 기능을 이용한 메세이지의 편집, 저장, 가공 등이 가능하다. 그리고 몇 가지 모델의 경우는 저렴한 통신 회선을 자동으로 탐색할 수 있도록 육상 해안국의 다양한 요금표가 메모리에 저장된 것도 있다.

또한, 사용자는 선박자동보고 시스템을 Inmarsat-A SES에 설치할 수 있기 때문에 연중무휴로 선박의 위치와 선수방위 등의 정보와 화물작업 상태를 육상으로 자동 송신할 수 있다. 그리고 선박 정보가 자동으로 조난 메세이지에 포함될 수 있도록 선박 정보를 터미널에 저장하는 기능도 있다.

이러한 Inmarsat-A가 발전한 것이 Inmarsat-B와 -C이다.

1.4.2 Inmarsat-B SES

Inmarsat-B SES는 Inmarsat-A SES를 대체하기 위한 것으로 디지털 기술을 채용하여 첨단화 시킨 것이다. Inmarsat-B SES는 Inmarsat-A SES와 동일한 통신 서비스 기능을 갖는다. 이러한 Inmarsat-B를 소형화시킨 것이 Inmarsat-C이다.

1.4.3 Inmarsat-C SES

Inmarsat-C SES는 보다 작고 가볍게 만든 양방향 통신 장비이다. 특징은 다음과 같다.

1) Inmarsat-C SES는 무선전화가 불가능한 단점이 있다.

2) Inmarsat-C SES는 600 bit/sec의 속도로 국제 텔렉스/텔레텍스(telex/teletex) 회선망을 제공하고, 전자 메일 서비스와 컴퓨터의 데이터베이스 기능이 있다.

3) Inmarsat-C SES는 작고 가벼운 무지향성 안테나를 사용하기 때문에 소형 선박에 적용할 수 있다.

4) 특히, 대형 선박에서는 Inmarsat-A SES의 백업 시스템으로 Inmarsat-C SES를 사용할 수 있고, 구난 선박이나 휴대용 시스템으로 사용할 수 있다.

5) Inmarsat-C SES는 무지향성 안테나를 사용하기 때문에 조난 선박이 심하게 기울어져 있는 경우에도 연속적으로 SES의 기능을 유지할 수 있다.

6) 또한, Inmarsat-A SES와 유사하게 터미널에 조난신호 자동 발생용 소프트웨어를 내장시켜서 조난 시 자동으로 조난신호를 발생시킬 수 있다.

그림 5-10 Inmarsat-C 선박지구국 장비 FELCOM-15 외관(출처: FURUNO, 2012)

1.4.4 Inmarsat EGC 수신기

EGC(Enhanced Group Call)란, 해안지구국에서 특정 해역에 있는 특정 선박을 호출하거나, 특정 해역에 있는 모든 선박을 호출하는 등 선택적으로 호출할 수 있는 기능을 말한다. Inmarsat EGC 수신기는 Inmarsat EGC 서비스를 위한 수신 장치이다.

EGC 수신기의 기능을 요약하면 다음과 같다.

① Inmarsat EGC 수신기를 이용하면, 국제안전망(International SafetyNET)을 이용한 해사안전정보(MSI)의 방송과 Inmarsat의 선박그룹 네트워크(FleetNET)의 메세이지 기능 등을 이용하여 뉴스를 자동으로 연속하여 청취할 수 있다.

② EGC 기능은 Inmarsat-A와 Inmarsat-B, Inmarsat-C 등에도 부여할 수 있고, Inmarsat EGC 자체 안테나를 이용하여 단독 장비(standard-alone)로 사용할 수 있다.

③ 특히, GMDSS에서는 모든 선박에 대해서 Inmarsat EGC 수신기가 국제 NAVTEX 서비스 범위를 벗어나는 해역까지도 커버할 수 있도록 요구하고 있다.

2. Inmarsat 서비스

2.1 Inmarsat 서비스의 종류

Inmarsat 서비스의 종류는 다음과 같다.

① 조난당한 선박에서 해안으로 조난경보를 송출하기 위한 선박-대-해안(ship-to-shore) 조난경보발생 서비스

② 해안에서 선박으로 조난경보를 송출하기 위한 해안-대-선박(shore-to-ship) 조난경보발생 서비스

③ 연안에서 조난당한 선박을 수색 및 구조하기 위한 수색구조 통신(Search And Rescue Communications) 서비스

④ 조난당한 선박 현장에서의 수색구조(Search And Rescue)를 위한 현장 통신(On-Scene Communications) 서비스

⑤ 해사안전정보(Maritime Safety Information)의 확산을 위한 서비스

⑥ 도선사의 호출이나 긴급의료지원 등을 위한 일반통신(General Communications) 서비스

이하에서는 상기 6가지의 Inmarsat 서비스에 대해서 상세하게 설명한다.

2.2 서비스 1 : 선박-대-해안 조난경보

선박의 조난신호는 무엇 보다 우선하여 해안지구국(CES, Coast Earth Station)에 전달되어야 한다. Inmarsat의 제일 중요한 서비스는 이러한 조난 경보 신호를 CES로 속히 전송하여 조난당한 선박을 구조하는 것이다.

2.2.1 조난신호의 발생과 처리 방법

선박에 설치된 SES에는 Inmarsat 우선순위-3(priority-3)에 해당하는 조난 우선순위 요청 메세이지의 발효 기능이 있어서 비상상황 발생 시 무엇 보다 우선하여 인공위성의 통신채널을 확보할 수 있다.

이러한 조난우선순위 표시를 갖는 메세이지는 CES에서 자동으로 인식되고, 이와 동시에 통신을 위한 위성채널이 즉시 할당된다. 만약, 위성통신 채널이 모두 사용 중이면 Inmarsat는 어느 하나의 채널을 즉시 비워서 조난 우선순위를 갖는 통신에 할당한다.

이러한 모든 조난절차는 자동으로 진행되는데, 어떠한 인적개입도 포함되지 않도록 구성되어 있다. 그러나 CES 관리자만큼은 이러한 개입이 허용되는데, 이 관리자는 조난신호 수신 사실을 공표하고, 조난 우선 메세이지 내용을 시청각 경보를 통해서 관계기관에 전송해야 한다.

2.2.2 완벽한 조난신호 처리를 위한 감시체계

조난 우선순위 요청을 완벽하게 처리하기 위해서, 각 해안에 있는 회선망조정국(Network Co-ordination Station, NCS)은 해당 지역에 있는 모든 CES

에서 수신한 조난 요청 사항을 자동으로 감시한다.

만약 이러한 절차가 진행되는 과정에서 비정상적인 상황이 발생하면, NCS는 조난 요청 메세이지가 해당 CES에 연계되도록 적절한 조치를 취한다.

또한 NCS는 지속적인 모니터링을 통해서 조난 우선순위 메세이지에 포함되어 있는 CES를 감시하고, 만약 작동하지 않는 CES가 조난신호 수신국으로 할당되어 있으면 자동으로 NCS에서 조난 요청을 승인한다. 이러한 상황은 조난 선박에서의 시스템 작동 오류로 발생할 수 있다.

2.2.3 조난신호에 대응한 적절한 RCC 할당 방법

조난 우선순위의 적용은 인공위성의 자동 채널 할당뿐만 아니라 조난호출에 대응할 수 있는 적절한 RCC(Rescue Co-ordination Center, 구조조정센터)를 할당하기 위한 자동 조난경로 탐색에도 적용된다.

조난신호에 대한 적절한 대응을 위하여 각 CES는 최적의 RCC를 찾아야 하고, 신뢰할 수 있는 수준의 통신 채널을 확보해야한다. 이러한 목적을 위한 국가적인 RCC를 연계-RCC라 한다. CES와 RCC는 밀접한 연계 관계를 형성해야 하는데, CES와 RCC 사이의 상호연계 방식은 국가마다 다르기 때문에 별도의 유선 또는 공공 회선망을 통해서 이루어진다.

이와 같이 이중 삼중으로 조난 신호를 처리하기 때문에 CES에서 수신한 조난 우선순위 요청 메세이지는 자동으로 처리되어 연계-RCC에 전송된다.

몇몇 CES에서는 북한, 쿠바 등과 SAR 미협약국 등 국가적인 상황을 고려하여 조난 우선순위 메세이지를 특별한 운용자에게 전송하기도 한다. 이러한 경우, 특별한 운용자는 다양한 통신경로를 탐색하여 적절한 RCC를 지정하거나, 위성채널이 조난우선순위에 할당된 경우에는 선박운용자가 원하는 RCC와 연락할 수 있도록 한다.

2.2.4 조난신호 송출 방법

대부분의 SES는 선원들이 간단하게 조난 버튼(distress button)을 누르거나 SES에 있는 특별한 코드(code)를 이용해서 조난 우선순위 메세이지를 발생시킬 수 있다. 조난 버튼이 눌러지면, 해당 장비는 즉각 조난우선순위 메세이지를 송출한다.

간단하게 조난 버튼을 누르기만 하면 1) 자동으로, 2) 즉각적으로, 3) 확실하게, 4) 가장 신뢰성 높은 구조기관에 조난우선순위 메세이지가 전달되기 때문에 선박운용자는 별도로 해당 RCC에 전화를 걸거나 텔렉스를 보내는 등의 번거로움을 방지할 수 있고, 이에 따른 인적오류를 방지할 수 있다.

이를 위하여 Inmarsat는 조난 메세이지 발생기(Distress Message Generator, DMG)에 대한 기술적인 지침을 만들어서 DMG 제조업체들에게 제공하고 있다. DMG는 조난 메세이지를 자동으로 송출하기 위한 소프트웨어로 구성되어 있는데, 구조 기관과 통신이 연결된 이후에는 선박의 정체와 위치 및 비상상황 등의 정보를 갖고 있는 표준형식의 조난 메세이지를 송출할 수 있다.

한편, Inmarsat SES를 장착한 선박에서는 호출절차에 의거하여 특정한 RCC를 선택하여 접촉할 수 있는데, 이러한 경우에는 국제전화나 텔렉스 번호를 확실하게 알고 있어야 한다.

2.2.5 Inmarsat를 이용한 조난경보의 장점

Inmarsat를 이용한 조난우선 시스템의 장점은, 조난안전통신을 위한 주파수를 별도로 알고 있거나 선택할 필요 없이, 일반통신채널을 이용하여 확실하고 정확하게 우선순위를 갖는 조난우선순위 메세이지를 송출할 수 있다.

2.2.6 L-밴드 위성 EPIRB

L-밴드 위성 EPIRB(간단히 '이퍼브'로 호칭하거나 '이피아이알비'라고 호칭하기도 함)는 Inmarsat의 대표적인 조난통보 시스템이다. 이 시스템은 선박에 강제로 장치해야 한다.

Inmarsat 시스템을 이용한 L-밴드 위성 EPIRB는 Inmarsat-E라고도 불리는 것으로, A1, A2, A3 해역에 있는 선박의 조난경보를 송출하기 위한 장비이다. 한편, L-밴드 위성 EPIRB는 후술하는 COSPA-SARSAT 시스템의 406 MHz 위성 EPIRB의 대체용으로 사용할 수 있다.

다음 그림 5-11은 Inmarsat 시스템을 이용한 L-밴드 위성 EPIRB의 기본 개념을 나타낸다. L-밴드 위성 EPIRB는 1.6 GHz의 주파수로 할당된 채널을 이용하여 조난신호를 송출한다. 송출된 조난신호는 Inmarsat 위성을 통해서 적절한 수신기와 프로세서 장비를 갖춘 CES로 전송된다.

L-밴드 위성 EPIRB의 특징은 다음과 같다.

- 빠른 조난통보 : 1 Watt 방사 출력을 갖는 EPIRB의 경우 10분 이내에 조난통보를 송신할 수 있다.
- 커버 범위 : 위도 북위 70도와 남위 70도 사이
- 연속 조난통보 송신 기능 : 10분간 20회의 연속된 조난통보 송신
- 수동과 자동의 위치정보 입력 및 갱신 기능

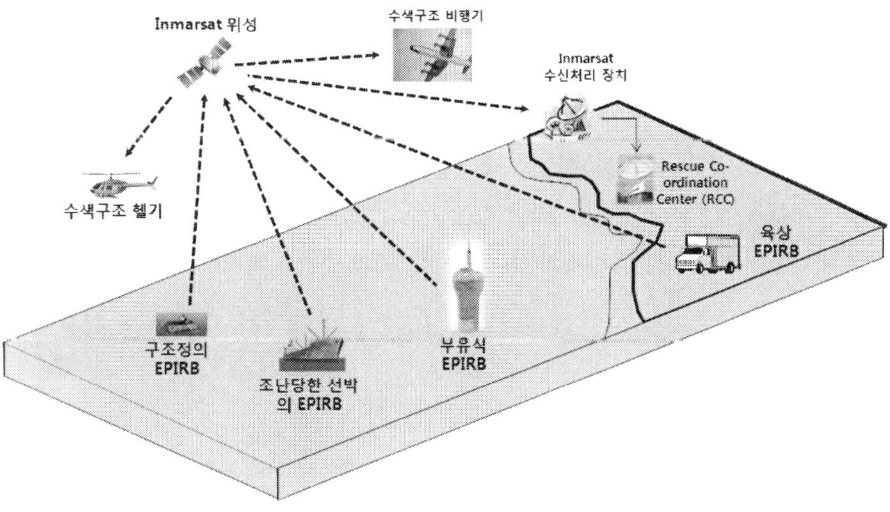

그림 5-11 Inmarsat의 L-Band 위성 EPIRB의 기본 개념도

L-밴드 위성 EPIRB의 작동과 데이터 전송 절차는 다음과 같다.

① L-밴드 위성 EPIRB는 항해사가 수동으로 작동시킬 수 있고, 부유형 EPIRB의 경우는 침몰하는 선박에서 부상하면서 자동으로 작동된다.

② EPIRB가 작동하면, 선박의 정체와 위치정보 및 부가정보가 송신되는데, 이러한 정보는 향후 구조에 활용된다.

③ 조난신호의 송신은 미리 정해진 반복율(duty cycle)에 따라서 반복 송신된다. 한편, EPIRB에 GPS와 같은 전자적 위치확정장치가 포함되어 있지 않다면 9 GHZ 대역의 SART를 이용하여 위치를 표시한다.

④ 송신된 조난신호는 인공위성을 통해서 CES로 중계된다.

⑤ CES에 수신된 조난신호는 특정한 중개 주파수로 변환된 후, 위성 EPIRB의 정체와 메세이지 복원을 위해서 CES에 내장된 컴퓨터 기반의 다중채널 수신 장치로 전송된다.

⑥ CES의 다중채널 수신 장치에서 조난신호의 채널이 명확해지면, 별도의 프로세서 채널을 지정하여 잡음이 혼합된 신호를 메모리에 중첩하여 저장한다. 여기서 신호를 중첩하는 이유는 잡음을 제거하기 위한 것이다. 위성신호는 대단히 미약하기 때문에 인공위성으로부터 육상 CES까지의 장거리 전송기간 동안 다양한 잡음이 혼합된다. 그래서 잡음이 혼합된 신호를 여러 번 중첩시키면 원하는 신호는 커지고 잡음은 점차 사라지게 된다. 이러한 목적을 위해서 EPIRB에서는 반복하여 동일한 신호를 송신한다.

⑦ 충분한 횟수의 신호 중첩을 시행하면 2 ~ 3 dB 정도의 신호-대-잡음비(signal-to-noise ratio)가 매 프레임마다 개선되어, 신호-대-잡음비가 향상된 데이터가 메모리에 저장된다.

⑧ 메모리에서는 정해진 절차에 따라서 데이터를 읽은 후, 비트와 프레임의 동기화, 오차 수정 코드의 평가 등을 실시한 후 조난 메세이지를 출력한다.

⑨ 최종적으로 출력된 조난 메세이지는 RCC에 보내져서 수색구난 활동이 시작된다.

2.3 서비스 2 : 해안-대-선박 조난경보

2.3.1 해안지구국(CES)에서의 조난경보 송출

해안-대-선박(shore-to-ship) 조난경보라는 것은 연안(해안)에 있는 해안지구국(CES)에서 선박에 설치된 선박지구국(SES)으로 조난경보를 송출하는 것을 의미한다.

해안지구국(CES)에서 International SefetyNET을 이용하지 않고, Inmarsat-A SES, Inmarsat-B SES, Inmarsat-C SES 등을 장착한 선박 그룹에서의 조난경보 송출방법은 다음과 같다.

① 모든선박호출(all ship calls) : 이 서비스는 해안지구국(CES)에서 선택한 모든 해역의 선박 호출에 적용할 수 있다. 이러한 조난경보는 제한적인 상황에서 발효될 수 있으나, 지구정지궤도 위성의 커버 영역이 대단히 광범위하기 때문에 굳이 CES가 아니더라도 가능하기 때문에 효과적인 방법은 아니다.

② 제한지역호출(geographical area calls) : 이 서비스는 CES에서 이미 지리적으로 구분되어 있는 해역을 항해 중인 선박 호출에 적용할 수 있다. 여기서, 지구정지궤도 위성에서 커버하는 지역은 세분화되어 있고, 이 지역들의 경계선은 특별한 2자리 숫자 코드를 갖는 NAVAREA를 기준으로 정해지며, 2자리 숫자 코드는 WWNWS에 설명되어 있다. 따라서 제한지역호출을 적용하기 위해서는 NAVAREA에 명시되어 있는 어떠한 지역을 호출하는지를 명확히 해야 한다. 그리고 SES 운용자가 입력한 2자리 숫자 코드가 정확한 경우에만 CES에서 송출한 제한지역호출을 SES에서 자동으로 인식하고 승낙할 수 있다. 또한, 원활한 제한지역호출을 위해서는 적절한 영역 코드를 선박 운용자가 주기적인 수작업으로 입력해야 한다.

③ 특정선박그룹호출(group calls to selected ships) : 이 서비스는 CES의 운용자 지원 모드에 사전에 저장되어 있는 선박그룹들에 대한 CES 식별번호를 이용하여 실시할 수 있다. 그래서 이 서비스는 사전에 정해진 선박그룹들에 대한 조난통보에 적용 가능하다. 특히, 이 서비스는 SAR에서의 조난경보에 유용하게 적용할 수 있다.

그리고 선박지구국(SES)이 해상교통에 적용되고 있지 않은 한, SES에 입력된 모든 메세이지는 우선순위에 차별을 두지 않고 모두 수신한다. 즉, SES는 입력된 모든 신호를 수신한다는 의미로서, 조난통보의 우선순위 메세이지든, 일반 메세이지든 일단 무조건 수신한다는 의미이다. 그런 후에 항해사가 메세이지를 보고 판단하여 적절한 조치를 취한다.

2.3.2 국제 SafetyNET을 이용한 해안-대-선박 조난경보

국제 SafetyNET은 해사안전을 위한 국제적인 통신지원망(network)인데, 이러한 국제 SafetyNET을 이용하여 해안지구국(CES)에서 선박지구국(SES)로의 조난통보가 가능하다.

EGC 수신기는 SES 장비 중 하나인데, 완벽하게 독립된 하나의 조난경보 수신 장비로 사용할 수 있다. 따라서 EGC를 성능이 우수한 해안-대-선박 조난경보 메세이지의 수신 장치로 고려할 수 있다. EGC에서 조난우선순위 메세이지가 수신되면 경보 알람이 울리고, 이 경보는 운용자의 수작업으로만 해제시킬 수 있다. 즉, 선박 운용자가 인식한 경우에만 알람을 해제시킬 수 있도록 구성되어 있다.

한편, RCC에서 SafetyNET 서비스를 이용하여 조난경보를 확산시키기 위해서는 SES의 해안-대-선박 조난경보의 송수신에 요구되는 장비와 유사한 기능의 장비가 필요하다.

만약, CES와 신뢰할 수 있는 수준의 통신이 불가능한 RCC가 있다면, 이 RCC에 Inmarsat SES를 설치하여 조난통보를 CES 쪽으로 송신할 수 있다. 이러한 방법을 RCC에서 적용하는 경우, SES를 이용하여 CES에 조난통보를 전송한 것이 되기 때문에, 결국 국제 SafetyNET 시스템의 방송 수단에 의해서 중계된 조난통보가 된다.

따라서 CES와 통신할 수 없을 정도의 낮은 수준의 RCC가 있다면 별도의 SES를 구입하여 설치하라는 의미이다.

2.4 서비스 3 : 수색구조 조정 통신

수색구조(Search And Rescue, SAR)라는 것은, 조난당한 선박 부근에 있는 선박이나 RCC에서 지원하는 특수한 선박과 헬리콥터 등을 활용하여 조난당한 선박을 신속하고 효과적으로 구조하기 위한 국제 규정이나 절차를 의미한다.

RCC에서 SAR(Search And Rescue)의 조정과 제어를 위해서는 조난 선박과 구조 지원대 사이의 원활한 통신 기능이 필요하다.

SAR 통신에는 위성통신, 연안통신, 무선전화, 텔렉스 등이 사용되는데, 통신 방법과 형식 등은 조난당한 선박에 장착된 장치의 성능과 구조지원대에 설치된 장치의 성능에 의해서 사용가능여부나 통달거리 등이 결정된다. 즉, 양 쪽이 유사하거나 동일한 주파수와 성능을 갖는 통신장비가 있어야 통신이 가능하다는 의미이다. 수색구조에 투입되는 선박들은 대부분 Inmarsat를 이용한 SES를 장착하고 있기 때문에 MSI 수신을 포함한 신속하고 신뢰할 수 있는 통신이 가능하다.

한편, 원활한 수색구조를 위해서는 신뢰할 수 있는 RCC 사이의 상호 연결이 대단히 중요하다. 아울러, 조난당한 선박으로부터 수천 마일 떨어진 거리에 있는 RCC에서 조난통보를 수신하여 구조지원이 불가능한 경우도 발생한다. 이 경우에는 즉시, 육상전화, 연안무선통신, 위성통신 등을 사용하여 조난당한 선박에 최적인 RCC를 탐색해서 이 RCC에 조난경보를 중계해야 한다.

RCC 사이의 통신 속도와 신뢰성 증가를 위해서는 일정한 RCC에 SES의

Inmarsat 시스템을 설치하여 통신 능력을 증가시켜야 한다. 이와 같이 구성하면, 유선이나 공중회선망 등을 사용할 수 없는 경우라도 SAR 기관과의 장거리 통신이 가능하다.

2.5 서비스 4 : SAR의 현장 통신

현장통신(On-scene communications)은, 조난당한 선박의 수색구조 현장에서 사용할 수 있는 적절한 지휘용 통신을 의미한다. 현장통신은 조난당한 선박과 수색구조 지원 선박 사이의 통신, 조난당한 선박과 수색구조 선박 사이의 통신 등에 사용하기 위한 것이다.

현장통신에는 주로 GMDSS의 단거리 통신에 사용하는 VHF 또는 MF의 조난안전 주파수를 이용한다. 한편, Inmarsat SES를 장착한 선박은 필요하다면 VHF나 MF 대신에 위성통신을 이용할 수 있다.

2.6 서비스 5 : MSI의 확산

MSI(Maritime Safety Information)은 해상안전정보를 의미하는 것으로, Inmarsat에서는 주로 국제 SafetyNET 서비스를 통해서 MSI를 확산시킨다.

비록 Inmarsat-A와 -B, -C 등의 SES가 국제 SafetyNET 방송을 수신할 수 있지만, 이러한 SES가 다른 통신에 사용되고 있는 경우 중요한 MSI를 방해 없이 수신하기 위해서는 독립된 EGC 수신 장치를 이용할 수 있다.

2.7 서비스 6 : 일반 통신

Inmarsat 시스템은 육상과 동일한 종류와 통화품질을 갖는 통신기능을 갖고 있는데, SES를 이용하면 직접 전화를 걸 수 있고, 지연 없이 자동으로 통화가 가능하며, 고품질의 다중통신이 가능하다. SES에는 원격 프린터기, 가시화장치(VDU), 전화기, 팩시밀리, 데이터 저장장치 등을 부가하여 성능을 높일 수 있다.

이러한 Inmarsat 시스템의 일반통신 기능을 이용하여 선장은 신속하게 조언을 구하거나 협조를 요청할 수 있다.

사실 Inmarsat의 일반통신 기능은 Inmarsat 기능 중에서 제일 많이 사용하는 기능이기도 하다. 왜냐하면, 선박의 조난은 자주 발생하는 것이 아니기 때문인데, 이러한 고가의 Inmarsat 장비를 설치해서 조난통보와 수색구조에만 사용한다는 것은 비경제적이기 때문이다. 실제 선박에 설치된 Inmarsat 장비는 대부분 일반통신용으로 사용하고 있다. 문제는 요금이 비싸다.

Inmarsat 서비스의 종류에는 다음과 같은 것이 있다.

- 전화(Telephony)
- 직접인쇄전신(Direct-printing telegraphy)
- 데이터 통신(Data communications)
- 팩시밀리 전송(Facsimile transmission)
- 저 스캔 TV(Slow-scan television)
- 선박에서의 자동 데이터 수집(Automatic data collection from ships)

3. Inmarsat의 실제 구성

- 출처 :
- 1. Shingo Ohmori(2002), 13 Auronautical and Maritime Antennas for satellite Communications, Communication Research Laboratory, CRC Press LLC, (Web: ftp://ftp.seu.edu.cn/Pub2/EBooks/Science/Handbook.of. Antennas/0337_PDF_13.pdf, Access dated: 2012.12.28)
- 2. Inmarsat Maritime Handbook(2013), pp.1~1 - J5, (Web:http://www.stratosglobal.com/~/media/Documents/inm/Public/inm_userguide_maritimeHandbook.pdf, Access dated: 2013.01.05)

3.1 개요

Inmarsat의 종류에는, Inmarsat-A, Inmarsat-B, Inmarsat-C, Inmarsat-F, Inmarsat-M, Inmarsat-Mini-M 등 6가지의 종류가 있다. 이러한 Inmarsat는 위성통신 전문가들에 의해서 설계된 것으로, 무선통신의 초급자들이 접근하기에는 내용이 복잡하고 광범위하다.

이러한 6가지 종류의 장비는 선박용, 항공용, 육상용 등 다양한 사용 목적에 따라서 선택할 수 있다.

본 절에서는 상기 Shingo Ohmori(2002)가 저술한 내용 중에서'제 13장 위성통신을 위한 항공용과 해상용 안테나'에 기술된 내용을 발췌하여 설명하는데, 이 내용은 주로 Inmarsat의 파라볼라 안테나와 이에 부속된 전자회로 그리고 부가기능에 대한 설명이다. 아울러 Inmarsat Maritime Handbook (2013)에 기술되어 있는 상기 6가지 종류의 다양한 Inmarsat 구성 방법 역시 발췌하여 설명한다.

3.2 Inmarsat의 종류

다음 그림 5-12는 Inmarsat Maritime Handbook(2013)에 수록된 다양한 Inmarsat 시스템의 크기와 구성도를 나타낸다. 크기와 기능에 있어, Inmarsat-A와 -B가 제일 크고 기능이 많으며, Inmarsat-C가 제일 작고 간단하다.

위의 그림에서 Inmarsat-F를 제외한 장비가 선박에서 사용되고 있는데, 주로 Inmarsat-A, -B, -C, -M 등이 선박용으로 사용되고 있다.

- Inmarsat-A : 가장 기본적인 시스템으로, 1982년 서비스를 시작한 이래 주파수 변조(FM)를 이용한 아날로그 방식의 음성 서비스와 텔렉스를 서비스하고 있다.

- Inmarsat-C : 1991년 서비스를 개시하였으며, 문자 형식의 메세이지와 저속 데이터를 서비스하고 있다.

- Inmarsat-B와 Inmarsat-M : 각각 1993년과 1992년에 서비스를 개시한 장비로서, 기존 Inmarsat와 달리 제 2세대 시스템으로 개발된 이래 디지털 통신을 지원하고 있다.

- Inmarsat-Mini-M : 1996년에 개발된 Inmarsat-Mini-M 시스템은 Inmarsat-M과 기본적으로 유사하지만 Inmarsat-M 보다는 터미널의 크기가 작다.

- Inmarsat-F : 2001년에 개발된 Inmarsat-F 시스템은 64 kbps의 고속 데이터 서비스를 위해서 개발된 것이다. Inmarsat-F는 고속 데이터 전송을 제외하고는 Inmarsat-B와 거의 유사한 시스템이다.

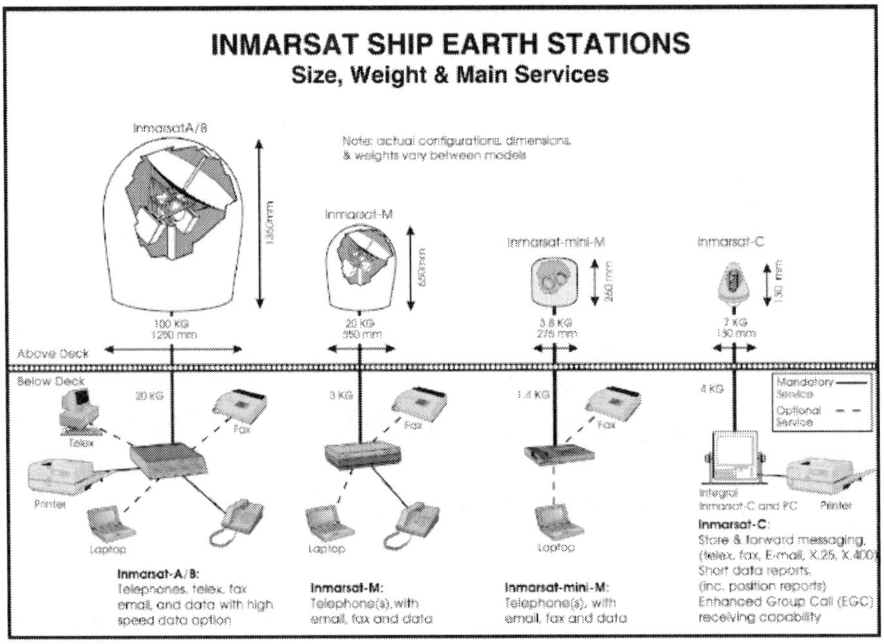

그림 5-12 다양한 Inmarsat 시스템 구성(Inmarsat Maritime Handbook, 2013)

한편, Inmarsat-A, -B, -F 시스템의 이동 터미널은 선박과 항공기에서 사용하기 위한 것이기 때문에 육상에서 또는 휴대용으로 사용할 수 없다.

반면, Inmarsat-M과 Inmarsat-Mini-M, Inmarsat-C 시스템은 해상 사용자뿐만 아니라 휴대용 시스템을 이용하는 육상 이동자, 장거리 화물차, 열차 등에서 사용할 수 있다.

여기서, 터미널(Terminal)이란 것은, 버스 터미널의 의미와 같은 것으로, Inmarsat 서비스를 이용하기 위하여 사용자들이 갖고 있는 장치를 의미한다. 다른 용어로는 단말기가 있는데, 터미널, 단말기 모두 유사한 의미이다.

다음 표는 다양한 Inmarsat 시스템의 주요 특징과 전기사양을 나타낸다. 여러분들이 주목할 장비는 현재 선박에 사용하고 있는 Inmarsat-A와 Inmarsat-C이다.

표 5-2 Inmarsat-A, Inmarsat-B, Inmarsat-C, Inmarsat-M 등의 비교(Shingo Ohmori, 2002)

		Inmarsat-A	Inmarsat-B	Inmarsat-M	Inmarsat-M ini-M	Inmarsat-C
주요특징		아날로그 장비로 처음 서비스한 장비	A 시스템을 디지털 방식으로 변환한 것	B 시스템을 콤팩트하게 만든 것	스팟빔 위성을 이용한 콤팩트한 M 시스템	데이터 저장과 전송 통신 시스템
서비스 개시일자		1982	1993	1992	1996	1991
무선통신 서비스 형태		• 음성(FM) • 텔렉스 • 팩시밀리 (4.8kbps) • 데이터 (4.8kbps) • 고속 데이터 (64kbps)	• 음성 (16kbps) • 텔렉스 • 팩시밀리 (9.6kbps) • 데이터 (9.6kbps) • 고속 데이터 (64kbps)	• 음성 (6.4kbps) • 팩시밀리 (2.4kbps) • 데이터 (2.4kbps)	• 음성 (4.8kbps) • 팩시밀리 (2.4kbps) • 데이터 (2.4kbps)	• 팩시밀리 (해안에서 선박으로) • 데이터 (600bps) • 텔렉스
안테나 시스템	안테나	파라볼라 (약 100 cm)	파라볼라 (약 100 cm)	어레이	어레이	헬리칼
	이득	20-23 dBi	20-23 dBi	12-15 dBi	7-103 dBi	0-3 dBi
	G/T	-4 dBk	-4 dBk	-10 dBk(해사용)	-17 dBk	-23 dBk
	EIRP	36 dBW	25-33 dBW	21-27 dBW(해상용)	11-17 dBW	12-16 dBW
	무게	약 120 kg	약 100 kg	약 25 kg	약 7 kg	약 10 kg
휴대용 육상사용 모델	터미널 무게	휴대용 없음	약 20-30kg	약 13 kg	약 2.3 kg	약 5 kg

3.3 Inmarsat-A와 Inmarsat-B

3.3.1 시스템 구성

Inmarsat-A와 Inmarsat-B 시스템의 전기적인 특성은 거의 대동소하다. 특히 안테나 특징이 거의 유사하기 때문에, 여기서는 선박에 널리 사용되고 있는 Inmarsat-A 시스템을 대표로 설명한다. 본 내용은 Shingo Ohmori(2002)가 설명한 일부 내용을 포함한다.

Inmarsat-A 시스템의 터미널을 선박지구국(SES)이라한다. 지구국이라는 의미는 지구에 장착하는 장비를 의미하고, 선박지구국은 지구에 있는 선박에 장착한다는 의미이다. Inmarsat는 위성통신을 이용하기 때문에 우주 부분과 지구 부분으로 나누고, 다시 지구부분은 선박 통신용, 항공기 통신용, 육상 통신용 등으로 구분된다.

SES는 위에서 설명한 바와 같이 갑판 위의 탑재장치(ADE)와 갑판 아래 탑재장치(BDE) 등 2가지 주요 부분으로 구성되어 있다.

말 그대로 ADE(Above Deck Equipment)는 위성을 추적하기 위한 안테나 부분이기 때문에 선박의 갑판 위에 설치한다는 의미이고, 송수신 장비는 갑판 아래에 있는 선교나 기타 실내에 장착하기 때문에 BDE(Below Deck Equipment)라 부른다.

다음 그림 5-13은 Inmarsat-A의 구성도를 나타낸다(Inmarsat Maritime Handbook, 2013).

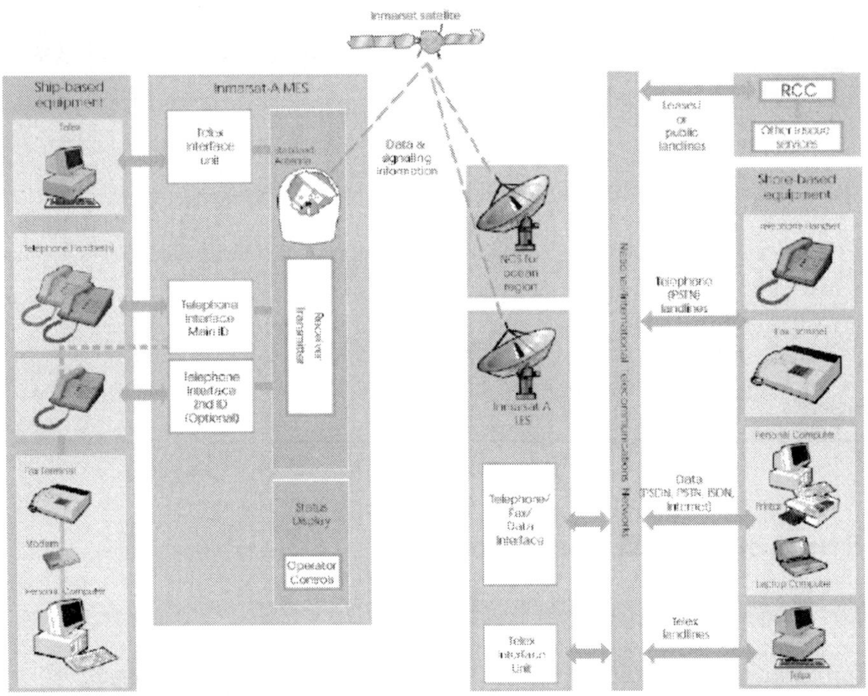

그림 5-13 Inmarsat-A의 구성도(Inmarsat Maritime Handbook, 2013)

위의 그림에서, 위성을 중심으로 좌측은 선박에 설치하는 Inmarsat-A의 이동지구국(Mobile Earth Station, MES)을 나타내고, 우측은 해안기지국 부분을 나타낸다. 그림의 좌우 가장 자리의 부가장비 구성은 유사한데, 그 이유는 선박에 설치하는 선박기지국이나 연안에 설치하는 해안기지국은 그 기능이 유사하기 때문이다.

위의 그림 5-13에 나타낸 Inmarsat-A의 선박기지국에 대한 ADE와 BDE의 장치 구성도를 설명하면 다음과 같다(Shingo Ohmori, 2002).

- 그림 5-14는 Inmarsat-A에서 ADE를 나타낸다. 안테나는 신호의 송수신을 위한 것이기 때문에 화살표 방향이 회로내부로 입력되는 것(신호의 입력)과 회로 밖으로 출력되는 것(신호의 출력)으로 구분하여 나타냈다.
- 그림 5-14의 입력 부분을 보면, Diplexer를 통해서 입력된 신호는 저잡음 증폭기(LNA)를 통해서 잡음이 감소된 신호가 입력되고, Down Convertor에서 필요한 디지털 정보를 획득한다. 그 다음에는 Diplex로 보내서 BDE로 전송된다. Diplexer는 신호를 송신할 것인지, 수신할 것인지를 선택할 수 있는 일종의 스위치이다. 이 스위치는 신호를 송신할 때는 송신선로만 선택하고, 신호를 수신할 때는 수신선로만 선택한다. Up Convertor는 신호를 송신할 때 송신에 적합한 형태로 신호를 가공하기 위한 것이다.
- 그림 5-15는 Inmarsat-A의 BDE 부분을 나타낸다. 입력된 신호를 다시 Diplexer를 거쳐 입력한 후, 변조된 신호를 복조하기 위한 Demodulator에 입력하여 원래의 신호를 재생하고, 기저대역신호 처리기(Baseband Processor)에서 원래의 주파수폭을 갖는 신호로 변환된다. 변환된 결과는 전화, 팩시밀리, 텔렉스, 개인 컴퓨터 등으로 전달된다.
- 그림 5-15의 BDE 하단에 있는 터미널 인터페이스(Terminal Interface)에는 선수 방위를 측정하는 장지인 자이로컴퍼스와 선박운동 센서들이 연결되어 있다. 이러한 센서 정보가 터미널에 입력되면 다시 ADE로 전송하고, ADE에서는 안테나 제어기(Antenna Controller)로 보낸다. 안테나 제어기는 안테나 안정기(Stabilizer)와 안테나 추적장치(Tracking Mechanism)를 이용하여 위성 안테나가 지속적이고 안정적으로 위성을 추적할 수 있도록 한다. 그래서 안정된 전파를 송수신할 수 있다.

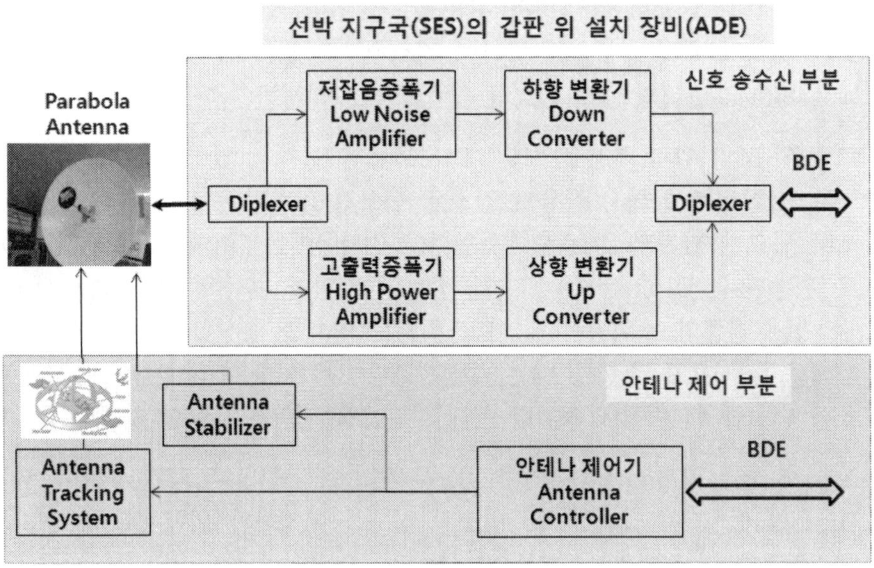

그림 5-14 선박에 정착하는 SES의 ADE 장치 구성도

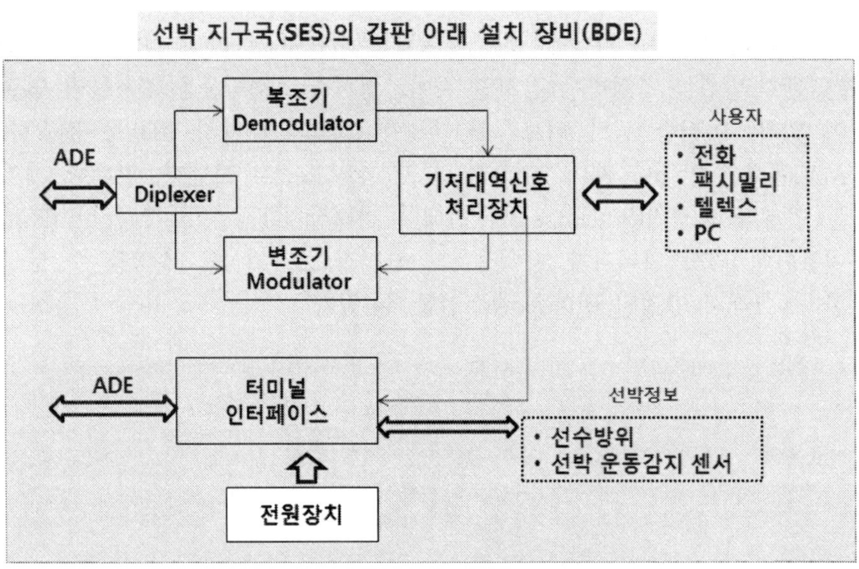

그림 5-15 선박에 정착하는 SES의 BDE 장치 구성도

그림 5-16은 ADE에 포함되어 있는 파라볼라 안테나의 레이돔(radome)을 나타낸다. 레이돔은 열악한 해상환경에서 안테나 유닛을 보호하기 위한 것이다. ADE 내부에는 그림 5-14에 나타낸 바와 같이, 안테나, 안테나 장착기, 저잡음

증폭기(LNA), 고성능 증폭기(HPA), 다이플렉서(DIP), 안정기, 안테나 제어기 등으로 구성되어 있다.

위성용 안테나는 대부분 파라볼라 형식을 사용하고 있는데, 그 이유는 전기적인 특성과 기계적인 특성이 우수하기 때문이다. LAN, HPA, DIP, 안테나 제어기 등의 구성품은 안테나 마운트(mount)에 장착되어 있는데, 그 이유는 안테나 마운트 하부 하중을 무겁게 분산시켜서 안테나가 위성을 안정적으로 추적하기 위한 것이다.

위성용 안테나에서 가장 중요한 요구사항은 시스템 지수인데, 시스템 지수는 이득/송신(G/T)의 비율을 나타낸 것으로, 이 값은 -4 dBK 이상이어야 한다. -4 dBK를 만족하기 위한 안테나의 이득은 약 23 dBi이고, 반경은 약 1.0 m 이다. 아울러 시스템 지수라는 것은 수신 시스템의 성능을 평가하는 수치를 의미한다.

그림 5-16 상선용 Inmarsat 돔 안테나

3.3.2 선박용 안테나와 추적 시스템

Inmarsat-A와 Inmarsat-B와 같은 SES의 파라볼라 안테나는 대부분 이득이 20 ~ 23 dBi의 안테나를 사용한다(그림 5-17). 파라볼라 안테나는 간단한 구조와 고성능 개구율(high-aperture efficiency)의 특징을 갖는다.

여기서, 고성능 개구율이란, 그림 5-18에 나타낸 파라볼라 안테나와 같이 푹 파인 접시 모양의 안테나에서 얼 만큼 전파를 잘 모으는지를 나타내는 지표로서, 너무 접시가 납작하거나 푹 파여서 굴곡이 심하게 되면 전파 수집이 불량하기 때문에 적절하게 파여진 형태가 좋다. 이러한 특징을 개구율이라 한다.

선박의 움직임에 관계없이 위성을 안정적으로 추적하는 것은 대단히 중요한데, 그 이유는 Inmarsat가 1/2 강도의 빔-폭을 갖는 작은 에너지를 이용하기 때문에 선박이 움직여서 위성과 바라보는 각도가 어긋나면 신호 강도가 급격하게 저하되기 때문이다.

파라볼라 안테나의 전형적인 빔 폭은 10도이다. 파라볼라 안테나를 안정화시키기 위해서 4-축(xy-Az-El) 안정기를 사용한다. 여기서 xy의 의미는 x-축과 y-축으로 구성된 수평면을 의미하고, Az는 방위(Azimuth)를 의미하며, El은 고각(Elevation)을 의미한다. 이러한 4-축 제어동작을 이용하면 파라볼라 안테나가 안정된 수평면을 유지할 수 있다.

안정된 수평유지 장치(pedestal)에 설치한 안테나는 방위(Az, Azimuth)와 고도(El, Elevation)의 지속적 제어를 통해서 지속적이고 안정적으로 위성을 향할 수 있다. 이러한 수평유지 장치의 4-축을 제어하기 위해서는 서보 모터(servo-motor)가 필요하고, 선박 운동정보를 획득하기 위한 안테나 수평유지 장치의 제어회로, 가속도계, 선박 선회율 센서, 수평 센서 등이 필요하다.

여기서, 서보 모터(servo-motor)라는 것은 일종의 모터로서 pedestal을 이리저리 돌려서 수평을 맞추기 위한 것이고, pedestal은 한글로 '다리'로 번역되는 것으로 마치 다리와 같이 안테나 제어장치를 수평으로 지지하기 위한 선반과 같은 것이다. 가속도계는 속도가 아니라 속도의 변화분(속도의 증가 또는 감소 성분)을 측정하기 위한 센서이고, 선박 선회률이란 선박이 얼마만한 가속도로 선회하고 있는지를 나타내는 가속과 감속의 비율(rate)을 의미한다.

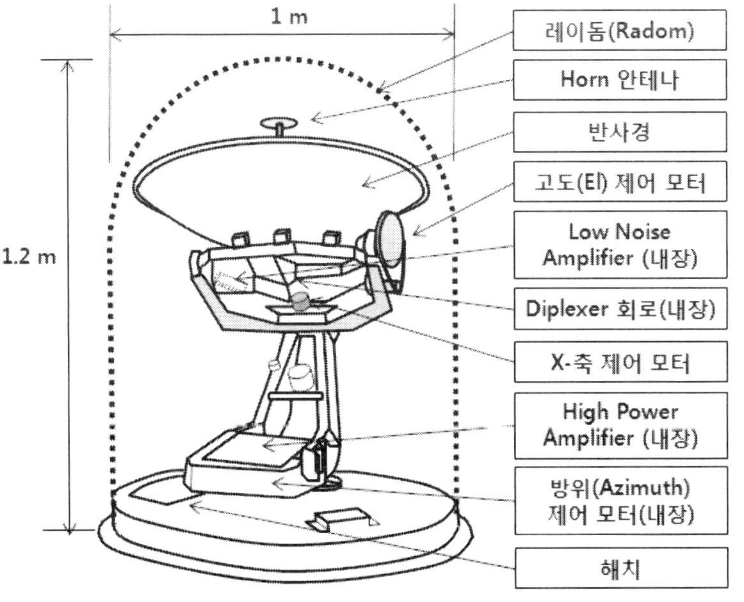

그림 5 17 Inmarsat A에 사용하는 파라볼라 안테나의 3축 안정화 시스템(Shingo Ohmori, 2002)

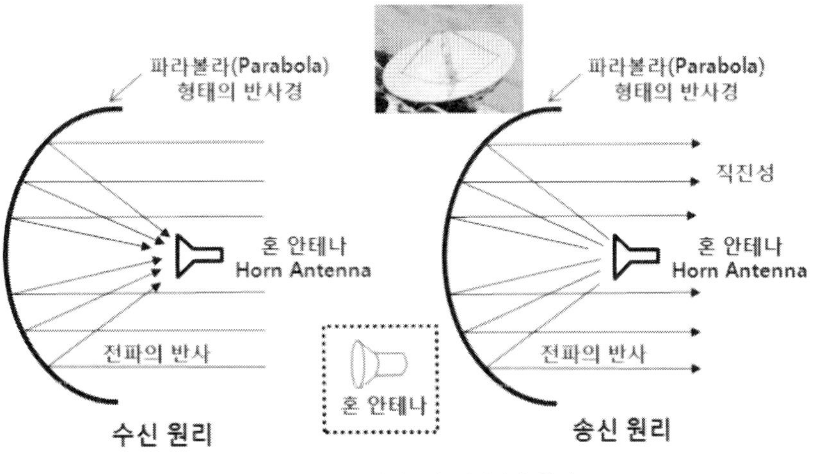

그림 5-18 파라볼라 안테나의 원리

3.4 Inmarsat-C

3.4.1 시스템 구성

Inmarsat-C는 1991년에 개발된 것으로, 선박이나 항공기 차량 등에 휴대할 수 있을 정도로 작은 터미널을 이용하여 데이터와 메세이지를 통신하기 위한 시스템이다. 항공용 Inmarsat-C 시스템은 해상용과 육상이동용이 개발된 후 수년이 지나서 개발되었다. 본 내용은 Shingo Ohmori(2002)가 설명한 일부 내용을 포함한다.

Inmarsat-C 이동지구국(Mobile Earth Station, MES)은 소형의 무지향성 안테나를 사용하는데, 그 이유는 가볍고 간단하기 때문에 차량이나 선박 또는 휴대용 터미널에 쉽게 장착할 수 있기 때문이다.

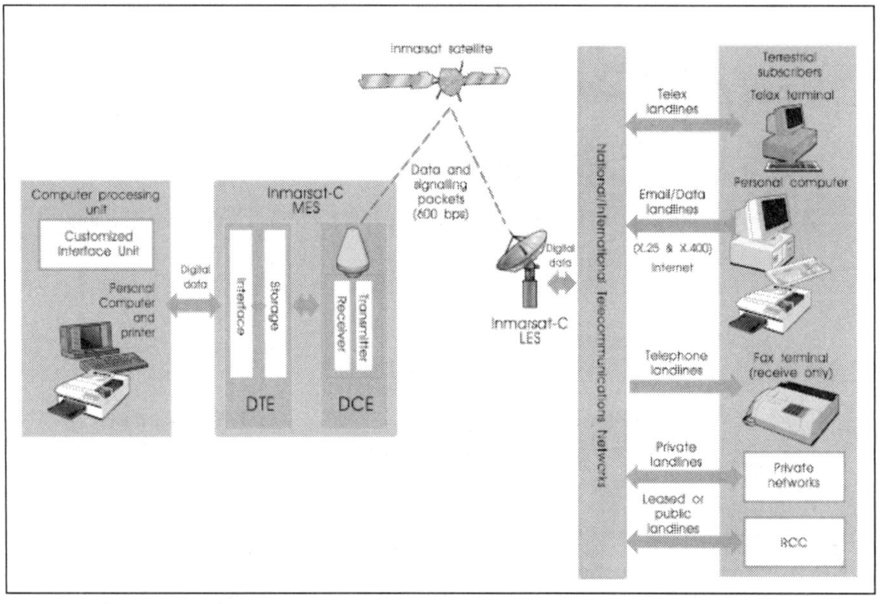

그림 5-19 Inmarsat-C의 구성도(Inmarsat Maritime Handbook, 2013)

Inmarsat-C 터미널의 메인 유닛은 콤팩트하고 3 ~ 4 kg 정도로 가벼운데, 몇몇 터미널의 경우에는 메세이지의 사전 준비와 표시기능이 있다. 반면 다른 메인 유닛은 표준 인터페이스를 내장하고 있어서 사용자가 컴퓨터와 연결할 수 있다. Inmarsat-C 휴대용 터미널은 시중에서 구입할 수 있다.

그림 5-20은 소형 선박에 장착하기 위한 Inmarsat-C 터미널의 사진이다.

이 사진에는 외부에 장착하는 안테나(중간 그림)와 메인 컴퓨터 터미널(좌측), 데이터 변환기(우측) 등이 보인다.

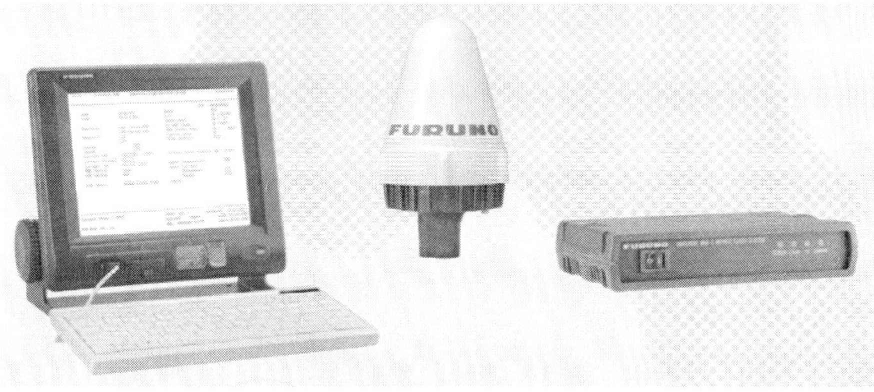

그림 5-20 소형 선박용 Inmarsat-C 터미널(Furuno, 2012)

Inmarsat-C에서, 위성과 이동국 사이의 전송속도는 600 bps이고, 신호는 R=1/2과 K=7의 콘볼류션 코딩을 사용하여 코드화하고 있다. 비트 간격은 버스트 페이딩에 의한 버스트 오류를 확산하기 위하여 사용하고 있다. 요구되는 G/T는 -23 dBK 이상이고 EIRP는 12 ~ 16 dBW이다.

3.4.2 안테나와 추적 시스템

Inmarsat-C 안테나는 위성 추적 기능이 없다. Inmarsat-C 안테나는, quadric-filer helix, crossed-drooping dipole, microstrip patch 등과 같은 무지향성 안테나를 일반적으로 사용한다.

쿼드리파일러 헤릭스(quadric-filer helix) 안테나는 선박에서 가장 많이 사용하는 안테나인데, 선박운동 환경에서 넓은 빔 폭을 커버하는 우수한 성능을 갖고 있다. 마이크로 스트립 패치(microstrip patch) 안테나는 휴대용이나 간단한 터미널에 가장 최적인 안테나인데, 이 안테나는 매우 낮은 프로파일(profile) 특성을 갖고 있다.

3.5 Inmarsat-M

3.5.1 시스템 구성

Inmarsat-M은 1992년에 개발된 것으로, 디지털 통신 기술을 이용하여 작은 터미널을 이용하여 고성능 통신을 제공할 수 있다.

Inmarsat-C가 무선전화 서비스가 불가능한 반면, Inmarsat-M은 Inmarsat-C 시스템에 사용하는 것과 같이 작고 가벼운 터미널을 이용하여 음성통신이 가능하다.

Inmarsat-M 터미널은 개인 크루저 요트, 자동차 또는 가방 등에 탑재할 수 있을 정도로 작다. 이들 터미널은 태양 전지를 이용하여 고속도로나 원격지에서 비상시 사용할 수 있다. 터미널의 기술적인 특징은 Inmarsat의 시스템 정의 매뉴얼(SDM)에 기술되어 있다(Inmarsat-M System Definition Manual, 1991).

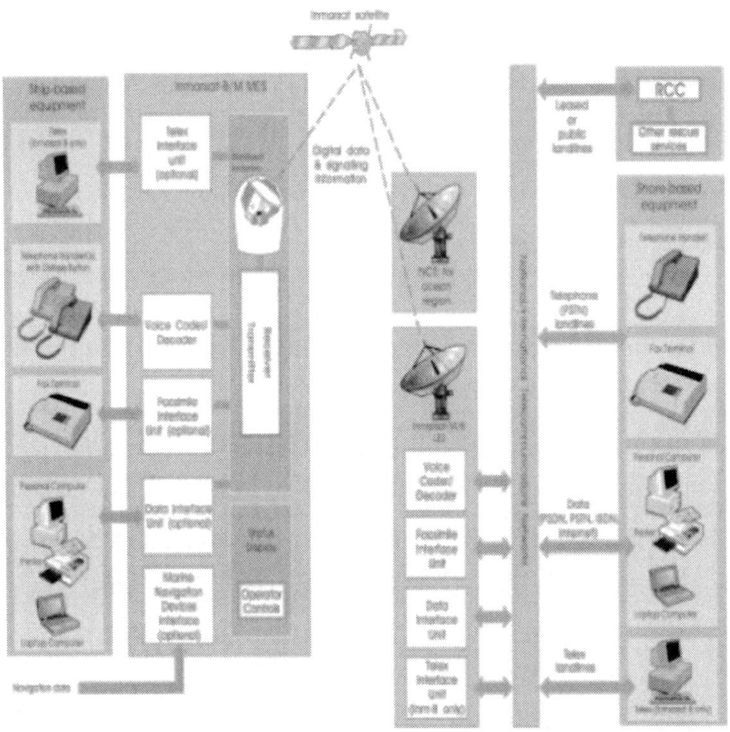

그림 5-21 Inmarsat-M의 구성도(Inmarsat Maritime Handbook, 2013)

3.5.2 Inmarsat-M의 안테나와 추적 장치

Inmarsat-M 안테나는 터미널을 해상용으로 사용할 것인지, 육상 또는 휴대용으로 사용할 것인지에 따라서 안테나가 결정된다. 해상용의 경우, 선박에 장착하는 외부 장착 장비의 구성은 근본적으로 Inmarsat-B 시스템과 유사하다.

짧은 백파이어(SBF) 안테나는 약 15 dBi의 이득을 갖는 해상용 M 터미널 안테나 중의 하나이다. 비록 SBF가 구성이 간편하고 고효율의 간편한 선박용 안테나이지만, 약 3 %의 협소한 주파수 대역폭을 갖고 있는데, 이 주파수 폭은 약 8 % 정도가 요구되는 주파수 폭을 커버하기에는 대단히 협소하다(H. W. Ehrenspeck, 1960).

이러한 단점을 보완하기 위하여 재래식 SBF 안테나의 전기특성이 개선되었는데, 기존에 사용하던 평면형 디스크 안테나를 고깔 모양 또는 계단모양의 평면형 안테나로 개선하여 작은 2차 반사파가 포함되도록 구성함으로써 성능을 개선하였다. 이러한 개선을 통해서 SBF 안테나는, 개구부 효율성이 80 % 개선되고, 주파수 밴드 폭은 전압 정재파비(voltage standing wave ratio, VSWR)가 1.5로 감소하였다(Shiokawa and Y. Karasawa, 1983).

비록 파라볼라 안테나와 SBF와 같은 개구형 안테나가 해사위성통신에 많이 사용되고 있지만, 위상 어레이 방식의 안테나 역시 간혹 Inmarsat-M 터미널에 사용된다.

4. Inmarsat-B 설치 방법

- 출처 : FURUNO(2002), Installation Manual, Inmarsat-B Mobile Earth Station, PUB.No. IME-56240-D, FURUNO ELECTRIC CO., LTD., FIRST EDITION : DEC. 2000, D : MAY 07, 2002

4.1 설치 매뉴얼 학습 목적

설치 매뉴얼의 학습 목적은, FURUNO사의 Inmarsat-B 설치 매뉴얼을 통해서 Inmarsat 구성도, Inmarsat 위성 안테나의 구조, 다양한 전기 케이블, 조난경보 전기회로 등을 이해하고, 이를 통해서 Inmarsat의 전기전자 관련 기초 지식을 도모하기 위함이다.

여기에 소개하는 설치 매뉴얼은 FELCOM 82A(Class 1)과 FELCOM 82B(Class 2)에 관한 것이다.

4.2 시스템 구성과 설명

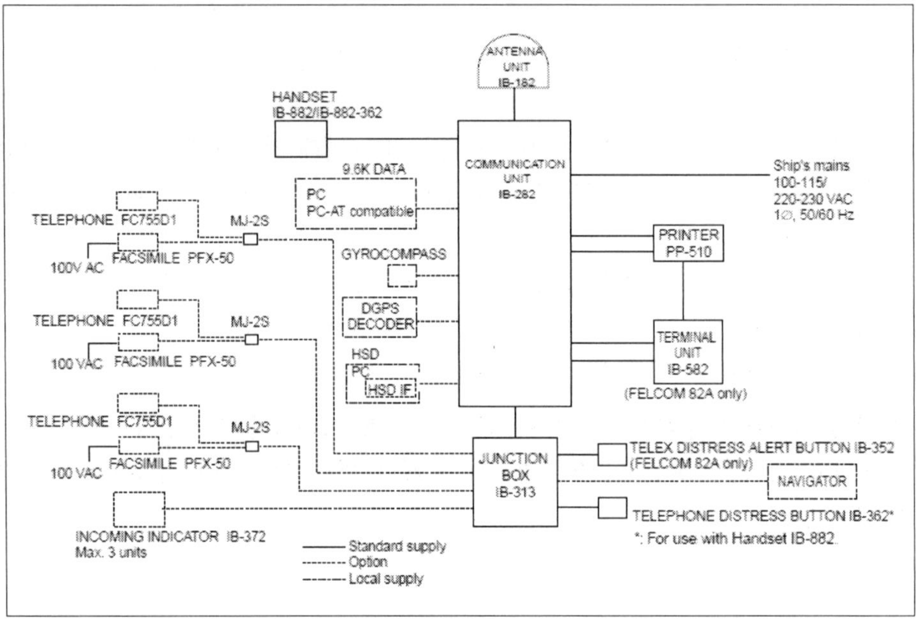

그림 5-22 FELCOM 82 Inmarsat-B 시스템의 구성도

그림 5-22의 시스템 구성도에 포함된 단위 장치들을 간략하게 설명하면 다음과 같다.

- Antenna Unit IB-182 : 위성 돔 안테나
- Communication Unit IB-282 : 주변 장치를 이용한 통신회로장치
- HANDSET : 통신을 위한 전화기의 송수화기
- 9.6 K DATA (PC, PC-AT compatible) : 9.6 kilo-byte(K) 속력을 갖는 데이터 통신장치를 의미하는 것으로, 일반 PC 또는 AT급 PD를 이용하여 구현할 수 있다. 여기서 AT는 'Advanced Technology'를 의미하고, PC-AT는 예전에 6/8 MHz의 Intel 80286 마이크로프로세서를 이

용한 구형 PC로서 현재는 자취를 감추었다.

- 선박용 전원(100-115/220-230 VAC, 1φ, 50/60 Hz) : 전압은 2가지 종류의 교류전압(VAC, Voltage of Alternate Current)을 사용할 수 있는데, 하나는 100-115 VAC이고 다른 하나는 220-230 VAC이다. 100 VAC, 220 VAC라고 하지 않고 이와 같이 여유를 두는 이유는, 유럽과 미국, 한국, 일본 등은 사용하는 전압이 약간씩 다르기 때문에 이러한 전압변동을 허용하기 위한 것이다. 1φ는 단상 전압을 의미하고, 50/60 Hz는 1초에 50 또는 60번 전압이 진동하는 주파수를 나타낸다. 주파수 역시 국가 마다 약간씩 다르기 때문에 이러한 주파수 변동을 허용하기 위하여 50 ~ 60 Hz의 주파수 범위에서 사용할 수 있다는 의미이다. 아울러, 전원은 3 가지를 사용할 수 있는데, 그림에서 실선은 표준 전원 공급선을 나타내고, 일점점선은 선택사항, 이점쇄선은 지역전원을 나타낸다.
- GYROCOMPASS : 자이로콤파스는 선박의 방위정보를 획득하기 위한 것으로, 통신 내용에 자동으로 선박 방위정보가 포함된다.
- DGPS DECODER : DGPS 복조기는 선박의 위치정보를 획득하기 위한 것으로, 통신 내용에 선박 위치가 자동으로 포함된다.
- HSD : HSD(High Speed Data)는 대용량 데이터를 고속으로 전송하기 위하여 Inmarsat-B에서 사용하는 장치이다. 아울러 DHSD(Duplex High Speed Dat)는 복신 데이터 송신에 사용하는 고속 대용량 데이터 전송장치이다.
- PRINTER TERMINAL UNIT(FELCOM 82A only) : 프린터를 사용하기 위한 단말기이다.
- TELEX DISTRESS ALERT BUTTON IB-352 : 조난 버튼은 Handset IB-882에 사용하기 위한 것으로, 항해사가 이 조난 버튼을 누르면 자동으로 조난신호가 송출된다.
- NAVIGATOR : 항해사가 Inmarsat-B에 접근하여 메세이지 가공, 조난신호 송출 등의 행위를 한다.
- TELEPHONE : 전화기는 Inmarsat-B에 3대까지 연결 가능하다.
- INCOMING INDICATOR IB-372 : 입력신호 발생 시의 표시장치이다.

다음 그림 5-23은 위의 그림 5-22의 블록선도(block diagram)를 보다 명확하게 그린 것으로 위성 레이더와 주변 장비들을 전선으로 연결하기 위한 선-연결도(wiring diagram)이다.

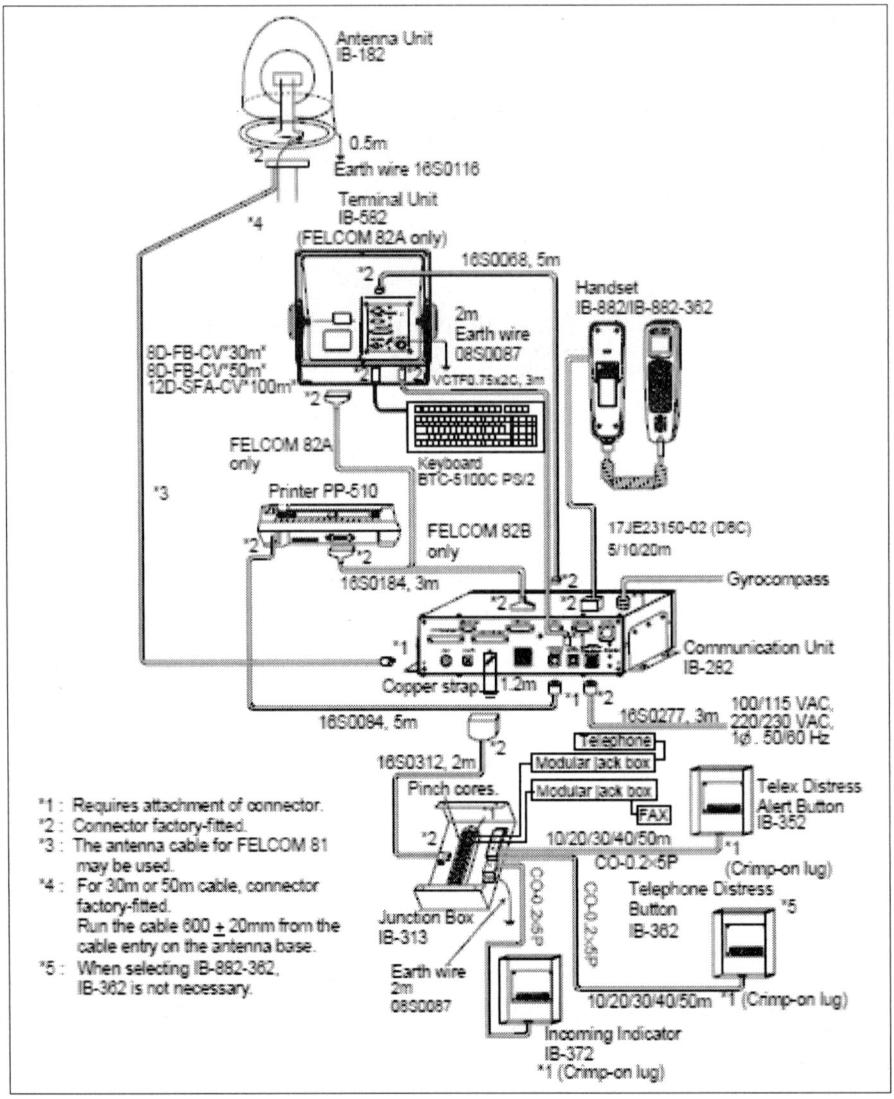

그림 5-23 장비연결을 위한 블록선도

4.3 위성 안테나의 구조 등

위성 안테나는 파라볼라 안테나를 사용하고 이 파라볼라 안테나는 안테나 제어장치를 보호하기 위하여 둥근 돔(dome)으로 보호되어 있다. 다음 그림들은 파라볼라 위성 안테나와 위성 안테나가 위성을 자동으로 추적하기 위한 제어장치를 나타낸다.

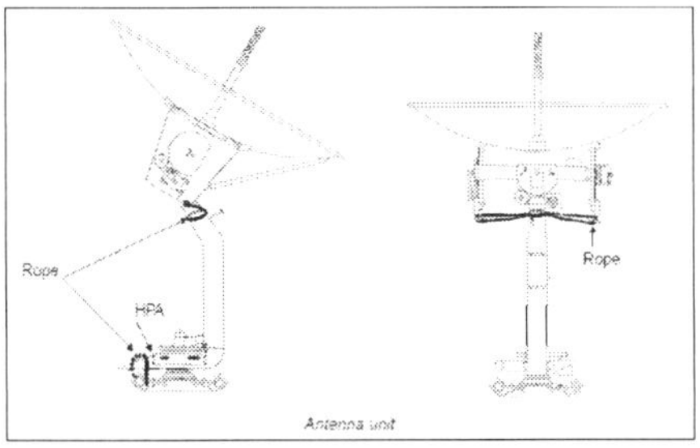

그림 5-24 파라볼라 안테나

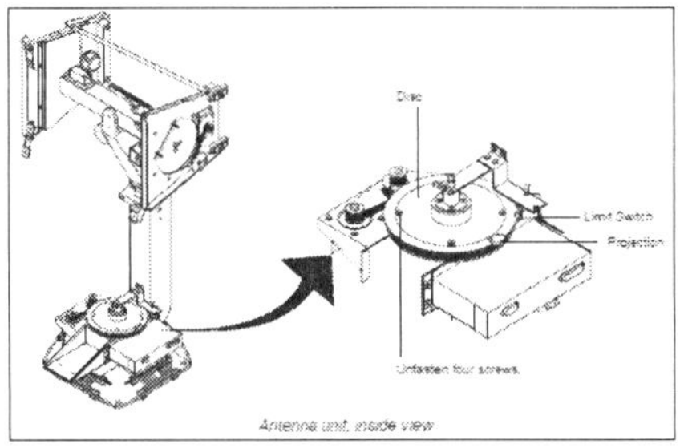

그림 5-25 제어장치

그리고 위성 안테나는 원활한 통신을 위하여 위성 안테나 빔 방향의 상하 12도 사이에 장애물이 있으면 안 된다. 레이더로부터 5 미터 이내에 장애물이 있는 경우에는 레이더 스캐너 빔 방향의 상하 30도 이내에 위성 안테나를 설치하지 말고, 5 미터 이상인 경우에는 상하 20도 사이에 위성 안테나를 설치하지 않아야 한다.

최소한 레이더로부터 위성 안테나는 5 미터 이상 이격시킬 것이 요구된다. 이러한 이유는 레이더 스캐너의 전파(9 GHz 또는 3 GHz)는 대단히 강력하기 때문에 미약한 위성 전파를 방해하기 때문이다.

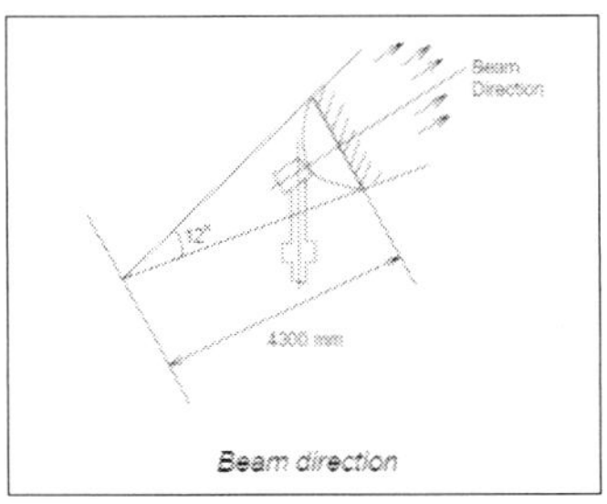

그림 5-26 안테나 빔

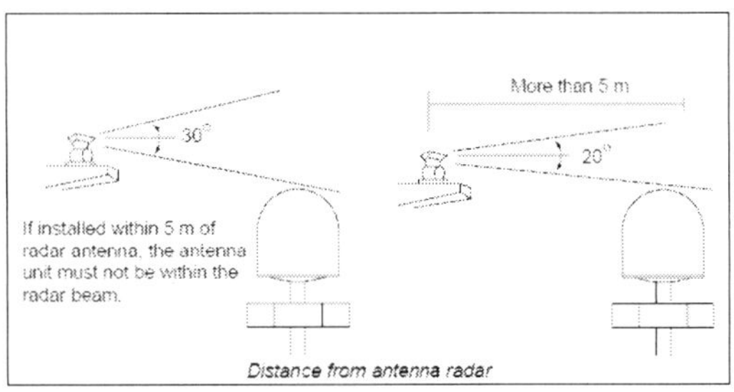

그림 5-27 레이더와 관계

4.4 안테나 케이블 연결 시 주의사항

다음 그림 5-28은 N-P-12D SFA로 불리는 안테나 케이블 연결 방법을 나타낸다. 케이블 구성과 연결 방법은 안테나 성능에 큰 영향을 미치기 때문에 항해사들은 잘 숙지해야 한다.

우선, 대부분의 전선에는 차폐 그물망(shielding shield)이 삽입되어 있는데, 이것은 전선 주위의 다양한 장치에서 야기된 잡음이 입력되지 못하도록 잡음을 차폐하기 위한 것이다. 차폐 그물망은 접지되어 있다.

케이블 연결은 대단히 중요한데, 시간 경과에 따라서 전선이나 케이블 접속 단자가 자주 부식되어 접촉이 불량한 경우가 발생한다. 이러한 경우에는 통신에 잡음이 생기거나 통신 두절 현상이 발생한다.

아울러, 케이블의 길이는 제한되어 있기 때문에 반드시 정해진 거리 이내에서 사용해야 한다. 12D-5FA-CV 안테나 케이블은 반드시 40 미터 이내에서 사용해야 한다. 아래 그림의 모든 단위는 밀리미터(mm)이다.

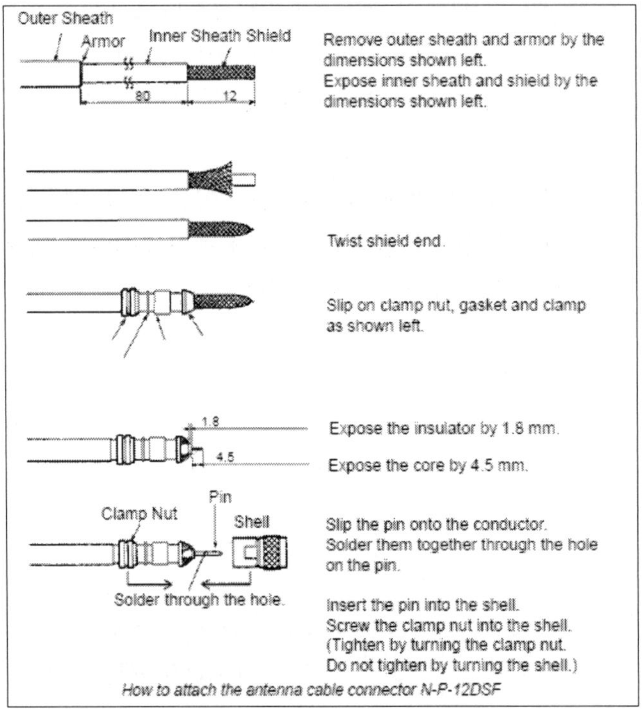

그림 5-28 동축 케이블 연결 방법

동축 케이블(Co-axial cable)의 단면은 다음 그림 5-29와 같다. 동축 케이블은 여러 층의 보호막으로 싸여 있어서, 열, 수분, 압력 등을 견뎌 내고, 더 중요한 것은 차폐되어 잡음을 억제할 수 있다.

외피에서 내부 코어로 들어가면서 설명하면 다음과 같다. Painting : 제일 겉면은 페인트로 칠해져 있다. Armor : 전기 보호 표피를 의미한다. Vinyl sheath : 비닐 보호 껍질을 의미한다. Shield : 금속 망을 이용한 전기적 차폐(잡음 제거) 용이다. Conductor : 이것이 최종적으로 전류가 흐르는 전선을 의미한다. Conductor란 전기가 흐르는 도체이다. 선(Lines)은 Conductor와 껍질이 있는 선을 의미한다.

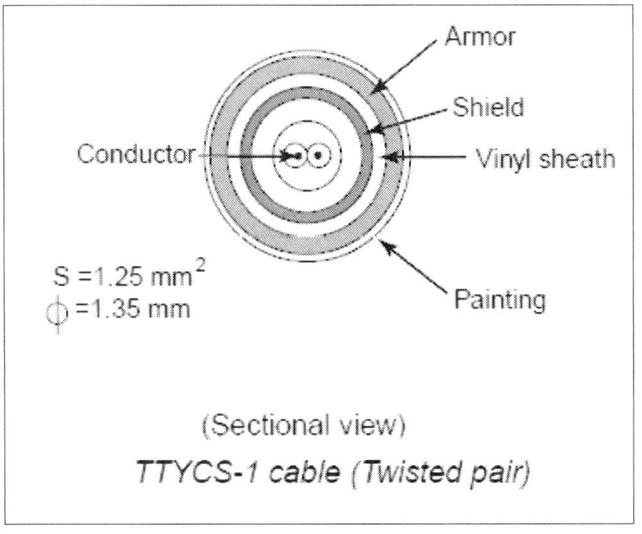

그림 5-29 동축 케이블(Co-axial Cable)

4.5 회로 연습

다음 그림 5-30은 Antenna Unit 부분 중에서 안테나 입력 부분만을 나타낸다. 안테나 유닛 회로에서 제일 중요한 것이 안테나에서 전파의 입력과 출력이다.

전류가 전파로 변환되거나 또는 전파가 전류로 변환되는 것은 우리 인류가 약 200년 간 연구한 인류 최대의 결과물이다. 이로 인해 현대 인간은 무선전화기를 이용하고, 우주선을 이용하여 천체를 관측하며, 우주에서 날아오는 다양한 전파를 수신하여 우주의 기원을 연구하고 있다.

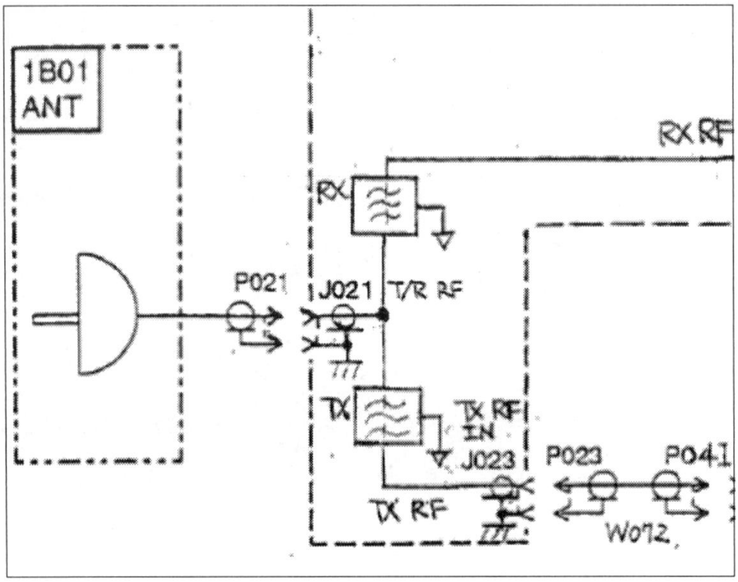

그림 5-30 안테나 유닛 중에서 안테나 입력부

그림 5-30에서 RX는 신호 수신(Receiving)을 의미하고, TX는 신호 송신(Transmitting)을 의미하며, RX RF는 수신한 무선 주파수(Receiving Radio Frequency)를 의미하고, TX RF는 송신한 무선 주파수(Transmitting Radio Frequency)를 의미한다.

여기서 안테나에 전파가 입력되면 무조건 미약한 전류로 변환된다. 여러분이 전선을 길게 하늘에 늘어트리면 어떠한 주파수인지는 몰라도 전류가 전선에 흐른다. 안테나에서 가능한 많은 전류를 모으기 위해서는 안테나 면적이 크거나 길이가 길면 된다. 마치 하늘에 날아다니는 에너지 입자를 그물로 잡아내는 것과 같은 이치이다.

안테나에 전파가 입력되면 안테나에 미약한 전자기장(electromagnetic field)이 형성되고, 안테나에 전기 에너지를 갖는 회로를 연결하여 전류가 흐를 수 있는 통로를 구축하면 전류가 회로 내부로 입력된다. 입력된 전파신호를 RX RF라 한다. 그 다음에는 RX RF에 포함된 암호를 풀면 위성에서 송신한 정보를 알 수 있다.

이러한 RX RF, TX RF를 생성하거나 입력하기 위한 기법들이 변조(modulation), 복조(demodulation), 단일 전환(Simplex), 이중 전환(Duplexer) 등이다.

다음 회로 5-31은 조난경보 표시장치에 관한 회로도로서, 2개의 LED, 1개의 버튼, 1개의 광-전 변환 소자, 1개의 부저 등으로 구성되어 있다.

조난 신호가 입력되면 경보의 종류에 따라서 2개의 LED가 점멸되고, 항해사가 버튼을 누르면 광-전 변환 소자를 통해서 조난경보가 해제된다. 여기서, 광-전 변환 소자는 광(즉, 빛)을 전기로 변환하기 위한 소자인데, 항해사가 버튼을 누르면 전기에 의해서 부저가 제어되는 것이 아니라 빛에 의해서 제어된다. 이러한 광-전 변환 소자를 이용하는 이유는, 접촉식 버튼을 이용하는 경우 불꽃(spark)이 발생하여 잡음이 발생하기 때문에 이러한 잡음을 방지하기 위한 것이다.

아울러 부저는 규정에 의거하여 시청각적으로 표시되어야함으로 LED 점멸과 함께 '삐~삐~' 하고 울리게 된다.

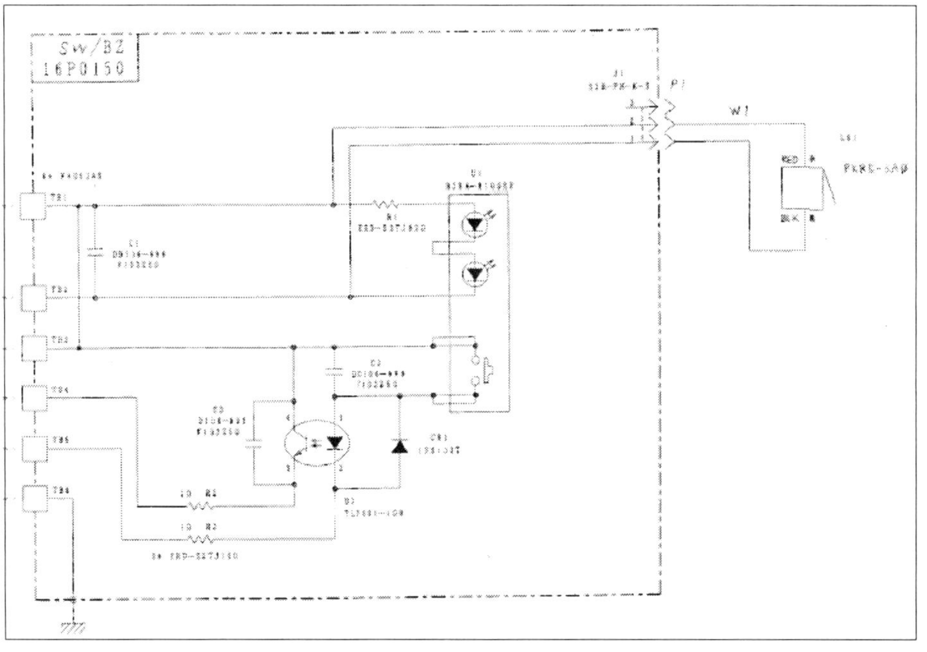

그림 5-31 조난 경보 회로 : LED와 부저

제6장 COSPAS-SARSAT 시스템

COSPAS-SARSAT는 미국과 러시아에 의해서 운용되는 수색구조 전용의 독립된 위성 시스템이다.

Inmarsat는 L-밴드 EPIRB를 이용하여 조난신호를 송출하는 반면, COSPAS-SARSAT는 406 MHz 대역의 위성 EPIRB를 이용하여 조난신호를 송출한다.

COSPAS-SARSAT는 어떠한 형태로든 조난자를 최후까지 수색하고 구조하기 위한 가장 강력한 수색구조용 위성 시스템이다.

- 저자 -

1. COSPAS-SARSAT 시스템의 개요

1.1 개요

COSPAS-SARSAT 시스템은 극궤도(near-polar orbit)를 선회하는 저고도(low-altitude) 위성을 이용하여 세계적인 감시체계를 구축한 것으로, 주요 목적은 1) 조난신호의 탐색과 2) 조난위치의 탐지에 있다. 이 시스템은 현재 세계적인 SAR 운용에 유용하게 적용되고 있다.

COSPAS-SARSAT 시스템의 특징은 다음과 같다.

1) COSPAS-SARSAT 시스템은 전 세계 해상, 항공, 육상 등 모든 지역에 대해서 수색구조(Search And Rescue, SAR)를 지원하기 위한 조난위치 통보용 비콘(beacon)이다.
2) COSPAS-SARSAT 시스템은 SAR 운용을 담당하는 전 세계 모든 관련 기관에 서비스하고 있다.
3) COSPAS-SARSAT 시스템은 위성과 121.5 MHz 또는 406 MHz로 작동하는 EPIRB로 구성되어 있다.
4) COSPAS-SARSAT 시스템의 EPIRB는 첨단 기술을 적용한 신뢰성 높은 인명구조 장비로서, 골든데이(Golden-Day)라고 불리는 시간동안에 수색과 구조를 향상시킬 수 있다. Golden-Day라는 것은 조난이 발생한 후 최초 24시간 이내를 말하는 것으로, 이 시간동안 거의 대부분 조난자들의 구조가 가능하다(Wikipedia, 2013, Golden-Day의 어원 검색결과).
5) COSPAS와 SARTSAT는 서로 다른 시스템으로, COSPAS 위성의 고도는 약 1,000 km이고, SARSAT 위성은 약 850 km이다.

여기서, COSPAS-SARSAT 용어는 다음과 같은 의미가 복합된 것이다.

- COSPAS : Space System for Search of Distress Vessels를 의미하는 것으로 조난선박의 수색을 위한 위성 시스템을 의미한다. (참고: COSPAS는 러시아 언어이기 때문에 영문 표기와 서로 다름)
- SARSAT : Search and Rescue Satellite-Aided Tracking의 약자로서 수색구조를 위한 위성지원 추적 시스템을 의미한다.

COSPAS-SARSAT는 캐나다, 프랑스, 미국, (구)소련 등의 국가들이 참여한 연합기구에 의해 구축된 인공위성 지원용 수색구조 시스템이다. 1991년 12월 26일부터 (구)소련(USSR, Union of Soviet Socialist Republics)이 IMO 회원이 되면서 IMO의 후원으로 그리고 현재의 러시아공화국(Russian Federation)에 의해서 지속 운영되고 있다. 러시아공화국이라는 명칭은 1992년 5월 러시아 연방조약에 의거하여 확정되었다(위키백과 2012, COSPAS-SARSAT 역사 검색결과).

한편, 앞에서 기술한 바와 같이 EPIRB에는, 1) Inmarsat에서 사용하는 L-밴드 위성 EPIRB와 2) COSPAS-SARSAT에서 사용하는 406 MHz 위성 EPIRB 등 2가지가 있다.

이 2가지 장비는 서로 대체하여 사용할 수 있는데, 두 가지 중 하나는 SOLAS가 적용되는 선박에 의무적으로 장착해야 한다. 따라서 만약 선박에 L-밴드 위성 EPIRB가 없는 경우에는 406 MHz 위성 EPIRB로 대체할 수 있다. 406 MHz EPIRB는 선박이 침몰하면 해면에 자동으로 떠오르는 자유부상 방식으로 제작되어 있다.

1.2 COSPAS-SARSAT의 기본 개념

그림 6-1은 COSPAS-SARSAT 시스템의 기본 개념도를 나타낸다.

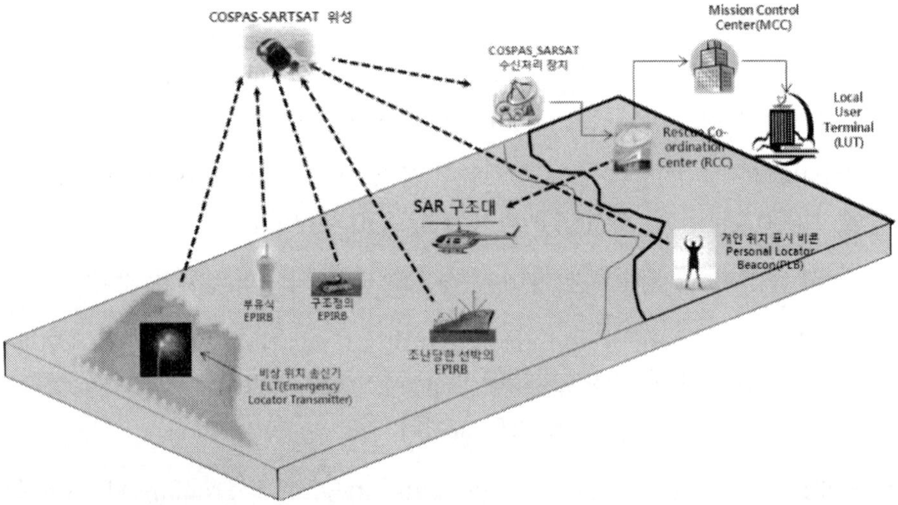

그림 6-1 COSPAS-SARSAT의 위성 EPIRB 기본 개념도

COSPAS-SARSAT 시스템의 위치식별용 비콘(Beacon)에는 다음의 3가지 종류가 있다.

① ELT(Emergency Locator Transmitter) : 항공용으로 사용

② EPIRB : 선박에서 해상용으로 사용

③ PLB (Personal Locator Beacon) : 개인 위치식별 비콘으로서 육상용으로 사용

1.2.1 조난신호 처리 순서

COSPAS-SARSAT 시스템에서의 조난신호 처리 순서는 다음과 같다.

① 위에서 설명한 3가지 비콘(Beacon)에서 송신된 조난신호는 COSPAS-SARSAT의 극궤도 저고도 위성에서 탐지된다.

② 위성에서 탐지된 신호는 육상에 있는 지역 사용자 터미널(Local User Terminal, LUT)로 전송되어 조난신호의 위치를 확정한다.

③ 그 다음에는 조난 위치와 다른 정보를 포함한 조난경보가 임무조정센터(Mission Control Center, MCC)에 보내진다.

④ MCC에서는 국가 RCC 또는 다른 MCC나 적절한 SAR 구조기관 등에 전송하여 수색구조를 실시하게 된다.

여기서 중요한 것은 EPIRB의 비콘은 일정한 주파수만 발생하는 장비로서, GPS가 포함되어 있지 않기 때문에 위치(위도, 경도)를 알 수 없다. 그래서 EPIRB 비콘은 비콘에서 출력되는 신호를 이용하여 위치를 찾는다.

EPIRB의 위치를 탐색하는 방법은 도플러 이동(Doppler shift) 원리를 이용하는데, 도플러 이동이란 위성과 비콘 사이의 상대적인 이동속도에 의해서 발생하는 주파수 차이를 의미한다.

도플러 이동 또는 원리는 간단하다. 예를 들어, 기차의 '뿌~~'하는 일정한 주파수의 기적 소리가 서 있는 사람을 지나가는 경우 '뿌~~앙~~잉~~'하고 주파수가 변한다. 이것은 기차의 기적 주파수는 변하지 않았으나 서 있는 사람과 기차 사이의 상대적인 속도와 위치에 따라서 주파수가 변하기 때문인데, 이러한 현상을 도플러 효과라고 한다.

한편, EPIRB의 비콘에서 송신된 반송 주파수(carrier frequency)는 비콘과

위성이 서로 가시거리에 있는 경우에는 대단히 안정되어 있다. 비콘용 주파수는 121.5 MHz(항공용)와 406.025 MHz(해상용)가 있는데, 406.025 MHz 비콘은 121.5 MHz 비콘과 비교하여 더 세련된 장비이다. 그 이유는 406.025 MHz에는 조난식별 코드를 갖고 덜 복잡한 구조를 갖고 있기 때문이다. 406.025 MHz는 소수점을 제외하고 간략하게 406 MHz 비콘이라 부른다.

도플러 이동을 이용한 위치 탐색에는, 극궤도(near-polar orbit)의 저고도(low-altitude) 위성을 이용하는데 그 이유는 다음과 같다.

① 저고도 위성을 이용하면 비콘과 위성 사이의 거리가 짧아지기 때문에 비콘에서 위성으로 데이터를 상향 연결하는데 필요한 전력 소모가 덜 필요하다.

② 비콘과 위성 사이의 거리가 짧기 때문에 현저한 도플러 현상이 발생한다.

③ 비콘과 위성 사이의 거리가 짧아서 성공적인 조난신호 전송이 가능하다.

④ 극궤도 위성을 이용하기 때문에 전 세계 커버가 가능하다.

한편 도플러 현상을 이용하는 경우, 하나의 비콘에 대해서 2가지 위치가 나타나는데, 1) 비콘의 진위치(true position)와 2) 지구의 자전에 따라서 위성의 지구상 위치가 변동되어 발생하는 허상위치(mirror position) 등이다.

COSPAS-SARSAT 시스템에서는 진위치를 찾기 위해서 지구의 자전을 고려하는데, 406 MHz 비콘의 경우에는 진위치를 나타내는 처음의 신호만 수신하여 위치를 확정한다. 따라서 위치확인에 다소 시간이 걸린다.

1.2.2 조난신호 전송절차

COSPAS-SARSAT 시스템은 비콘의 탐지와 위치결정을 위하여 두 가지 신호처리 방식을 적용하고 있는데, 1) 실시간 신호처리 방식, 2) 글로버 커버 신호처리 방식 등이 있다.

항공용으로 사용하는 121.5 MHz와 해상용으로 사용하는 406 MHz 모두 실시간 방식으로 작동될 수 있고, 406 MHz 만이 글로벌 커버 방식으로 작동될 수 있다. 그래서 406 MHz EPIRB는 전 세계 해상에서 사용할 수 있다.

406 MHz 실시간 신호처리 방식의 조난신호 전송절차는 다음과 같다.

① COSPAS-SARSAT 위성에서 조난신호를 수신한 즉시 실시간으로 해당 LUT(지역 사용자 터미널)에 조난신호를 전송한다.

② COSPAS-SARSAT 위성이 406 MHz 위성 EPIRB 신호를 수신하면, 도플러 이동을 측정함과 동시에 선박 정보가 포함된 비콘의 디지털 데이터를 분석한다.

③ 위성에서 수신한 정보는 위성 근처에 있는 LUT에게 실시간으로 정보를 전송함과 동시에 글로벌 커버 모드에 적용하기 위하여 위성에 있는 메모리에 연속하여 저장한다.

④ LUT에 전송한 정보에는 디지털 방식의 시간이 포함되어 있어서 조난신호의 수신 시각을 알 수 있다.

이와 같이, 406 MHz 실시간 방식은 수신한 조난 데이터를 LUT에 전송하는 방식인데, 만약 인공위성 부근에 적절한 LUT가 없으면 실시간으로 데이터를 전송할 수 없다. 그래서 위성에 데이터를 연속 저장한 후, 적절한 LUT가 나타나면 데이터를 전송한다. 이 방식을 406 MHz 글로벌 전송 방식이라 한다. 글로벌 전송 방식을 이용하면 비콘과 가장 가까운 곳에 있는 LUT에 조난 데이터를 확실하게 전송할 수 있다.

1.3 406 MHz 위성 EPIRB

해상용 406 MHz 위성 EPIRB는 항공용 121.5 MHz 시스템의 단점을 보완하기 위하여 개발한 것으로, 다음과 같은 특징을 갖는다.

① 해상용 406 MHz 위성 EPIRB는 도플러 효과를 이용하기 때문에 항공용 121.5 MHz와 비교하여 위치 정확도를 개선할 수 있다.

② 해상용 406 MHz 위성 EPIRB는 위치측정 시 발생하는 진위치와 허상위치에 대한 불확실성을 해소할 수 있다.

③ 해상용 406 MHz 위성 EPIRB는 다수의 비콘에서 송신한 데이터를 위성에서 동시에 처리할 수 있어서 시스템 능력이 증대되었다.

④ 해상용 406 MHz 위성 EPIRB는 글로벌 커버 모드 지원이 가능하기 때문에 전 세계 해역에서 사용 가능하고, 조난위치 근처에 있는 LUT에 조난신호를 확실하게 전송할 수 있다.

⑤ 해상용 406 MHz 위성 EPIRB는 비콘의 정체를 확실하게 파악할 수 있고, 조난 정보를 포함할 수 있다.

⑥ 해상용 406 MHz 위성 EPIRB는 5 Watt 무선통신을 이용하여 50 초마다 약 0.5 초 간격으로 조난신호를 반복 송신할 수 있다.

⑦ 해상용 406 MHz 위성 EPIRB는 주파수가 대단히 안정되어 있기 때문에 위치 정확도가 높고, 높은 출력을 갖기 때문에 위성에서 탐지될 확률이 크다.

⑧ 해상용 406 MHz 위성 EPIRB는 데이터 전송 반복주기(duty cycle)가 낮기 때문에 다중 처리가 가능한데, 위성에서 90개의 비콘을 동시에 포착할 수 있고, 평균전력 소모가 적다.

반면, 해상용 406 MHz 위성 EPIRB는 Inmarsat L-밴드 EPIRB와 비교하면 다음과 같은 단점이 있다.

① 해상용 406 MHz 위성 EPIRB는 Inmarsat L-밴드 EPIRB와 비교하면, 위성이 지구궤도를 선회하는데 걸리는 시간과 위성 수, 데이터 전송 반복주기 등이 낮기 때문에 조난신호의 즉시 획득은 불가능하다.

② 새로 개발된 L-밴드 위성 EPIRB의 경우에는 디지털로 변환된 메세이지가 포함되어 있는데, 이 메세이지에는 조난 위치의 국가, 선박이나 항공기의 정체, 조난의 속성 등이 포함되어 있다. 그러나 해상용 406 MHz 위성 EPIRB에는 이러한 정보가 포함되어 있지 않다.

③ L-밴드 위성 EPIRB에는 해상위치 프로토콜(ITU-R M.633)에 의거하여 항해장비에서 획득한 선박 위치가 포함되어 있다. 그러나 해상용 406 MHz 위성 EPIRB에는 이러한 정보가 포함되어 있지 않다.

④ L-밴드 위성 EPIRB는 121.5 MHz와 406 MHz 등 이중 주파수를 사용하기 때문에 수색구조에 유용하게 사용할 수 있는데, 121.5 MHz를 이용하여 조난 위치 방향 쪽으로 이동할 수 있고(이를 homing이라 함), 항공기에 의한 항공감시가 가능하다. 그러나 해상용 406 MHz 위성 EPIRB는 불가능하다.

1.4 COSPAS-SARSAT 위성의 통신방식

COSPAS-SARSAT 위성에 장착된 수색구조 설비들은 다음과 같은 방식으로 운용된다.

① 실시간 방식의 경우 : 121.5 MHz 리피터(repeater), 406.025 MHz 데이터 처리와 하향 연결(Down Link)

② 글로벌 커버 방식의 경우 : 406.025 MHz 저장 데이터 전송

그리고 위성에 장착된 장비들은 다음과 같은 기본적인 부가장비들로 구성되어 있다.

① 121.5 MHz 수신기

② 406.025 MHz 수신기와 처리장치 및 메모리

③ 1544.5 MHz 하향 연결(Down Link) 전송기

여기서, 해상용 406 MHz 위성 EPIRB는 406.025 MHz로 조난신호를 수신한 후 이 신호를 다시 1544.5 MHz로 변환시켜서 육상의 LUT로 전송함에 주의해야 한다.

이와 같이 수신과 송신 주파수가 다른 이유는, 일단, 수신과 송신 데이터의 충돌을 피하기 위함인데, 이러한 이유 보다는 주파수의 높고 낮음에 따른 환경의 영향이 대단히 크고, 다수 비콘의 탐지, 수신한 조난신호를 먼 거리에 있는 LUT로 전송, 비콘과 위성 사이의 거리 등을 고려하기 위하여 수신과 송신 주파수를 달리하는 것이다.

1.4.1 121.5 MHz 수신기

COSPAS-SARSAT 위성에 장착된 121.5 MHz 수신기는 25 kHz의 밴드-폭(bandwidth)을 갖고, 자동 레벨 제어(Automatic Level Control, ALC)를 내장하고 있기 때문에 수신기 출력 레벨을 안정화 시킬 수 있다.

밴드-폭이란, 신호의 최고 주파수와 최저 주파수 사이의 차이를 의미하고, 통신에서는 정보전송 능력을 의미한다. 그리고 자동 레벨 제어(ALC)는 신호가 불필요하게 크거나 반대로 작은 경우 자동으로 적정한 크기의 신호로 조정하는 기능을 의미한다.

1.4.2 406.035 MHz 수신기와 처리장치

COSPAS-SARSAT 위성에 장착된 406.035 MHz(즉, 상기 406 MHz를 의미함) 수신기와 처리장치는 다음과 같은 기능을 갖고 있다.

1) 우선, 비콘에서 수신한 디지털 메세이지를 복조(demodulation)한다. 여기서, 복조란 것은 변조(modulation)된 신호를 재생하는 것이다. 조난신호는

0과 1로 구성된 디지털 정보를 포함하고 있다. 이 디지털 조난신호를 위성으로 송신하기 위해서는 전파를 이용해야 하는데, 이러한 전파를 반송파(carrier frequency)라 한다. 이와 같이 0과 1로 구성된 디지털 신호를 406 MHz 전파로 바꾸는 방법이 바로 변조이다. 즉, 0,1,1,1,1,0,0,1,1 등의 디지털 신호를 406 MHz의 주파수에 혼합시켜서 전송하면 멀리 전송할 수 있는데, 이 때 0,1,1,1,1,0,0,1,1 등의 디지털 신호는 보이지 않고, 합성된 전파가 출력된다. 이 합성된 전파를 위성에서 다시 406 MHz 전파를 제거하면, 0,1,1,1,1,0,0,1,1 등의 디지털 신호가 나타나는데 이를 복조라 한다.

2) 다음에는 수신한 주파수를 측정하는데, 도플러 이동을 이용하여 EPIRB의 위치를 찾기 위한 것이다.

3) 그리고 도플러 측정 시간을 표시하여, 위성에서 어느 시간에 측정한 것인지를 나타낸다. 이러한 시간을 알아야만 조난 시간부터 얼마만큼 시간이 경과되었는지 알 수 있고, 이로부터 SAR의 수색 범위를 확정할 수 있다.

4) 위와 같은 출력 신호 프레임(frame)에 포함된 모든 데이터는, 위성에서 LUT로의 down-link를 위해서 다시 변조된다.

5) 변조된 신호 프레임은 2,400 bit/second(bps)의 속도로 그리고 실시간으로 LUT로 전송되고, 향후 406 MHz 위성 EPIRB의 글로벌 커버 방식에 적용하기 위하여 메모리에 저장된다. 여기서, 프레임이란 것은 데이터 형태별로 블록 단위로 모아서 나타낸 데이터의 집합을 의미한다. 예를 들어, Inmarsat의 L-밴드 위성 EPIRB의 송출 메세이지의 경우, 동기부호 20 bit, 선명/시각/위도/경도 등의 데이터 100 bit, 오류 정정부호 40 bit로 전송 되고, 비트의 전송속도는 32 bps이기 때문에 1개의 메세이지(즉, 1 프레임 길이)를 보내는 데 5 초가 걸린다. 즉, 20 bit + 100 bit + 40 bit = 160 bit 이므로 160 bit / 32 bps = 5 초.

6) 글로벌 커버 방식에서는 데이터를 저장하고 있다가 조난위치 근처의 LUT가 탐색되면 LUT 쪽으로 데이터를 전송한다.

7) 한편, 데이터를 메모리에 저장하고 있는 동안에 새로운 비콘 신호가 입력되면 저장 작업이 중지되면서 새로운 비콘 신호를 저장한다. 따라서 기존 데이터와 새로운 데이터가 혼합되어 혼란을 야기할 수 있는데, 이를 위하여 모든 데이터의 앞에는 어떠한 비콘에서 송신된 데이터인지를 나타내는 식별부호가 첨가되어 있다. 예를 들어 1개의 프레임에는 반드시 어떠한 비콘의 데이터인지를 나타내는 식별 부호(예, 선명, 시각, 위도, 경도 등)가 기록되고, 이러한 식

별 부호에 이어서 데이터를 연속하여 저장한다. 이러한 이유 때문에 데이터를 다음과 같은 프레임 단위로 저장한다.

(프레임의 예)

- Frame 1 : 동기부호 20 bit + 선명/시각/위도/경도 등의 데이터 100bit + 오류 정정부호 40 bit
- Frame 2 : 동기부호 20 bit + 선명/시각/위도/경도 등의 데이터 100bit + 오류 정정부호 40 bit

.... (중략)

- Frame n : 동기부호 20 bit + 선명/시각/위도/경도 등의 데이터 100bit + 오류 정정부호 40 bit

1.4.3 1544.5 MHz 하향 연결 송신기

COSPAS-SARSAT 위성에 내장된 1544.5 MHz 송신기는 406 MHz 수신기와 처리장치에서 출력된 데이터를 수신한 후 육상 LUT 쪽으로 데이터를 전송하기 위한 송신기이다. 송신 절차는 다음과 같다.

1) 406 MHz 수신기와 처리장치에서 출력된 데이터를 LUT로 전송하기 위한 신호의 크기를 육상 LUT의 명령에 따라서 적절한 수준의 크기로 조절한다. 이와 같이 조절하는 이유는, 신호 강도가 너무 작으면 육상으로의 신호전송이 불가능하기 때문이다. 이를 위해서 앞에서 설명한 자동 레벨 제어장치(Automatic Level Control, ALC)를 사용한다.

2) 다음에는 디지털 신호를 저주파수의 반송파를 이용하여 위상 변조시킨다. 여기서 변조에 더하여 위상이란 용어가 붙은 것은 다양한 변조방식이 있는데, 그 중에서 위상을 변화시킨 변조방식을 의미한다.

3) 위상 변조된 신호를 다시 1544.5 MHz와 혼합시켜서 1544.5 MHz의 down-link 신호로 바꾼다.

4) 1544.5 MHz 신호를 증폭시켜서 down-link 안테나를 구동시킨다. 안테나 구동이란 의미는 안테나에 1544.5 MHz 신호가 포함된 전류를 흘려서 전파로 변환시키기 위한 작업을 의미한다.

5) 최종적으로 안테나에서 1544.5 MHz의 전파를 LUT로 송출한다. 이 전파가 적절한 LUT에 전송되어 최종적으로 조난경보를 발생시킨다.

1.5 COSPAS-SARSAT 시스템에서의 LUT와 MCC

1.5.1 LUT와 MCC의 의미

COSPAS-SARSAT 시스템에서는 LUT와 MCC를 통해서 조난당한 선박에서 송출한 위성 EPIRB의 비콘 정보를 처리한 후 수색구조를 전개하게 된다.

지역 사용자 터미널(Local User Terminal, LUT)은 COSPAS-SARSAT 위성에서 송신한 조난 데이터를 수신하는 장치 또는 단말기를 의미한다.

그리고 임무조정센터(Mission Contorl Center, MCC)는 수색구조를 위하여 최적의 RCC를 할당하거나 다른 MCC 또는 적절한 SAR 구조기관 등을 할당하여 최종적으로 수색구조를 실시하는 센터를 의미한다. 우리나라에서는 해양경찰에서 담당하고 있다.

이러한 COSPAS-SARSAT 시스템에서 LUT와 MCC를 통한 수색구조 조직은 Inmarsat L-밴드 EPIRB 와는 약간 다른 조직을 갖고 있음에 주의해야 한다. 단, 최종 수색구조를 담당하는 RCC와 SAR 조직은 COSPAS-SARSAT와 Inmarsat L-밴드 EPIRB가 동일하다.

그림 6-2 LUT와 MCC의 예(목포항 VTS 모습으로 대체한 것임)

1.5.2 지역사용자 터미널

지역 사용자 터미널(LUT)은 국가마다 설비된 장비 또는 조직 환경이 다르기 때문에 이러한 다양한 환경을 고려해야 한다. COSPAS와 SARSAT 위성의 down-link 신호 형태는 다양한 상황을 고려하여 최적으로 구성한 것이기 때문에 세계적으로 활용될 수 있다. LUT에는 121.5 MHz와 406 MHz 양쪽을 처리하는 LUT가 있고, 406 MHz만 처리하는 LUT가 있다.

그림 6-3은 COSPAS-SARSAT의 전형적인 LUT에서의 신호처리 블록선도를 나타낸다.

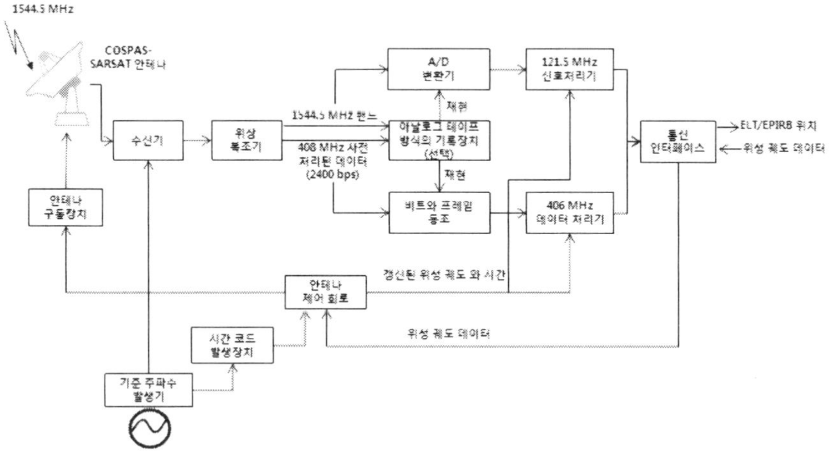

그림 6-3 COSPAS-SARSAT LUT 기능 블록도의 예

그림 6-3에 나타낸 신호처리 절차를 설명하면 다음과 같다.

① 수신 안테나와 수신 시스템에서 신호를 수신한 후, 중간주파수(Intermediate Frequency, IF)로 변환시키고,

② 이를 다시 복합적인 기저대역 스펙트럼(baseband spectrum)을 생성하기 위해서 선형적으로 복조(demodulation)시킨다.

③ 복합적인 기저대역 스펙트럼을 다시 필터링하여 관련된 밴드별로 분리한다.

④ 각 밴드별 신호는 처리과정 중의 오류 발생을 대비하여 대용량의 테이프(tape) 형태 아날로그 저장장치 또는 다른 저장장치를 이용하여 선택적으로 저장한다.

위의 그림 6-3에 나타낸 각 단위 블록은 다음과 같은 기능을 담당한다.

① 안테나 : 위성에서 송출한 1544.5 MHz의 down-link 신호를 수신하는 안테나로서, 일반적으로 거대한 파라볼라 안테나를 사용한다. 우리나라의 경우 서해, 동해, 남해 해양경찰서에 이러한 거대한 파라볼라 안테나가 설치되어 있는 모습을 볼 수 있다.

② 안테나 구동장치 : 극궤도를 돌고 있는 위성이 육상 LUT의 가시범위에 들어오는 경우, 위성을 지속적으로 추적하기 위한 추적 장치이다. 자전하는 지구에서 위성은 극궤도를 돌기 때문에 한 지역에서 위성이 가시범위에 들어오는 시간은 정해져 있다. 즉, 지구자전과 위성의 이동 때문에 위성이 수평면 위에 나타난 후 다시 수평면 아래로 내려가는 시간동안 지구상 한 지역에서 위성을 포착할 수 있는 시간이 정해져 있다. 그래서 이러한 안테나 구동장치를 이용하여 위성을 해당시간에 정확하게 포착하는 것이다. 이를 위해서는 사전에 위성 궤도와 위성이 나타나는 시각을 각 지역마다 알고 있어야 한다. Inmarsat의 경우에도 마찬가지로 이러한 안테나 구동장치를 이용하여 Inmarsat 위성을 추적한다.

③ 수신기 : 표준 주파수를 이용하여 위성에서 송출한 1544.5 MHz의 신호를 수신하는 장치이다.

④ 위상 복조기 : COSPAS-SARSAT 위성에서 위상 변조시킨 신호를 다시 복조하는 장치이다. 위상 복조기를 거치면 원래 위성에서 처리했던 신호가 복원된다.

⑤ 아날로그-디지털 변환기 : 위상 복조기에서 출력된 신호는 아날로그 신호이기 때문에 컴퓨터에서 처리하기 위해서는 디지털 신호로 변환시켜야 한다. 이 변환기는 121.5 MHz 위성 EPIRB를 위한 것으로서 디지털 신호로 변환된 신호는 아날로그-디지털 변환기의 후단에 연결된 121.5 MHz 신호처리장치로 전송된다.

⑥ 아날로그 테이프 기록기 : 처리과정 중의 오류를 대비하여 위상 복조기에서 출력된 데이터를 저장한다.

⑦ 비트와 프레임 동조기 : 프레임 마다 저장된 복잡한 데이터를 질서정연하게 획득하기 위하여 COSPAS-SARSAT 위성에서 사용한 비트와 프레임에 동조된 신호를 획득하기 위한 장치이다. 획득한 비트와 프레임 정보는 406 MHz 데이터 프로세서에 전달된다.

⑧ 406 MHz 데이터 프로세서 : 이 프로세서에서는 제어장치에서 출력되는 새로운 위성 궤도와 시간 정보를 이용하여 406 MHz 위성 EPIRB에서 전송한 원래의 데이터를 복구시킨다.

⑨ 통신 인터페이스 : 406 MHz 위성 EPIRB의 위치 정보를 출력하고 반대로 위성궤도 정보를 수작업으로 입력하기 위한 단말기이다. 여기에 입력된 위성궤도 정보는 제어장치에 입력되고, 출력된 위치 정보는 MCC 또는 RCC로 전송된다.

⑩ 제어장치 : 통신 인터페이스에서 입력된 위성궤도 정보와 시간코드 발생기에서 발생한 신호를 이용하여 현재 가시범위에 들어온 위성을 추적하기 위한 제어신호를 발생하기 위한 장치이다.

⑪ 시간 코드 발생기 : LUT의 기준 시간을 생성하기 위한 장치이다.

⑫ 표준 주파수 : LUT에서 사용하는 표준 주파수 생성 장치이다.

1.5.3 임무조정센터

국가마다 LUT와 임무조정센터(MCC)를 함께 두거나, LUT는 산 정상에 두고 멀리 떨어진 도시에 MCC를 설치하는 경우도 있다. 여기서, LUT는 하나의 시스템이고, MCC는 인원과 조직이 구성된 사무실로 생각하면 된다.

그림 6-4는 MCC의 주요 기능을 나타낸다. MCC는 LUT와 다른 MCC에서 송신한 데이터를 수집, 저장, 분류하여 SAR 네트워크에 데이터를 제공한다. MCC에서 처리하는 데이터는 다음과 같이 구성되어 있다.

1) EPIRB 경보 데이터 : 이 데이터는 EPIRB 정보로부터 추출한 COSPAS-SARSAT의 121.5 MHz와 406 MHz 데이터를 의미한다. 경보 데이터에는 비콘 위치가 포함되어 있는데, 특히 406 MHz 위성 EPIRB의 경우에는 비콘을 식별하기 위한 비콘 정체 데이터와 다른 코드화된 정보가 추가로 포함되어 있다.

2) COSPAS-SARSAT 시스템 정보 : 이 정보는 COSPAS-SARSAT 시스템의 효율적인 운용유지를 위한 목적으로 사용된다. 또한, 사용자에게 정확하고 시기적절한 경보 데이터를 제공하기 위한 목적으로 사용된다. 이 정보에는 비콘 위치 결정에 사용되는 천문(ephemeris) 보정과 시간 보정용 데이터로 구성되고, 부가 시스템의 상태와 COSPAS-SARSAT 시스템 운용에 필요한 협조 메세이지

로 구성되어 있다. 여기서 천문(ephemeris) 보정이란, 하늘(즉, 천문)에 있는 위성의 위치와 지구자전 사이의 다양한 정보를 보정한다는 의미이다.

COSPAS 임무조정센터(CMC)는 모스크바에 있는데, CMC에서는 모든 COSPAS 행동에 대해서 조정하고 SARSAT 시스템과의 상호연계를 위하여 SARSAT의 MCC와 연계되어 있다.

그리고 CMC에서는 COSPAS 위성 천문 데이터를 계산한 후 다른 MCC와 LUT에 전송한다. 또한, SARSAT MCC에서 수신한 SARSAT 천문 보정과 시간 보정 데이터를 수신하고 처리하여 COSPAS의 MCC와 LUT에 송신한다.

이와 같이 COSPAS의 CMC와 SARSAT의 MCC는 서로 연계하여 협조하면서 통합된 COSPAS-SARSAT 이라는 시스템을 관할하고 있다.

한편 미국에 있는 MCC(USMCC)는 SARSAR 위성 시스템을 관할하면서 조정하고 있다. USMCC에서는 LUT에 저장된 데이터를 이용하여 406 MHz 위성 EPIRB의 위치를 계산하고, SARSAT 406 MHz 데이터 사용에 필요한 시간 보정 데이터를 처리한 후 다른 MCC에 전달한다. USMCC는 SARSAT 시스템과 다른 CMC 사이의 시스템 운용에 관한 주 연락기관이다.

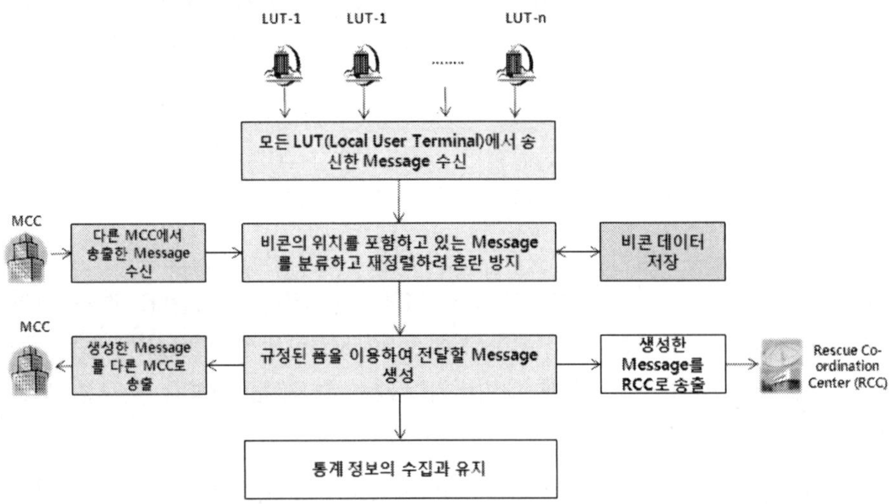

그림 6-4 MCC의 기능

1.6 위성 EPIRB 시스템 성능

다음의 파라미터들은 COSPAS-SARAT 운용자들에게 대단히 중요하다.

① EPIRB 탐지 확률 : 406 MHz 위성 EPIRB에 대한 탐지확률은 처음 포착한 위성으로부터 코드가 보호된 데이터 프레임에서 최소한 하나의 메세이지를 정확하게 LUT에서 탐지할 확률로 정의된다.

② EPIRB 위치 결정 확률 : 406 MHz 위성 EPIRB에 대한 위치결정 확률은, 하나의 위성이 통과하는 시간동안 LUT에서 도플러 이동을 추정할 수 있는 최소한 4개의 개별 메세이지를 검출하고 해석할 수 있는 확률로 정의된다. LUT에서 EPIRB의 도플러 이동을 추정하기 위해서는 하나의 위성이 통과하는 시간동안 최소한 4개의 개별 메세이지가 필요하다. 그리고 EPIRB는 일정한 반복주기로 조난신호를 발생하기 때문에 위성에서는 하나의 EPIRB로부터 다수의 소난신호틀 받고 있나.

③ EPIRB 위치 오차 : 위치 오차는 실제 EPIRB의 위치와 측정한 도플러 주파수를 이용하여 시스템에서 계산한 위치 사이의 오차로 정의된다.

④ EPIRB의 진위치와 허상위치를 해결할 수 있는 확률 : 허상위치보다는 진위치를 선택할 수 있는 능력으로 정의된다.

⑤ 처리능력 : 항공기의 관점에서 동시에 처리할 수 있는 EPIRB의 수로 정의된다.

⑥ 커버 범위 : COSPAS-SARSAT 범위는 위도 북위 70도 ~ 남위 70도 사이인데, 실시간 방식과 글로벌 커버 방식에 따라서 커버 범위는 달라진다.

⑦ 통지시간 : EPIRB가 처음 작동하여 조난신호를 송신한 시간부터 적절한 RCC에 의하여 조난 메세이지가 수신될 때까지의 시간으로 정의된다.

1.7 COSPAS-SARSAT 작동 절차

여기서는 경보 네이터와 시스템 정보 등 2가지 징보에 대한 직동 절차에 대해서 기술한다. 경보 데이터 사용자는 SAR 운영을 담당하는 자로 정의되고, 시스템 정보 사용자는 주로 COSPAS-SARSAT 시스템에 관해서 기술적으로 담당하는 주요 기관을 나타낸다.

1.7.1 경보 데이터 작동절차

경보 데이터는 2가지 종류가 있다. 하나는 비콘에서 송출한 코드화된 데이터이고, 다른 하나는 LUT와 MCC에서 만든 경보 메세이지이다. 경보 데이터 작동절차는 다음과 같다.

1) EPIRB에서 송출한 조난신호는 경보 메세이지를 생성하는 초기 트리거(trigger) 신호가 된다. 한번 EPIRB에서 송출한 메세이지가 LUT에 입력되어 처리되면 경보 데이터가 국가 MCC에 전송된다.

2) 각 MCC에서 경보 데이터를 확산시키는데, 방법은 MCC 자체의 요구사항과 해당 서비스 해역에서 조난 데이터 수용에 동의한 해당 국가에서 정해진 절차에 의거하여 확산시킨다.

3) 경보 데이터는 SAR 관계기관에 보내져서 즉시 수색구조를 진행한다. 또한, 자기와 다른 MCC 서비스 해역에서 수신한 EPIRB 조난경보를 수신한 MCC에서는 적절한 해당 MCC 또는 SAR에 경보 정보를 중계해야 한다.

1.7.2 시스템 정보 작동절차

시스템 정보는 5가지 형태의 메세이지로 구분할 수 있는데, 1) 천문 메세이지, 2) 시간 보정 메세이지, 3) 원격 데이터, 4) 위성 제어 메세이지, 5) 조정 메세이지 등이다.

1) 천문 메세이지 또는 궤도 벡터 정보는 위성을 추적하고 획득하는데 사용하고, EPIB 위치를 계산하는데 사용한다.

2) 시간 보정 메세이지는 EPIRB의 정확한 위치를 결정하는데 사용한다.

3) 원격 데이터는 위성에 장착한 SAR 장치들의 상태에 관한 정보이다.

4) 위성 제어 메세이지는 위성의 고장이나 작동불량 등을 수정하기 위한 정보이다.

5) 조정 메세이지는 COSPAS-SARSAT 시스템 운용에 필요한 일반 정보 통신에 사용하기 위한 것이다.

1.7.3 통신 네트워크와 메세이지의 형식

각 MCC는 경보 데이터와 시스템 정보를 통신 네트워크의 요구사항과 절차를 고려하여 해당 서비스 영역 내에 있는 다양한 관련 시스템으로 전송한다.

MCC와 MCC 사이에서의 메세이지는 자동 송신과 재송신이 가능한 형식으로 보내진다. 반면, MCC들과 MCC에 해당하는 LUT에서는 국제 요구사항에 명시된 표준 메세이지 형식으로 전송한다. 이러한 표준 메세이지 형식은 RCC와 COSPAS-SARSAT 이외의 기관으로 메세이지를 전송하기 위하여 사용된다.

2. 실제 COSPAS-SARSAT 위성 EPIRB 분석

- 출처 : JRC(2012), Catalogue for EPIRB JQE-103, Japan Radio Co., Ltd., (Web: : http://www.jrceurope.com/Products/Navigation/20/EPIRB/30/JQE-103/Features,Access dated: 2012.12.29)

2.1 개요

본 절에서는 COSPAS-SARSAT 위성 EPIRB 중에서 JRC에서 제작한 모델 JQE-103의 카탈로그를 통해서 적용되는 원리와 기능 등을 설명한다. 이러한 카탈로그는 장비의 유지 보수와 수리에 필요한 정보를 갖고 있기 때문에 장비 사용자는 영문 카탈로그의 올바른 해석이 요구된다.

특히 카탈로그에는 앞 장에서 학습한 각종 무선통신공학 이론과 안테나 이론 및 평가 성능 지표가 수록되어 있다. 특히, 평가 성능 지표의 의미는 위성 EPIRB의 원활한 성능 유지와 보수 및 운용에 중요하다.

2.2 특징

- The JQE-103, a highly reliable life-saving compact float-free satellite EPIRB incorporates new advancements in technology, enhancing search and rescue within 'the golden day'
  (해석) 모델 JQE-103의 EPIRB는 최근의 첨단 기술을 적용한 자유부상 방식의 신뢰성 높은 인명구조 장비로서, Golden-Day라고 불리는 시간동안에

수색과 구조를 향상시킬 수 있다.

2.2.1 위성 EPIRB Satellite EPRIB

- The satellite EPIRB will be automatically released from its float -free bracket when subjected to water pressure at less than 4-meter depth, and will float up to the surface. Upon contact with seawater, it will activate itself and transmit emergency signals for at least 48 hours, coinciding with a repeated flashing light. The emergency transmission includes a digitally encoded message, containing ship's position, identity and nationality. The COSPAS/SARSAT satellite forwards this signal to a Local User Terminal (LUT), where the information will be deciphered and transferred to the closest Rescue Coordination Centre (RCC), thereby enabling an immediate response for search and rescue (SAR) efforts.

(해석) 위성 EPIRB는 최소 4 미터 수심의 수압에 의해서 자유부상선반에서 자동으로 이탈하여 수면으로 떠오른다. EPIRB에 해수가 유입되면 자동으로 작동하여 최소 48시간 동안 번쩍이는 플래쉬(flash) 빛과 함께 조난신호를 송신한다. 조난신호의 내용에는 디지털 방식으로 변환된 메세이지로서 선박 정보, 선박의 정체, 선박의 국적 등이 포함된다. COSPAS/SARSAT 위성은 이 조난신호를 지역사용자 터미널(LUT)로 전송하고, LUT에서는 디지털 방식으로 변환된 메세이지를 해독한 후 인근 구조조정센터(RCC)로 전송한다. 이러한 과정을 통해서 즉각적인 수색구조(SAR)가 이루어진다.

그림 6-5
JRC의 위성 EPIRB 외관

2.2.2 비상 전송 Emergency transmissions

- To comply with GMDSS regulations vessels must carry a satellite EPIRB. During critical situations the EPIRB will be released and

activated, either automatically or manually. Once activated, the EPIRB will transmit vessel specific information on 406MHz that is passed, via satellite, to the RCC. This information is used to commence SAR operations and with search aircraft monitoring the 121.5MHz transmissions enables the EPIRB to be located.
(해석) 선박은 GMDSS 규정을 준수하기 위해서 EPIRB를 탑재해야한다. 비상상황에서 EPIRB는 수동으로 또는 자동으로 자유부상 선반에서 이탈하여 작동한다. 한번 작동하면, EPIRB는 406 MHz를 이용하여 선박의 상세한 정보를 전송하고, 이 정보는 위성을 경유하여 해당 RCC에 전달된다. 이 정보를 통해서 수색구조(SAR)의 가동이 시작되고, 수색 항공기에서는 121.5 MHz 전송을 모니터링하여 EPIRB 위치를 확인할 수 있다.

2.2.3 공간의 효율적인 사용을 위한 설계 Space saving, robust design

- The JQE-103 is a brightly colored, lightweight, watertight and rugged EPIRB, allowing it to be easily mounted on a bulkhead. Additionally, if a situation occurs where it is required to throw the EPIRB overboard, the hardened outer shell will remain intact after a drop onto the water surface from a maximum 20-meter height.
(해석) 모델 JQE-103 EPIRB는 밝은 색과 가벼움, 방수, 튼튼함 등의 특성을 갖고 있기 때문에 벽에 쉽게 장착할 수 있다. 또한, EPIRB를 바다에 던져야 하는 비상상황이 발생하면 튼튼한 보호 껍데기가 있어서 최대 20 미터 높이에서 던지더라도 안전하다.

2.2.4 유지 보수의 간편함과 내구성 Low maintenance, high durability

- The reliable satellite EPIRB is an immense improvement in safety and has a useful life of 7-10 years, operating across a range of harsh climatically conditions. Improved battery life of the JQE-103 extends the first replacement up to 5 years. JRC's advanced water pressure sensor has a replacement period of up to 2 years.
(해석) 신뢰할 수 있는 위성 EPIRB는 안전에 필수적인 사항으로, JQE-103

모델은 열악한 기상 조건에서도 7년 내지 10년 정도 사용할 수 있다. JQE-103는 배터리 수명이 연장되었는데, 처음 장착한날부터 약 5년간 사용할 수 있다(5년마다 교환해야한다는 의미이다). JRC의 첨단 수압 센서는 약 2년까지의 교환주기를 갖는다(2년마다 교환해야한다는 의미이다).

2.2.5 이탈 선반 Release bracket

- Safety measures are taken to prevent faulty signal transmissions. The self-deploying JQE-103 automatically activates in floating state of the beacon! In the event of distress the beacon can also be activated manually by a simple switch operation. JRC distinguishes itself in having the automatic release bracket included as standard.
  (해석) 안전조치 수단이 있어서 잘못하여 조난신호를 송신하는 것을 방지할 수 있다. 스스로 작동하는 자기작동(self-deploying) 방식의 JQE-103 모델은 비콘이 자유부상하면서 작동된다. 조난상황에서 수동으로 작동시키려면 간단하게 스위치를 켜서 작동시킬 수 있다. JRC는 자체에서 개발한 우수한 자동 이탈선반을 표준으로 제공한다.

2.2.6 IMO의 준수 IMO compliant

- The JQE-103 complies with IMO MSC.152 (78) carriage requirements. In addition, JRC is continuously developing and evaluating new products based upon future IMO requirements that will contribute for your future safety and navigation at sea.
  (해석) 이 모델은 IMO의 MSC(해사안전위원회) 문서 중에서 MSC.152 (78)에 기록된 장착요구 규정을 준수한다. 또한, JRC는 새로운 제품을 연구개발 및 평가하고 있는데, 이것은 해상에서 귀하의 안전항해에 기여하기 위한 IMO의 향후 요구조건을 반영하기 위한 것이다.

2.3 전기사양

다음 표 6-2의 전기 사양은 GOC 해기면허를 소지한 항해사라면 그 의미를 모두 완벽하게 인지해야 한다. 그래야만 유지 보수 및 수리가 가능하다.

표 6-2 JRC의 모델 JQE-103의 EPIRB 전기사양

Model		JQE-103
IMO Compliant		Yes
Main Uit		
	Model	JQE-103
	Vibration	0 - 12Hz : 3.2mm 12.5 - 25Hz : 0.76mm 25 - 50Hz : 0.2mm
	Waterproof	no abnormality at 10m for 5min
	Impact	remains intact after drop of (maximum) 20m onto water surface
	Transmission	48hrs or more
	Indicator lamp	luminous intensity 0.75cd or more
	Ambient condition	temperature: -20°C +55°C
Automatic release bracket		
	Model	NYH-12
	Release method	water pressure detection
	Release depth	before reaching 4m
	Ambient condition	temperature: -20°C +55°C
406MHz		
	Long time stability	406.028MHz (+2 kHz -5 kHz)
	Frequency stability	• short term : ≤2x10-9 /100ms • mean slope : ≤±1x10-9 /min • residual variation : ≤3x10-9
	Output power	≤5W ±2dB
	Data encoding	Bi-phase L
	Modulation method	phase modulation (PSK : G1B)
	Phase deviation	±1.1 ±0.1 radian (peak value)
	Rise in modulation	50μs to 250μs
	Antenna polarisation	linear
	Antenna gain	-3dBi to 4dBi, elevation angle : 5°≤ Θ≤60°
	VSWR	1.5 or less
	Impedance	50Ω
Digital message		

	Transmission time cycle	47.5 - 52.5sec (random)
	Transmission time	440ms ±1% (short message)
	Digital message	as setting
	Bit rate	400bps ±1%
	Bit synchronisation	all 15 bits are '1'
	Synchronisation frame	000101111
Homing signal		
	Transmitting frequency	121.5MHz ± 6.075kHz
	Peak radiation power	50mW ±3dB
	Modulation	AM
	Modulation frequency	300Hz - 1600Hz
	Modulation cycle	2Hz - 4Hz
Battery		
	Model	P-35
	Voltage	nominal 8.4V

상기 표 6-2의 전기 사양의 각 항목을 설명하면 다음과 같다. 단, 보다 상세한 설명은 뒷장에서 설명하고, 여기서는 학습자들이 무엇을 더 공부해야 하는지를 알기위한 목적으로 간략하게 설명한다.

2.3.1 장비의 정체

(1) Model : JQE-103

2.3.2 진동과 방수 및 충격에 대한 사양

(2) Vibration : 0 - 12Hz : 3.2mm / 12.5 - 25Hz : 0.76mm / 25 - 50Hz : 0.2mm : EPIRB는 물속에서 자유부상하거나 손으로 해상에 던져서 사용하기 때문에 진동이나 충격에 강해야 한다. 또한 선박은 엔진의 진동으로 인하여 항상 일정한 주파수의 진동이 발생한다. 이 항목은 진동에 관한 것으로, 0 Hz 내지 12 Hz 사이의 주파수를 갖는 진동을 EPIRB에 가하면(이것을 '가진'이라 함) 3.2 mm만큼 진동한다는 의미이고, 12.5 Hz ~ 25 Hz의 진동을 가하면 0.76 mm만큼 진동하고, 25 Hz ~ 50 Hz에 대해서는 0.2 mm만큼 진동한다. 여기서, 저주파수에서 진동의 폭이 큰데,

낮은 주파수는 천천히 사인곡선을 그리기 때문에 선체에 미치는 진동의 강도는 크게 작용하고, 고주파수에서는 반대로 작게 작용한다. 따라서 모든 장비는 이러한 저주파수 진동에 대비하여 전자회로 기판이나 부속품을 잘 고정시켜야 한다. 특히 특수한 나사를 이용하여 저주파 진동에 나사가 풀리지 않도록 해야 한다.

(3) Waterproof : no abnormality at 10m for 5min : NAVTEX의 경우는 방수를 위하여 IPX2를 적용한다고 위에서 기술하고 있는 반면, EPIRB의 경우는 10 미터의 수심에서 5 분간 담가 놓아도 정상 작동한다. 이러한 방수특징은 EPIRB의 경우는 아예 물속에 들어갔다가 부상하여 작동하기 때문에 고도의 방수 능력이 필요하다.

(4) Impact : remains intact after drop of (maximum) 20m onto water surface : 충격의 경우는 20 미터 높이의 선박에서 해상으로 EPIRB를 던지는 경우에도 정상상태를 유지한다.

2.3.3 장비의 기능

(5) Transmission : 48hrs or more : 48시간 이상 송신 가능하다.

(6) Indicator lamp : luminous intensity 0.75cd or more : EPIRB가 정상적으로 송신하는 경우 램프가 깜빡거림을 의미하는 프레쉬가 작동하는데 여기에 사용하는 램프는 0.75 칸델라(cd) 이상의 밝기를 갖고 있다. 칸델라(candela)는 조명의 밝기를 나타낸 것으로, 평방미터당 칸델라(cd/㎡)의 단위로 표현되며 1 ㎡ 넓이의 어두 곳에 켜져 있는 양초 1개의 밝기가 1 cd이다.

(출처: 삼성전자, 2013,http://skp.samsungcsportal.com/integrated/popup/FaqDetailPopupMobile.jsp?cdsite=sec&seq=422338, acess dated:2013.1.6)

(7) Ambient condition : temperature: -20°C +55°C : 작동온도에 대한 환경조건

2.3.4 자동 이탈 선반에 대한 사양

자동 이탈선반(Automatic release bracket)의 사양은 다음과 같다.

(8) Model : NYH-12

(9) Release method : water pressure detection : 선박에 장착된 EPIRB는 선박이 침몰하면 같이 침몰한 후 **최소 4 미터 수심의 수압**이 감지되면 자동으로 이탈한다. 이러한 수압감지 센서가 내장되어 있고 2년마다 교환해야 한다.

(10) Release depth : before reaching 4m : 수심 4 미터 이전에 이탈

(11) Ambient condition temperature: -20°C +55°C : 작동온도

2.3.5 406 MHz EPIRB의 사양

(12) Long time stability 406.028MHz (+2 kHz -5 kHz) : 406 MHz EPIRB의 정확한 주파수는 406.028 MHz인데, 이 주파수에 대해서 -5 kHz(즉, 406.024 MHz)에서부터 +2 kHz(즉, 406.030 MHz)까지의 작은 주파수 밴드 폭의 변동만 야기하면서 장시간 안정되게 406.028 MHz의 주파수를 발생할 수 있다.

(13) Frequency stability short term : ≤ 2x10-9 /100ms / mean slope : ≤±1x10-9 /min / residual variation : ≤3x10-9 : 짧은 시간동안의 주파수 안정성의 경우는 100 밀리 초(0.1 초)당 2×10^{-9} 에 해당하는 주파수만 변동되는 대단히 안정된 상태를 갖는다. 그리고 주파수의 평균 기울기(slop, 슬로프)는 주파수가 위상 측면에서 얼마큼 기울어져 있는지를 나타낸 것으로, 분당 $\pm1\times10^{-9}$ 의 대단히 작은 값만큼 기울어져 있다. 주파수의 잔여 변동 폭은 3×10^{-9} 이하로 대단히 작다.

(14) Output power : ≤ 5W ±2dB : 출력 파워는 5 Watt이하이고 변동 폭은 ±2 dB 정도로 작다.

(15) Data encoding : Bi-phase L : 데이터 부호화에는 Bi-phase L 방식을 적용한다. 여기서, 데이터를 전파로 전송하기 위해서는 데이터를 미리 약속된 부호로 변환시켜야 하는데, 이를 부호화(Encoding)라하고, 부호로 만든 데이터를 다시 복원하는 것을 복호화(Decoding)라 한다. 이러한 Encoding/Decoding은 디지털 신호의 변조와 복조에 적용되는 것으로 다음과 같은 데이터 변환기법이 있다.

① **Analog-to-Digital 또는 Digital-to-Analog 변환기법 : 전파를 이용하여 데이터를 전송하는 경우, 아날로그 신호를 디지털 신호로 변환하거나**

(A/D Converter를 사용) 또는 디지털 신호를 아날로그 신호로 변환(D/A Convertor를 사용)하는 기법이다.

② 신호 형태 변환 기법 : 데이터를 특정한 형태의 전기신호로 변환하기 위한 기법으로, 부호화(Encoding) 기법과 복호화(Decoding)기법이 있다. 특히, 부호화는 아날로그 및 디지털 형태의 데이터를 서로 약속된 특정한 형태의 디지털 신호로 변환시키는 것을 의미한다. 부호화 기법의 종류에는, (1) 아날로그 데이터를 디지털 신호로 변환하는 기법으로 PCM 방식이 있고, (2) 디지털 데이터를 디지털 신호로 변환하는 기법으로, NRZ(Non-return to Zero), RZ(Return to zero), Bi-polar, Bi-phase 등이 있다.

③ 전송 신호 변환 기법 : 특정 데이터를 장거리 전송하기 위하여 특정한 형태의 주파수로 가공하기 위한 기법으로, 변조(Modulation) 기법과 복조(DE-modulation) 기법이 있다. 특히 Bi-Phase 부호화 기법은 다음 참고문헌에 상세하게 기록되어 있고 그 내용을 소개한다. (출처 : Everything2, 2013: http://everything2.com/title/ Bi-Phase+encoding, Access dated:2013.1.6)

- Bi-Phase 부호화는 비동기식 이진데이터에 대한 부호화 기법 중 하나이다. 일반적으로 '0'과 '1'로 구성된 디지털 메세이지를 전송하기 위해서는 '0'이라는 정보에 대해서 낮은 전압을 의미하는 'L'로 전송하고 '1'에 대해서는 높은 전압을 의미하는 'H'로 전송하면 된다. Bi-Phase 부호는 이러한 디지털 정보가 매 비트마다 L과 H가 조합된'LH' 또는 'HL'의 형태로 구성되어 있다.

- 다음 그림은 '101100011010'이라는 디지털 정보를 Bi-Phase 부호화기법을 적용한 경우로서, 처음 비트가 'HL'이기 때문에 '1'에 해당하고, 다음 비트는 'LH'이기 때문에 '0' 그 다음 비트는 'HL'이기 때문에 '1' 등과 같이 변환된다. 이와 같이 1비트에 'L'과 'H'를 조합하여 사용하는 방식을 Bi-Phase 부호화 기법이라 한다.

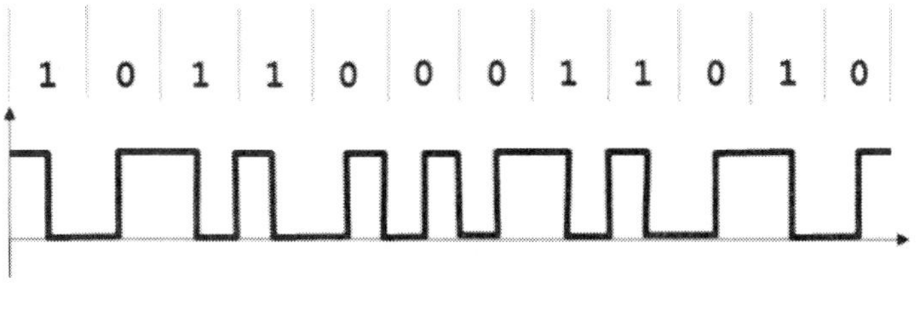

- Bi-Phase 부호화의 장점은 위의 그림과 같이 매 펄스가 1/2 비트의 길이 또는 1 비트 길이의 신호를 반드시 갖고 있기 때문에 이 펄스 자체가 일종의 시간을 측정할 수 있는 클록(clock)으로 작용할 수 있다. 즉, 펄스의 개수를 측정하면 시간당 수신한 데이터의 양을 알 수 있다. 이러한 클록을 송신기와 수신기에 사용하면, 송신기와 수신기는 일정한 펄스를 측정할 수 있기 때문에 수신기가 메세이지 시작에서부터 많은 비트 주기가 지난 경우에도 절대로 추적에 실패하지 않는다.

(16) Modulation method : phase modulation (PSK : G1B) : 변조방법은 위상 변조방식(Phase Shift Keying, PSK)을 적용했고, 전파형식은 G1B이다. PSK란 무엇인지? G1B는 무엇인지? 알아보자.

- G1B 전파형식이란, 1) 주반송파의 변조형식은 'G'인데, 'G'는 주반송파의 각이 변조된 발사전파 중에서 '위상변조', 2) 주반송파를 변조시키는 신호의 특성은 '1'인데, '1'은 변조용 부반송파를 사용하지 않고 디지털 정보를 포함하는 단일채널, 3)'B'의 의미는 송신할 정보의 형태는 전신 중에서'자동수신용 전신' 등의 의미이다. 통신에서 가장 많이 사용하는 전파형식이다.

- PSK는 변조방식 중의 하나를 의미하는데 다음과 같다.

① 변조는 데이터의 장거리 전송을 위하여 특정한 주파수 형태로 변환시키는 것이고, 복조는 변조된 데이터를 복원하는 것이다. 변조와 복조의 종류에는 아날로그 변조와 디지털 변조가 있다.

② 아날로그 변조/복조의 종류 : 입력 신호와 반송파를 진폭에 의해서 변조하는 AM(Amplitude Modulation, 진폭 변조), 입력 신호와 반송파를 주파수에 의해서 변조하는 FM(Frequency Modulation, 주파수 변조), 입력 신호와 반송파를 위상에 의해서 변조하는 PM(Phase Modulation, 위상 변조) 등이 있다.

③ 디지털 변조/복조에는 ASK(Amplitude Shift Keying), FSK(Frequency Shift Keying), PSK(Phase shift keying), QPSK(Quadrature Phase shift keying), OQPSK(Offset QPSK), $\pi/4$ QPSK, QAM(Quadrature Amplitude Modulation), 4-QAM, 8-QAM, 16-QAM, 256-QAM 등 참으로 다양하다.

④ 대부분의 최근 통신장비는 첨단 디지털 기술을 적용하기 때문에 디지털 변조/복조 기법을 알아야 한다. 특히 PSK(Phase Shift Keying) 변조방

식은 사인파 형태를 갖는 반송파의 위상을 이동시켜서 변조하는 방식으로서 위상 180도를 데이터'1'에 해당시키고, 위상 0도를 데이터 '0'에 해당시키는 기법이다.

(17) Phase deviation : ±1.1 ±0.1 radian (peak value) : 위상의 편이는 ±1.1 라디안(radian) 정도이고, 첨둣값에서는 ±0.1 라디안이다. 위상편이는 송수신 전파의 위상이 얼마큼 정상 값에서 벗어난 것인지를 의미하는 것으로, 1 라디안은 반지름의 길이와 같은 원둘레의 길이를 갖는 호에 대응하는 중심각의 크기를 의미한다. 1 라디안 = 180도 / π(3.14) = 57.2958도이다. 따라서 위상의 편이가 ±1.1 라디안이라는 의미는 약 ±63도 정도 위상이 편이 된다는 의미이고, 첨둣값에서의 ±0.1 라디안은 ±6도 정도 편이 됨을 의미한다.

(18) Rise in modulation : 50μs to 250μs : 변조할 때 변조된 신호가 상승하는데 걸리는 시간이 50 ~ 250 마이크로초 정도가 걸린다는 의미로서, 이것은 대단히 빠르게 변조됨을 의미한다.

(19) Antenna polarization : linear : 안테나의 편파 방식은 선형 편파방식을 사용한다. 편파의 의미는 다음과 같다. 전파는 전계(Electric Field)와 자계(Magnetic Field)로 구성되어 있나. 전계와 자계로 구성된 전파를 장거리 송신하기 위해서는 x-y 평면에서 전계를 직선으로 보낼 것인지, 위상마다 빙글빙글 회전시키면서 보낼 것인지를 결정해야 한다. 전계의 송수신 방향을 제어하는 것을 편파(Polarization)라 한다. 편파 방법에는 x-y 평면에서 전계를 똑 바로 직선으로 보내는 직선편파(Linear Polarization)와 빙글빙글 회전시키는 원형편파(Circular Polarization)가 있다.

(20) Antenna gain : -3dBi to 4dBi, elevation angle : 5°≤ Θ ≤ 60°: 안테나 이득은 말 그대로 안테나 자체에서 송신 전파가 얼마큼 감쇄 또는 증폭되는지를 의미하는 것으로, -3 dBi에서 4 dBi 사이이다. 안테나에서 전파를 송신하는 고각은 5도에서 60도 사이이다. 여기서, 안테나는 전파를 증폭할 수 없는 것으로 증폭을 위해서는 별도의 증폭기가 있어야 한다. 아울러, -3 dBi는 감소된다는 의미이고, 4 dBi는 증가된다는 의미인데, 이 내용은 잘못 기술된 것이 아니다. 후술하는 뒷장에서 그 의미를 찾아보라. 그리고 dBi에서 'i'의 의미는 isotropic(등방성) 안테나를 의미하는 것으로 등방성 안테나는 360도 모든 방향으로 균일하게 전파를 방사하는 안테나인데 이론적으로만 존재하는 안테나이다. 등방성 안테나는

실제 존재하지 않지만 안테나의 방향성, 이득(gain), EIRP 등을 나타낼 때의 기준으로 정하기 위한 용도로 사용되며, 이러한 등방성 안테나를 기준으로 측정한 이득을 dBi라 부른다. 참고로, dBd는 dipole 안테나를 기준으로 하는 경우의 이득을 나타낸다.

(21) VSWR 1.5 or less : VSWR은 전압보상정재파(Voltage Wage Standing Radio)를 의미하는 것으로, 적합한 한글이 없어서 그냥 VSWR로 부른다. VSWR은 안테나를 통해서 전파가 방사되는 효율을 나타내는 수치이다. 이상적인 경우로서 100% 방사되면 1.0으로 나타내는데, 일반적으로 VSWR은 1.5정도로서 그 의미는 96 % 방사되고 4 %는 반사됨을 나타낸다. 주의할 것은, VSWR은 크면 클수록 방사효율이 나쁜 것이다. 따라서 VSWR이 1.5 또는 그 이하라는 것은 일반적인 안테나 또는 그 이상 훌륭한 안테나를 의미한다.

(22) Impedance 50Ω : 주파수에 따라서 변하는 임피던스가 50 옴이다.

2.3.6 디지털 메세이지의 특징

(23) Transmission time cycle : 47.5 - 52.5sec (random) : 송신시간 주기는, EPIRB의 경우 디지털 메세이지를 47.5 ~ 52.5 초 사이에서 반복하여 무작위로 랜덤하게 송신한다.

(24) Transmission time : 440ms ±1% (short message) : 송신시간은 단문의 경우 440 마이크로초이고, 이 시간의 편차는 ±1 % 정도이다.

(25) Digital message : as setting : 전송되는 디지털 메세이지는 사용자가 설정한 상태대로 전송한다.

(26) Bit rate : 400bps ±1% : 전송 속도를 나타내는 비트율은 초당 400 비트(bit per second)이고 편차는 ±1 % 정도로 정확하게 송신한다.

(27) Bit synchronization : all 15 bits are '1': 비트 동기화를 위해서는 15 비트 모두 숫자 '1'을 송신하는 방법을 적용하고 있다. Bi-Phase L 방식을 이용하기 때문에 이러한 방식을 적용하고 있다.

(28) Synchronization frame : 000101111 : 동기 프레임은 9비트의 000101111을 사용한다.

2.3.7 Homing 신호

Homing 신호라는 것은 EPIRB의 위치를 항공기에서 찾기 위한 신호를 의미한다.

(29) Transmitting frequency : 121.5MHz ± 6.075kHz : 항공기에서 EPIRB의 위치를 탐지하기 위한 주파수를 나타낸다.

(30) Peak radiation power : 50mW ±3dB : 첨두복사전력은 50 mW이다.

(31) Modulation : AM : 진폭변조(Amplitude Modulation)를 사용한다.

(32) Modulation frequency : 300Hz - 1600Hz : 변조 주파수를 나타낸다.

(33) Modulation cycle : 2Hz - 4Hz : 변조 주기는 2 Hz ~ 4 Hz 사이이다. 즉, 1초에 2번 내지 4번 변조한다는 의미이다.

2.3.8 배터리 사양

(34) Model : P-35

(35) Voltage : nominal 8.4V : 전압은 명시적으로 8.4 V이다. 따라서 상하 변동이 있어도 작동이 어느 정도 가능하다.

제7장 디지털 선택 호출 시스템

디지털 선택 호출(Digital Selective Calling, DSC)은 GMDSS에 포함된 특징적인 기능으로서, 선박에서 조난경보를 송신하고, 해안국에서 송신된 조난경보의 수신을 알리기 위한 GMDSS의 대표적인 수색 구조 기능이다.

또한, DSC는 조난경보와 다른 비상 및 안전 호출을 중계할 목적으로 선박과 연안국에서 사용한다.

GMDSS의 최대 목표 중 하나는 원활한 DSC의 운용이다.

- 저자 -

1. 디지털 선택 호출 시스템

1.1 DSC 시스템 개요

디지털 선택 호출(Digital Selective Calling, DSC)은 GMDSS에 포함된 하나의 제어장치로서 VHF/MF/HF 등의 무선통신장비들과 연계하여 사용한다.

DSC는 선박에서 조난경보를 송신할 목적과 해안국에서 전송된 조난 사실에 대해서 인지(acknowledgement) 하였음을 전송할 목적 등으로 사용한다. 아울러, 조난경보와 다른 비상 및 안전 호출을 중계할 목적으로 선박과 연안국에서 사용한다.

DSC는 독립된 장비가 아니라 VHF 통신장비, MF 통신장비, HF 통신장비 등과 연계하여 사용하는 하나의 제어 시스템이다. 이러한 DSC는 VHF/MF/HF 등의 통신장비와 연계하여 시험되었는데, 1982년부터 1986년 사이에 CCIR Interim Working Party 8/10에 의거하여 실시된바 있다.

요약하면, DSC 시스템은 VHF, MF, HF 등의 주파수를 이용하여 다음과 같은 기능을 갖는다.

① 선박 및 해안국의 호출 기능

② 선박에서의 조난 통보 발신 기능

③ 해안국에서 조난통보를 수신했음을 조난선박에 알리는 수신확인 통보 기능

④ 선박 또는 해안국으로부터의 조난통보를 다른 선박과 해안국으로 중계하는 기능

1.2 DSC의 기술적인 특징

DSC는 10 단위의 오류검출 코드를 사용한 동기 시스템이다. 호출정보는 7 단위의 이진 복합 시퀀스 데이터로 표현된다. 이진이란, binary를 의미하는 것으로 0과 1의 숫자로 구성함을 의미한다.

즉, DSC는 오류검출에 10단위의 이진코드를 사용하고, 이 오류검출에 사용된 이진코드와 동기가 되어 작동함을 의미하며, 호출정보는 7단위의 이진코드

로 구성되어 있다. DSC의 송출형식, 주파수 편이, 변조율 등은 다음과 같다.

1) HF와 MF 채널에 사용되는 변조방식은 F1B 또는 J2B이며, 170 Hz의 중심 주파수와 100 보(baud)의 전송속도를 갖는다.

2) 한편, 단측파대(Single Side Band, SSB)의 전송기(J2B) 입력에 음성신호가 적용되어 주파수편이방식(Frequency Shifting Keying, FSK)의 변조가 발생하는 경우, 전송기에 제공하는 음성 주파수 스펙트럼의 중심 주파수는 1,700 Hz이다.

위의 1)과 2)의 의미를 다시 종합하면, 일반 조난경보를 전송하기 위한 DSC는 170Hz의 중심 주파수를 갖는 F1B 또는 J2B 변조방식을 이용하여 100 보(baud)의 전송속도로 통신하고, 만약 DSC를 이용하여 음성통신을 하는 경우에는 FSK 변조방식을 적용하기 위하여 중심주파수를 1,700 Hz로 상승시킨다는 의미이다.

3) VHF 채널에 사용하기 위해서 변조된 부반송파(subcarrier)의 주파수편이와 6 dB/octave의 전단강조를 갖는 주파수변조의 경우는 다음과 같다.

- 주파수편이는 1,300 Hz와 2,100 Hz 사이이고, 부반송파는 1,700 Hz가 된다.
- 1,300 Hz와 2,100 Hz의 주파수 허용편차는 ± 10 Hz이다.
- 변조율은 1,200 baud 이고, 변조 인덱스는 2.0 ± 10 %이다.

위에서 기술한 FSK와 baud, bps, baud rate의 의미는 다음과 같다.

FSK는 이진 데이터를 단일 반송파로 합성하는 주파수 변조기술을 의미한다. 0과 1 즉, 이진 데이터를 이용하기 때문에 신호가 있는지? 없는지? 등과 같이 단지 2개의 주파수 변화가 만들어 진다. 이와 같이 FSK 변조는 단순하기 때문에 잡음에 강하고, 연속적인 진폭의 강약 변화에 의해서 레벨 변동이 크고, 구성이 용이하며 원거리 전송에 적용할 수 있는 장점이 있다. 단점으로는 광대역이 필요하여 비트오류 특성이 진폭변조(Amplitude Shift Keying)와 유사하다.

아울러, baud, bps, baud rate 등의 의미는 데이터 전송 속도를 의미하는 것으로, 보오(baud)는 1초당 변조 횟수를 나타내는데 이와 유사한 것이 초당 비트(bit per second, bit/second, bps)로서 1초 당 전송 횟수를 나타낸다. 한편, 데이터 전송 속도는 비피에스(BPS: Bit Per Second) 또는 보오 레이트(baud rate)로 나타낸다. BPS란 1초에 몇 개의 비트가 전달되는지를 말한다.

1200 BPS는 1초에 1200개의 비트가 전달되며, 9600 BPS는 1초에 9600개의 비트가 전달된다. 그러나 보오 레이트(Baud Rate)는 약간 다른 것으로, 보오 레이트는 1초에 몇 개의 신호가 전달되는지를 나타내는 단위이다.

1.3 DSC의 작동에 관한 일반사항

ITU-R M.541에 기록된 권고사항에 DSC 시스템의 작동절차가 설명되어 있고, ITU-R M.541에 관한 상세한 내용은 전파법규(RR) 39조(N39)에 기록되어 있다.

1) DSC 호출(call) 내용에는, 숫자로 된 전송국(transmission station)의 주소가 포함되고, 전송국의 정체와 호출 목적을 나타내는 여러 가지 정보에 관한 메세이지가 포함되어 있다.

2) 다양한 DSC 호출이 가능한데, 조난 및 안전과 관련된 호출 또는 상업용 호출 등이 있다. 상업용 호출의 경우에는 전화 또는 전신 호출과 같은 상업용 통신이라는 것을 표시해야 한다. VHF의 경우에는 공동망(public network)과의 자동 접속이 해안국을 통해서 가능하다. 즉, VHF를 이용하면 육상의 무선국과 교신을 통해서 다양한 통신이 가능하다.

3) 수신국에서 수신한 DSC 호출 결과는 모니터와 같은 표시장치를 이용해서 가시화하거나 또는 프린터기와 같은 장치를 이용해서 프린트해야하는데, 호출 주소와 전송국의 정체, DSC 메세이지의 내용 등을 가시화하거나 프린트해야 한다. 또한 이와 동시에 시각적인 알람 또는 청각적인 알람을 동반해야하고, 조난관련 호출인지? 또는 안전관련 호출인지? 등의 여부에 따라서 시각과 청각 알람 모두를 발생해야 한다.

4) DSC 호출 전송속도는 MF와 HF에 대해서는 100 보이고, VHF에 대해서는 1,200 보이다. 이 전송에는 오류수정 코드가 포함되어 있는데, 전체 메세이지 점검 문자를 포함하여 각 문자를 이중으로 전송하는 것이 포함되어 있다.

5) 단일 DSC 호출 간격은, 호출을 전송한 DSC의 종류에 따라서 다른데, MF와 HF의 경우는 6.2 ~ 7.2 초 정도로 발생하고, VHF의 경우에는 0.45 ~ 0.63 초 정도로 발생한다.

6) 조난과 안전 운용을 위해서 단신방식(simplex)을 사용하고 있는데, MF 밴드에서는 1개의 주파수를, HF 밴드에서는 5개의 주파수를, VHF 밴드에서는

1개의 주파수를 사용한다. 상업용 MF와 HF의 경우에는 한 쌍의 주파수를 사용하지만, VHF에서는 1주파수 단신방식의 채널 70이 조난안전 호출과 상업용 호출 양쪽에 사용된다.

- 여기서, 단신방식(simplex)이란, 해상통신에 사용하는 장비들의 사용 주파수를 1개의 주파를 사용하여 송수신 하는 것을 의미한다. 그리고 복신방식(full duplexer)은 송신 주파수와 수신 주파수가 각기 다른 것으로 전화와 같이 송신과 수신이 동시에 가능한 통신방식이다.

7) DSC 호출 또는 DSC 조난경보중계 등은 조난호출시도(distress call attempt)에 의해서 시작되는데, 이러한 조난호출시도는 조난신호의 전달확률 증가를 위하여 수차례 반복되는 특징이 있다.

8) MF와 HF에서는 두 가지 종류의 조난호출시도가 사용되는데, 단일주파수 호출시도(single-frequency call attempt)와 다중주파수호출시도(multi-frequency call attempt)가 있다.

- 단일주파수호출시도 : 1개의 주파수에서 5회 연속된 DSC 조난호출을 시도한다.
- 다중주파수호출시도 : 6개의 DSC 조난 주파수 모두에 대해서 6회까지의 연속된 DSC 조난호출을 시도하는데, MF에서는 1회, HF에서는 5회 연속하여 호출을 시도한다.

9) VHF에서는 단일주파수호출시도가 사용되는데, 그 이유는 VHF DSC 주파수는 단지 1개(채널 70)뿐이기 때문이다. 그리고 VHF와 MF 및 HF의 조난호출은 동시에 이루어질 수 있다.

10) DSC에 의해서 다양한 조난안전관련 호출이 구분되어 있는데, 호출 형태에 따른 메세이지의 내용도 구분되어 있다.

11) 또한, 메세이지의 내용에 추가하여, 각 DSC 호출은 다른 정보를 포함하는데, 수신국에는 표시되지 않고 DSC 시스템의 기술적인 부분에만 사용된다. 여러 가지 DSC 호출의 신호 형태는 ITU-R M.439에 권고되어 있다.

1.4 DSC의 작동 절차

DSC의 다양한 단계별 작동절차는 다음과 같다. 제 1단계 조난호출부터 제5

단계 조난호출의 획득까지 설명한다.

1.4.1 Step 1 : DSC의 조난호출

DSC 조난호출은 조난당한 선박에서 송신하고, DSC가 장착된 모든 선박에서 수신되며, 해안국에서는 DSC에 할당된 무선주파수의 전파범위 내에서 수신된다.

하나의 DSC 조난호출 신호에는 수신국에 표시될 조난선박의 정체를 포함하여 여러 가지 정보를 담고 있다. 이 정보는 송신한 DSC 조난호출에 자동으로 포함되거나 또는 송신 이전에 운용자가 수동으로 삽입할 수 있다.

이러한 정보를 삽입할 시간적인 여유가 없는 경우에는 내장된 정보가 자동으로 포함된다. 따라서 침몰에 임박한 경우에는 DSC의 조난호출 버튼만 누르면 선박의 정보와 위치 등 내장된 정보가 자동으로 전송된다.

1.4.2 Step 2 : DSC의 조난인지 통보

조난당한 선박에서 송출한 조난호출은 해안국이나 주위 선박에서 어떠한 방법으로든지 인지(recognition)할 수 있도록 알려주어야 한다. 조난당한 선박은 자기의 조난 사실이 관계기관에 통보되었음을 인지함으로써 안심하여 희망을 갖게 될 것이고, 조난경보를 위해서 추가적인 노력을 하지 않아도 된다. 이것을 '조난인지'라 한다.

DSC에 의한 조난인지통보는 일반적으로 조난신호를 수신한 것과 동일한 주파수를 이용하여 연안국에서 수동으로 송신된다(본 사항은 RR N3129와 N3130에 명시되어 있다).

그러나 조난경보의 인지는 주위 선박에 의해서 행해질 수 있는데, 이러한 경우에는 어떠한 해안국도 조난사실을 인지하지 못했다고 주위 선박에서 신뢰한 경우에 행해진다(본 사항은 RR N3132, N3133, N3124에 명시되어 있다). 이러한 경우에는 조난안전교통 주파수를 이용한 무선전화를 이용하여 조난인지를 통보할 수 있다.

1.4.3 Step 3 : DSC의 조난경보 중계

DSC 조난경보의 중계는 다음과 같은 2가지 상황에서 송신된다.

① 연안국에서 조난사고 지역에 있는 주위 선박으로 조난경보의 중계 : 이러한 중계는, 적절하게 모든 선박에 대해서 또는, 특정한 선박 그룹에 대해서 또는, 특정 선박에 대해서 행해질 수 있다(RR N3117에 명시되어 있다).

② 주위 선박에서 적절한 해안국으로 조난경보의 중계 : 이러한 경우는, DSC 조난호출을 주위 선박에서는 HF로 수신하였으나, 해안국에서는 3분 이내에 조난인지 통보를 하지 않은 경우에 해당한다.

조난경보의 중계는 단일주파수호출시도와 다중주파수호출시도 중에서 어느 하나를 이용하여 송신한다. 그리고 만약 특정지역에 있는 주위 선박에 대해서 전달한 DSC 조난중계를 다른 선박에서 수신한 경우 또는 수작업으로 입력한 지리적인 위치와 전달된 지리적 위치가 서로 다른 경우에는 조난통보 표시와 경보 프린트 등이 발생하지 않는다.

1.4.4 Step 4 : DSC의 조난호출시도와 조난인지 전송

만약 DSC 조난호출에 대해서 조난인지 통보가 없는 경우, 조난당한 선박은 필요하면 다른 DSC 조난 주파수를 이용하여 DSC 조난호출시도를 반복할 수 있다.

이러한 조난호출시도의 반복은 처음 조난호출 이후 3.3분에서 4.5분 정도의 지연을 두고 행한다. 이러한 지연시간을 두는 이유는 해안국이나 선박에서 인지하는데 시간이 걸리기 때문이다.

MF 또는 HF를 통해서 DSC 조난호출을 수신한 해안국은, 조난호출을 수신한 후 즉시 DSC 조난인지를 송출해야 하는데, 최소한 1분 이내에 행해야 한다.

일반적으로 최대 2.75분 이내에는 조난인지를 송출해야 한다. VHF에서는 DSC 조난인지를 가능하면 속히 전송해야 한다.

1.4.5 Step 5 : DSC 호출의 획득

MF와 HF를 통해서 전송된 DSC 조난관련 호출은, 각 단위 호출의 시작부분에 200비트 100보(즉, 2초)의 도트패턴(dot pattern)이 있는데, 이 도트패턴은 선박에 정착된 스캐닝(scanning) 수신기에 사용하기 위한 것이다.

스캐닝 수신기를 사용하는 경우, 스캐닝 수신기는 원하는 DSC 조난 주파수만을 스캔하는데, 1개의 MF 주파수와 5개의 HF 주파수 중에서 선택한다.

그리고 선박에서 스캐닝 수신기를 사용하는 경우, 선택한 모든 주파수는 2초 이내에 스캔되고, 각 주파수에 체류하는 시간은 도트패턴을 감지하는데 충분하도록 설계되어야 한다.

이러한 스캔은 100보의 도트패턴을 감지한 경우에만 정지한다. 100보의 도트패턴 감지 시간동안에 해안국에서는 하나 이상의 DSC 조난관련 호출을 동시에 다른 주파수에서 수신할 수 있다. 그래서 스캐닝 수신기는 해안국에서는 사용할 수 없다.

1.5 DSC 제어장치

그림 7-1과 그림 7-2는 DSC 제어장치의 예를 나타낸 것이다. 이 DSC 제어장치는 단독으로 사용하는 것이 아니라, 적절한 VHF 또는 MF/HF 무선장비와 연결시켜서 사용한다. 이와 같이 DSC 제어장치와 VHF 또는 MF/HF 무선장비를 연결하면 해상이동서비스에 사용하는 DSC 시스템 이내에서 자동 또는 수동으로 작동하는 선박용 무선 시스템을 구축할 수 있다.

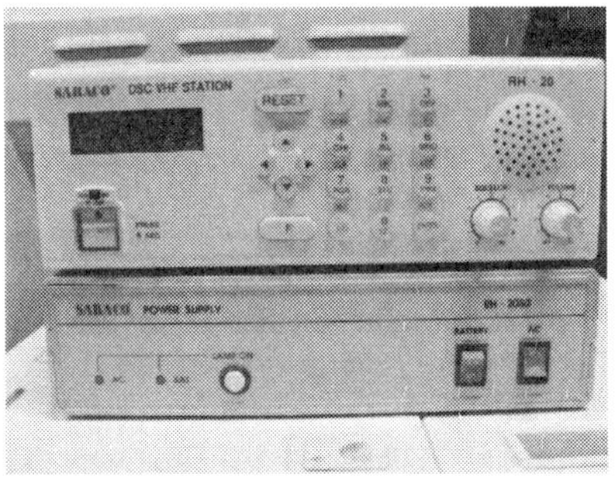

그림 7-1 국산 DSC/VHF 장치

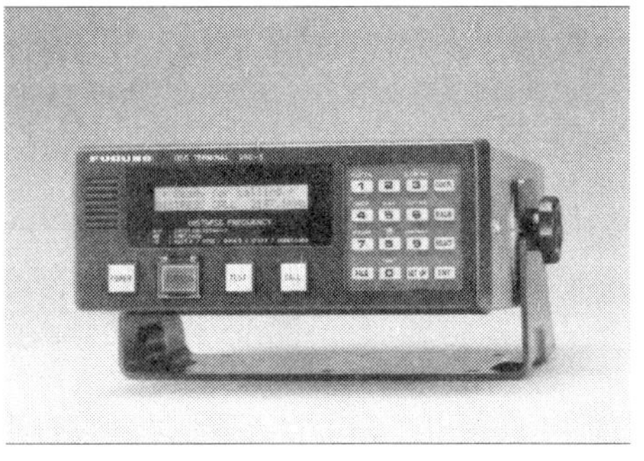

그림 7-2 DSC제어장치(FURUNO, 2012)

그림 7-1과 그림 7-2에 나타낸 DSC 제어장치는 다음과 같은 부속기능을 갖는다.

① 다른 장비와의 통신을 위한 모뎀(Modem) : 마치 인터넷에서 다른 사용

자와 메세이지를 송수신하는 것과 같이, 통신용 모뎀을 이용하여 VHF, MF, HF 등의 통신장비들과 연계하여 DSC 통신 시스템을 쉽게 구축할 수 있다.

② DSC 신호 발생을 위한 신호 부호화기(coder)와 복호화기(decoder) : 부호화기는 디지털 데이터를 통신용 부호로 변환시키는 것을 의미하고, 복호화기는 부호화된 신호를 재생하여 원래의 데이터로 복원시키는 것이다.

③ 중앙처리장치 : 서로 다른 호출 방식을 만들기 위하여 컴퓨터의 마이크로프로세서(micro-processor)와 같은 중앙처리장치를 갖고 있다.

④ 자동채널제어 장치 : DSC에 연결한 VHF 무선장치의 채널을 자동으로 제어하기 위한 장치이다. 이 장치가 있어야만 일반 VHF 통신 장치에 DSC를 연결하여 사용할 수 있다.

⑤ DSC 조난경고 메세이지의 하드-카피 프린팅 : 컴퓨터의 프린터기와 같은 것인데, DSC에 사용하는 프린터는 일반 시중에서 볼 수 없는 도트매트릭스(dot matrix) 프린터기를 사용한다. 도트 매트릭스 프린터기는 무수히 많은 쇠못으로 구성된 헤더(header)가 종이에 도트 모양을 찍어서 글자를 만들기 때문에 해수나 수분에 의해서 잉크가 번지거나 지워져도 도트 자국이 남아 있어서 내용을 식별할 수 있다.

⑥ 데이터 수집기능 : 항해장비로부터 데이터를 수집하여 DSC 조난경보에 사용할 수 있다.

⑦ 음성알람 : DSC 메세이지 수신을 알리기 위해 음성알람 기능이 있다.

⑧ 가시화 기능 : LCD 패널에 정보를 표시한다.

⑨ 내장 메모리 : 메모리가 있어서 수집한 정보를 저장할 수 있다.

조난, 긴급 또는 안전 호출 이외에도 DSC 메세이지를 수신한 경우 DSC 제어장치는 자동으로 조난인지 호출을 송신한다.

VHF DSC를 이용한 조난경보의 전송은 조난당한 선박에서 간단하게 조난버튼을 누르면 된다. 또한 DSC 제어장치에는 조난 메세이지에 다양한 조난상황 정보를 부가할 수 있다.

한번 조난호출이 시작되면 약 4분 간격으로 조난 호출이 자동으로 송출되는데, 다른 해안국이나 선박국에서 인지할 때까지 또는 수작업으로 조난호출을 차단하지 않는 한 조난호출은 자동으로 반복된다.

DSC 제어장치 전면에 있는 키패드(keypad)를 이용하여 선박 운용자(자격을 갖고 있는 항해사)는 다른 형태의 DSC 메세이지를 구성할 수 있다. VHF의 경우, 선박 운용자는 육상 가입자 전화번호를 포함한 개별적인 DSC 메세이지를 해안국으로 송출할 수 있다. DSC 제어장치의 이러한 특징 때문에 반자동 VHF 시스템을 구현할 수 있다.

그리고 DSC 제어장치에는 저장 메모리가 있어서 선박에서 자주 사용하는 해안국 식별번호를 저장할 수 있고, 육상가입자 전화번호를 저장할 수 있는데, 이러한 기능을 선박 사용자가 활용하면 간단하게 해안국으로 송출할 DSC 메세이지를 작성할 수 있다.

2. 실제 MF/HF DSC

- 출처 : JRC(2012), Catalogue for MF/HF DSC, JSS-2150/2250/2500, Japan Radio Co., Ltd., (Web: http://www.jrceurope.com/Products/Communication/28/MF-HF-radiotelephone/82/JSS-2150/ Features, Access dated: 2012.12.31)

2.1 개요

JRC회사의 MF/HF 겸용 DSC 제어장치 중에서, JSS-2150, JSS-2250, JS-2500 등 3가지 모델에 공통으로 적용되는 카탈로그를 설명한다. 이러한 카탈로그는 장비의 유지 보수와 수리에 필요한 정보를 갖고 있기 때문에 장비 사용자는 영문 카탈로그의 올바른 해석이 요구된다.

특히 카탈로그에는 앞 장에서 학습한 각종 무선통신공학 이론과 안테나 이론 등과 관련 성능지표가 수록되어 있다. 반드시 평가 성능 지표의 의미를 알고 있어야 원활한 DSC 제어장치의 유지 보수와 운용이 가능하다.

2.2 특징

2.2.1 클래스 A 통신

Class A communication

- The JSS-2150/2250/2500 MF/HF Class A DSC radio equipment features an intuitive user interface and advanced modular design that allows for a flexible installation approach.
  (해석) 모델 JSS-2150/2250/2500 MF/HF 클래스 A DSC 무선장비는 직관적인(쉽게 즉시 사용할 수 있는) 사용자 인터페이스와 유연하게 장착할 수 있는 첨단 모듈 형태의 설계가 특징이다.

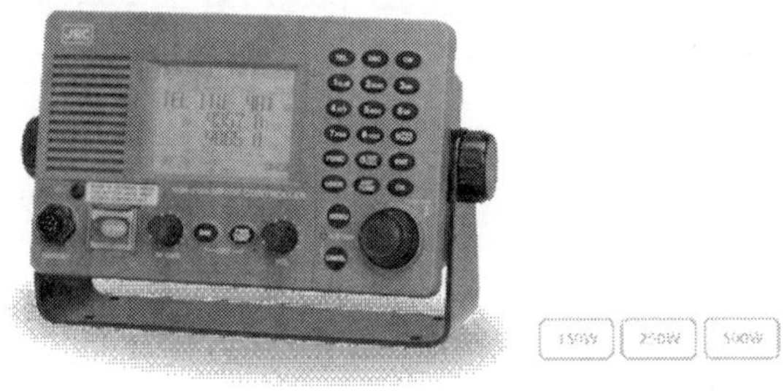

2.2.2 6 채널 DSC 감시 기능의 내장
6-channel DSC watch-keeping built-in

- The MF/HF has Digital Selective Calling (DSC) as standard with a built-in 6-channel DSC watch-keeping receiver. You can transmit and receive digital selective calls for quick and efficient establishment of distress, urgency, safety and routine communication with other ships and coast stations.
  (해석) 이 MF/HF는 6채널의 DSC 감시 수신기가 내장된 표준 DSC를 갖고 있기 때문에, 귀하가 다른 선박이나 해안국에 대해서 조난, 긴급, 안전, 일반 등의 통신을 빠르고 효율적으로 디지털 선택 호출을 송수신할 수 있다.

- In distress situations, the MF/HF sends an alert once you press the distress button. The integrated DSC watch-keeping receiver monitors distress alarms through continuous scanning of distress frequencies.
  (해석) 조난 상황에서, 한 번 조난 버튼을 누르면 MF/HF는 조난 경보를 즉각 송출한다. 내장되어 있는 DSC 감시 수신기는 조난 주파수의 연속 스캐닝을 통해서 조난 경보를 모니터링할 수 있다.

2.2.3 디지털 음성
Digital audio

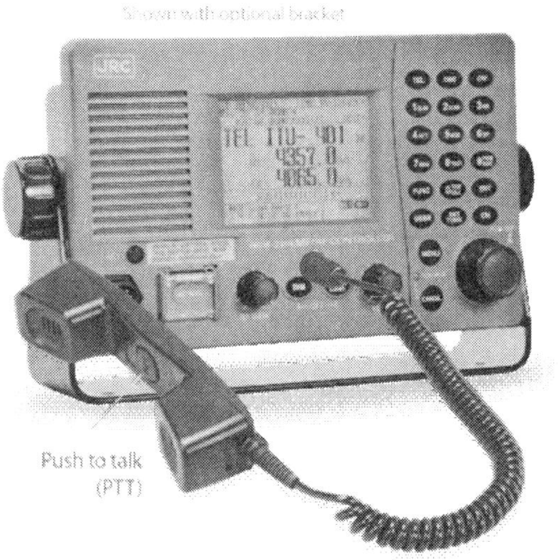

- The MF/HF integrates an advanced digital audio amplifier, which increases the amount of power, making the receiving message loud and clear.
  (해석) MF/HF는 첨단 디지털 음성 증폭기를 내장하고 있기 때문에 파워의 크기를 증가시킬 수 있고, 수신 메세이지를 더욱 크고 선명하게 만든다.

2.2.4. 표시 셋팅 Display settings

- The MF/HF uses a 3.8-inch high visibility LCD display, which you can adjust at your own convenience. The display has 10 dim settings and you can set the contrast up to 11 different levels. An integrated screen saver and the ability to assign a commonly used menu to a user key for direct access, are just a few of the possibilities.
  (해석) MF/HF는 3.8 인치의 고선명 LCD 디스프레이를 사용하기 때문에 사용자가 편리하게 조절할 수 있다. 이 표시기에는 10 단계의 밝기 조절기능이 있어서 LCD의 밝기를 11개의 서로 다른 레벨로 셋팅할 수 있다. 또한, 화면 보호기능과 일반적인 메뉴를 사용자가 직접 선택하여 사용할 수 있다. 이러한 기능은 많은 기능 중에서 일부에 불과하다.

2.2.5 조난 경보 Distress alerts

- The MF/HF includes a prominent distress button, with features to prevent accidental activation. When in distress, you can send a

DSC message instantly, transmitting your MMSI, position, time of position and nature of distress, enabling an immediate response for search and rescue efforts.
(해석) MF/HF에는 튀어나온 조난 버튼이 있는데, 이 버튼은 사용자가 잘못 눌러서 오작동이 발생하는 것을 방지하기 위하여 캡슐로 보호되어 있다. 조난 시 사용자는 DSC 메세이지를 즉시 보낼 수 있는데, 이 때 사용자의 MMSI, 위치, 위치를 송신한 시간, 조난의 속성 등이 송신되어 수색 구조 활동을 즉시 전개할 수 있다.

2.2.6 원격제어의 연결 Connect a remote control

- Getting a second operation display onboard is easy. Connect a second display to the transceiver and position the display at a secondary location on the ship. The second MF/HF station is fully operable and you can transfer saved channel data to optimize your operation.
(해석) 선박에서 DSC 설치 장소 이외의 장소에서 쉽게 부가적으로 작동상태를 표시할 수 있다. 수신기에 부가적인 작동상태 표시기를 연결하면 원하는 제2의 장소에서 사용할 수 있다. 부가적으로 구축한 MF/HF 스테이션에서도 DSC를 완벽하게 작동시킬 수 있고, 최적으로 설정한 저장된 채널 데이터를 이용하여 송신할 수 있다. (역자 주석: 이 기능은 DSC가 설치된 선교 이외의 장소에서도 DSC를 사용하기 위한 부가적인 기능을 설명한 것이다.)

2.2.7 일관된 설계 Unified design

- The display design allows you to carry out all operations simply by using the same unified keyboard layout as found in JRC's VHF radiotelephone. The keypad is solid and responsive, which allows for precise operation. The keys are also backlit, making it easy to operate in low-light settings on the bridge.
(해석) 표시 장치는 JRC의 VHF 무선전화기와 동일한 키보드를 이용하여 모든 작동이 가능하도록 설계하였다. 이를 통해 사용자는 JRC 제품을 일관되게 작동시킬 수 있다.

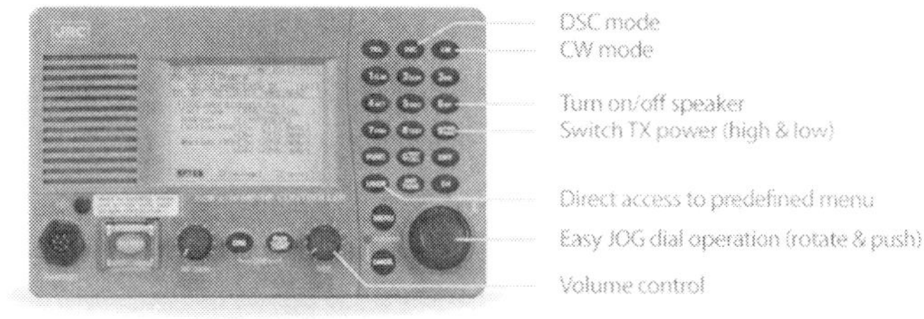

2.2.8 NBDP(텔렉스)의 선택 NBDP (telex) option

- Complement your MF/HF with the Narrow Band Direct Printing (NBDP) kit for telex communication with shore radio stations and with other ships. It includes a 10.4-inch messaging unit featuring a color display with a variety of color backgrounds. The LCD gives you a bright picture with excellent color consistency, even when you are viewing the display from the side.
(해석) 이 MF/HF 무선장치에 NBDP 키트를 구입하여 설치하면 해안무선국과 다른 선박 사이의 텔렉스 통신에 사용할 수 있다. 이 키트에는 10.4인치 메세이지 장치가 포함되어 있는데, 이 장치는 다양한 컬러 배경을 조절할 수 있다. 컬러 표시기는 LCD 모니터로 되어 있고, LCD 모니터는 사용자가 측면에서 보더라도 선명하게 밝은 그림을 볼 수 있다.
- What is the NBDP kit? NBDP 키트엔 어떠한 것이 포함되어 있나?
  - Data terminal(NDZ-227) : 데이터 터미널
  - Keyboard(NDF-369) : 키보드
  - Printer(NKG-800) : 프린터
  - U-type bracket for display (NPBP31721) : 표시기를 위한 U-자 형태의 지지대(그림 참조)
  - Signal & power cables for data terminal and printer : 데이터 터미널과 프린터를 위한 신호와 전원용 케이블

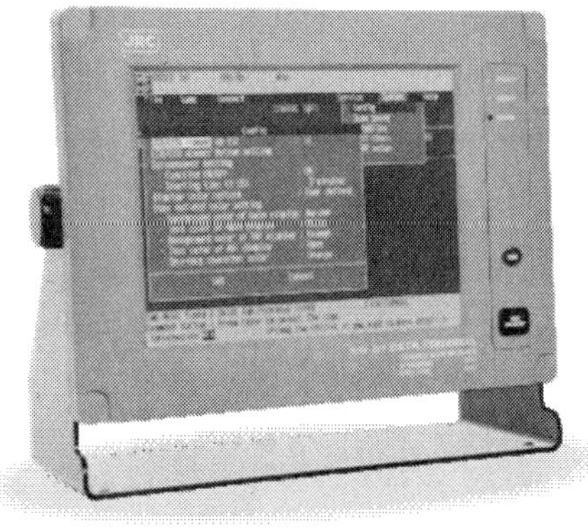

- Necessary NBDP software and manual : 필요한 NBDP 소프트웨어와 사용자매뉴얼

2.2.9 USB

- The USB 2.0 port located on the front panel allows you to connect a mass storage device to save and load messages.
  (해석) MF/HF DSC 무선장비의 전면 패널에는 USB 2.0 포트가 설치되어 있어서 사용자가 USB 저장장치를 꽂아서 메세이지를 저장하거나 설치할 수 있다.

2.2.10 원격 유지보수 시스템 Remote Maintenance System (RMS)

- JRC has the ability to cost-effectively monitor performance and functionality of the JSS-2150/2250/2500 while at sea, significantly reducing downtime and maintenance costs.
  (해석) JRC 회사는 해상에서 사용 중인 JSS-2150/2250/2500 모델의 DSC 무선장비 기능과 성능을 경제적으로 모니터링할 수 있기 때문에 고장시간(downtime)과 유지보수 비용을 획기적으로 줄일 수 있다.

2.3 유연성

2.3.1 유연한 장비 설치 Flexible installation

- All MF/HF models are minimum configured as standard, consisting of a display handset, transceiver and antenna tuner. The 150W model can be applied for non-solas vessels, but also configured with necessary options up to GMDSS A4 area. In contrast to the other two models, the 150W version has a smaller transceiver and antenna tuner which allows for a more flexible installation approach in confined spaces.
  (해석) 모든 MF/HF 모델은 최소한의 표준장비로 구축되어 있는데, 마치 키보드와 같은 기능이 가능한 표시조판기, 수신기, 안테나 튜너 등으로 구성되어 있다. 150 Watt 모델은 SOLAS 적용을 받지 않는 선박에 적용할 수

있을 뿐만 아니라 GMDSS의 A4 해역까지를 커버하는데 필요한 기능을 갖고 있다. 다른 2개의 모델과 달리 이 모델은 제한된 장소에 유연하게 설치할 수 있다.

- When more power output is required, simply select the 250W or 500W version. Additionally, the new 250W and 500W version come with a redesigned antenna tuner, transceiver and power supply designed to fit into a common 19-inch rack.
  (해석) 더 큰 파워가 필요하면, 버전 250W 또는 버전 500W를 선택하면 된다. 추가로, 새로운 250W와 500W 버전은 새로 설계한 안테나 튜너와 송신기, 전원장치를 구축하여 공통적으로 사용할 수 있는 19인치 선반에 장착할 수 있다.

- Antenna tuner 안테나 튜너의 특징
  - Outside mounting available as standard : 외부 장착이 표준으로 설정
  - Built-in antenna grounding circuit : 접지된 안테나 내장
  - Same mounting dimensions as preceding model (JSS-296/596) : 앞의 모델 JSS-296/596과 동일한 설치 크기

2.3.2 자체 점검 기능 Self diagnosis

- With JRC's MF/HF radio equipment you can perform self-diagnosis checks on the display and transceiver, allowing for easy maintenance and more reliability. The results are directly shown on the screen and can be saved as a log (up to 10 possible) or printed (with optional printer).
  (해석) JRC의 MF/HF 무선장치는 표시기와 송신기에 대한 자체점검 기능이

있어서 사용자가 쉽고 신뢰성 높게 유지 보수할 수 있다. 스크린에 나타난 점검 결과는 10개까지 저장할 수 있고 별도의 프린터기를 이용하여 프린트할 수 있다.

2.3.3 박스의 구성품과 선택사양 In the box, Options

※ 역자 주: 박스에는 다음과 같은 장치들이 들어 있고, 구입 시에는 선택사양을 잘 보고 구입해야만 원하는 기능을 확보할 수 있다.

(구성품)

- Display + Handset : 표시기와 송수화기
- Transceiver : 송신기
- Antenna tuner : 안테나 튜너
- Display to transceiver cable (5 m) : 5 미터의 송신 케이블을 갖는 표시장치
- Power supply (250W/500W only) : 전원장치 (250W와 500W에만 사용)
- Manual : 사용자 매뉴얼

(선택사양) : 모델 번호에 주의하기 바람

- Power supply NBD-2150 (150W) : 150W의 전원장치
- Battery charger NBB-724/714 : 배터리 충전기
- Display NCM-2150 (max 2) : 표시기는 최대 2대까지 접속 가능
- Display cable 7ZCJD0343 (5 m) : 5 미터의 표시기 케이블
- Connection box NQD-2250 (for 2nd display) : 부가표시용 접속 박스
- Mounting bracket MPBC42957 (flush) : U자형 설치 선반으로서 무선장비를 랙(lack)에 매립하는 경우 사용
- Mounting bracket MPBX44354 (table) : U자형 설치 선반으로서 무선장비를 테이블에 설치할 때 사용
- Handset NQW-261 (IP66) : IP66 수준의 방수 가능한 송수화기
- NBDP kit 7ZZJD0089 : NBDP 키트

- Antenna NAW-208S (10 m) TX : 송신용 10 미터 안테나
- Whip antenna* NAW-60 (6 m) RX and/or WKR : 수신이나 WKR 용 6 미터 채찍 안테나 (*Flag/class may require two RX antennas to separate RX from WKR : 주관청이나 선급에서는 WKR과 분리된 2개의 수신 안테나를 요구하는 경우가 있음에 주의하세요.)
- Joint box JQD-69C (for RX & WKR) : 수신과 WKR을 위한 접속 박스
- Junction box NQD-2253 (for antenna tuner) : 안테나 튜너를 위한 접속 박스
- Printer (flush) NKG-91 : 매립형 프린터
- Printer (table) NKG-800/DPU-414 : 테이블용 프린터

2.4 중량과 크기
Weight and dimensions

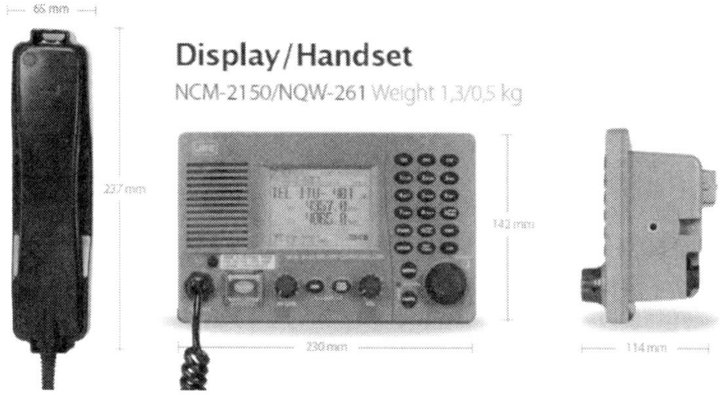

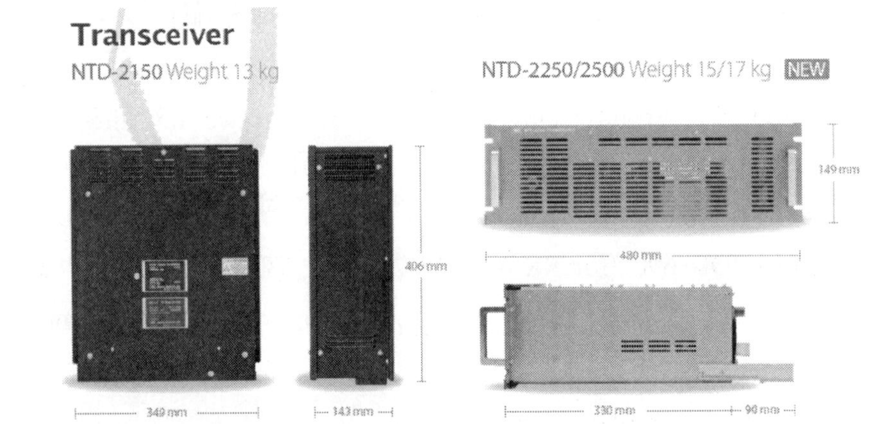

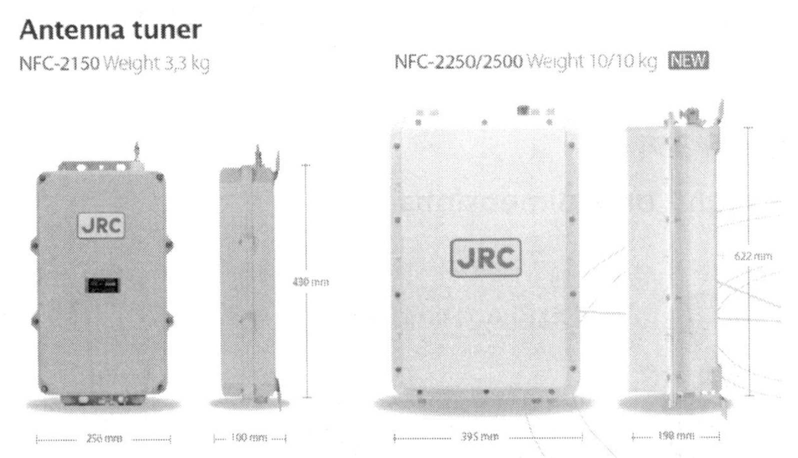

2.5 전기사양 Specifications

GMDSS를 운용하는 항해사들은 다음 표 7-2와 같은 다양한 전기적인 사양을 충분히 이해해야한다. 그러나 내용이 대단히 방대하기 때문에 이를 모두 이해하기는 어려울 것이다. 그럼에도 불구하고 전기적인 사양은 GMDSS 운용에 필수적인 내용을 담고 있기 때문에 이해하기 바란다.

표 7-2 MF/HF DSC 전기사양

	JSS-2150	JSS-2250	JSS-2500
IMO type approved	O	O	O

Output power	150W	250W	500W
Regulations	IMO A.806 (19), A.694 (17), MSC68 (68), MSC/Circ.862, IEC 60945 Ed.4 2002-08		
Transmission frequency	1605.0 to 27500.0 kHz (100 Hz steps)		
Reception frequency	90 to 29999.9 kHz (100 Hz steps)		
Frequency stability	Within ±s 10 Hz		
Watch-keeping frequencies	2187.5 kHz, 4207.5 kHz, 6312 kHz, 8414.5 kHz, 12577 kHz, 16804.5 kHz		
Type of emission	TEL (J3E), DSC, Telex (F1B), CW (A1A), Data (H2B, J2D), AM receiver (H3E)		
User programmable channel	Up to 400 (20 channels x 20 groups)		
ITU preset channel	1722 ch		
Channel switching time	15 sec or less		
Communication method	Push to talk (simplex, semi-duplex)		
Antenna impedance	50Ω		
Reception attenuation (ATT)	4 steps: 6dB, 12db, 18db, off		
Display	3.8-inch LED backlit (320 by 240 pixels)		
Communication speed	57.6 kbps		
Microphone input	-54 dBm		
Audio output	Loud speaker: 5W (8Ω), handset phone: 1mW or more (150Ω)		
Interface	IEC61162-1 (GPS/AME/RMS)		
Compass safety distance	1.9 m		
Receiving system	Double superheterodyne		
Sensitivity (SINAD 20dB)	J3E: ≤ 2.5μV, F1B: ≤ 0.7μV, A1A: ≤1.4μV		
RMS interface	Built-in		
Transmitter output 1.6-4 MHz	DC. 100Wpx	DC:100Wpx, AC: 200Wpx	DC:100Wpx, AC: 400Wpx
Transmitter output 4-27.5 MHz	DC: 150Wpx	DC:150Wpx, AC: 250Wpx	DC:150Wpx, AC: 500Wpx
Power	21.6-31.2V DC (optional power supply 90-132V AC, 180-264V AC)		
Consumption	DC: TX ≤ 30A,	DC: TX ≤ 40A,	DC: TX ≤ 40A,

	RX ≤ 5A	RX ≤7A AC: TX ≤ 2.0kVA, RX ≤ 0.5kVA	RX ≤ 7A AC: TX ≤ 3.0kVA, RX ≤ 0.5kVA
Power saving	Relays are turned off when in sleep mode		
Ambient conditions	Operating temperature: -15° to 55°C (display), -25° to 55°C (antenna tuner)Storage temperature: -15° to 55°C (display), -25° to 70°C (antenna tuner) IP protection rate: IP22 (display), IP66 (handset)Relative humidity: 0% to 93% non-condensing		

위의 표 7-2에 나타낸 전기적 사양의 각 항목을 설명하면 다음과 같다. 단, 보다 상세한 설명은 뒷장에서 설명하고, 여기서는 학습자들이 무엇을 더 공부해야 하는지를 알기위한 목적으로 간략하게 설명한다.

2.5.1 DSC의 정체

(1) JSS-2150 JSS-2250 JSS-2500 : 3가지 종류의 모델을 나타낸다. 이러한 모델 번호는 모든 장비에 부착되어 있다. 동일한 MF/HF DSC 무선장비라 하더라도 모델마다 사양이 다르기 때문에 고장 수리를 위해서는 모델 번호를 수리회사에 알려주어야 한다.

(2) IMO type approved : IMO의 형식승인을 받은 장비라는 의미이다. IMO의 형식승인을 받지 않은 무허가 장비를 사용하는 경우에는 해당국가마다의 규정에 의거하여 법에 위배될 수 있음에 주의해야 한다.

(3) Output power : 150W 250W 500W : 모델별 3가지 출력(Watt)을 나타내는데, 이러한 Watt의 의미를 알아야 한다.

(4) Regulations : IMO A.806 (19), A.694 (17), MSC68 (68), MSC/Circ.862, IEC 60945 Ed.4 2002-08 : 제작회사는 이러한 IMO의 회의자료, 회람, 의결서 등에 포함된 규정을 근거로 제품을 만들어야 IMO의 형식승인을 받을 수 있다. 제작과 관련된 IMO 자료를 사용자들이 굳이 알 필요는 없으나, 법적인 근거에 대해서는 사용자도 알고 있어야 한다.

2.5.2 전기적 사양

(5) Transmission frequency : 1605.0 to 27500.0 kHz (100 Hz steps) : 송신 주파수는 1605.0 kHz에서부터 27500.0 kHz까지의 주파수가 100

Hz의 간격으로 단계별로 구분되어 있다.

(6) Reception frequency : 90 to 29999.9 kHz (100 Hz steps) : 수신 주파수는 90.0 kHz에서부터 29999.9 kHz까지의 주파수가 100 Hz의 간격으로 단계별로 구분되어 있다. 이와 같이 수신주파수와 송신주파수는 서로 다르다. 그래서 MF/HF DSC는 Duplex 방식으로 송수신한다.

(7) Frequency stability : Within ± 10 Hz : 주파수 안정도는 송수신 주파수의 + 10 Hz와 - 10 Hz 사이에서 안정화되어 있다는 의미이다. 송수신 주파수가 들쭉날쭉하면 통화품질이 약화되기 때문에 주의해야 한다. ± 10 Hz의 주파수 안정도는 대단히 우수한 성능이다.

(8) Watch-keeping frequencies : 2187.5 kHz, 4207.5 kHz, 6312 kHz, 8414.5 kHz, 12577 kHz, 16804.5 kHz : 감시 주파수는 이와 같이 6가지가 있는데, 이러한 주파수는 규정에 명시된 것으로, 장비 제작회사에서 임의로 정한 것이 아니다.

(9) Type of emission : TEL (J3E), DSC, Telex (F1B), CW (A1A), Data (H2B, J2D), AM receiver (H3E) : 음성 전화는 J3E 방식으로 전송하고, 텔렉스는 F1B, CW는 A1A, Data는 H2B와 J2D, AM 수신기는 H3E 등의 전송방식으로 전송한다는 의미이다. 이러한 전송방식은 무선통신에서 대단히 중요한 것이기 때문에 모든 의미를 알아야 한다. 예를 들어 전화의 송신방식(TEL (J3E))을 살펴보자. 1) 주반송파의 변조형식은 'J'로서 '단측파대의 억압반송파'를 이용하고, 2) 주반송파를 변조시키는 신호의 특성은 '3'인데 이는 아날로그 정보를 포함하는 단일채널 방식을 의미하며, 3) 송신할 정보 형태는 'E'로서 이는 전화를 의미한다. 이러한 전송방식은 법으로 규정되어 있는데, 그 내용은 뒷장에 상세하게 기술하였다.

(10) User programmable channel : Up to 400 (20 channels x 20 groups) : 사용자가 임의로 사용할 수 있는 프로그램 채널은 400개인데, 각 그룹마다 20개의 채널을 이용하여 20개의 그룹을 호출할 수 있다.

(11) ITU preset channel : 1722 ch : ITU 해제 채널은 1722이다.

(12) Channel switching time : 15 sec or less : 채널 절환 시간은 15초 또는 15초 보다 작다.

(13) Communication method : Push to talk (simplex, semi-duplex) : 단신과 준-복신 모두 송수화기의 푸쉬 버튼을 누르고 통화한다. 단신

(Simplex Operation)은 통신 채널의 각 방향에서 전송이 교대로 가능한 운용방식을 의미하고, 복신(Duplex Operation)은 통신채널의 양쪽 방향에서 전송이 동시에 가능한 운용방법이다. 준-복신은 단신과 복신의 중간 정도를 의미한다.

(14) Antenna impedance : 50 Ω : 안테나가 갖고 있는 저항성분을 의미하는데, 50 Ω은 대단히 작은 값이다. 그러나 이러한 저항은 단순하게 50 Ω을 의미하는 것이 아니라 주파수에 따라서 의미가 알라지는 임피던스(impedance)임에 주의해야 한다.

(15) Reception attenuation (ATT) : 4 steps: 6 dB, 12 dB, 18 dB, off : 수신 감쇄는 4단계로 되어 있다.

(16) Display : 3.8-inch LED backlit (320 by 240 pixels) : 표시기는 3.8인치짜리 LED 후광표시방식을 이용하고, 해상도는 가로방향으로 320 픽셀, 세로방향으로 240 픽셀을 갖고 있다. 모니터를 자세하게 들여다보면 마치 잠자리 눈과 같이 많은 발광 소자들로 구성되어 있는데 이를 픽셀이라 한다.

(17) Communication speed : 57.6 kbps : 전송속도는 무선통신에 대단히 주요한 요소이다. 초당 57.6 킬로바이트(kilo-byte)로 전송한다. 고속 전송을 의미한다.

(18) Microphone input : -54 dBm : 마이크에 입력되는 소리의 크기는 원래 소리 크기가 54 dBm만큼 감쇄되어 입력된다는 의미이다. 인간의 목소리는 대단히 큰데, 이러한 목소리의 크기가 모두 마이크에 입력된다면 좋겠지만, 음성을 전기신호로 변환시키는 마이크로폰의 특성상 대략 이만큼의 양이 감소되어 입력된다. 그러면 -54 dBm은 얼마큼의 양일까? 뒷장에서 학습한다.

(19) Audio output : Loud speaker: 5W (8Ω), handset phone: 1mW or more (150Ω) : 스피커는 8 옴 5 와트 출력을 갖고 소리를 크게 재생할 수 있는 소리 증폭용(louder)이다. 송수화기에 내장된 소형 스피커는 귀 고막을 보호하기 위하여 150 옴의 1 mW 또는 그 이하의 작은 출력 스피커를 사용한다. 여기서도 8 옴과 150 옴의 특성은 주파수에 따라 변하는 임피던스 개념임에 주의한다.

(20) Interface : IEC61162-1 (GPS/AME/RMS) : GPS/AME/RMS 등과의

인터페이스에는 국제전기규정 IEC61162-1을 적용한 인터페이스를 사용하고 있다.

(21) Compass safety distance : 1.9 m : Magnetic Compass는 통신기에서 출력되는 자장의 영향을 받기 때문에 최소한 1.9 m 이격시켜야 한다.

(22) Receiving system : Double superheterodyne : 수신 시스템은 이중 슈퍼헤테로다인 방식을 이용하고 있다. 이중 슈퍼헤테로다인 방식이란 무엇일까?

(23) Sensitivity (SINAD 20dB) : J3E: ≤ 2.5 μV, F1B: ≤ 0.7 μV, A1A: ≤ 1.4 μV : 감도는 J3E 전송방식의 경우 2.5 μV 이하, F1B 전송방식의 경우 0.7 μV 이하, A1A 전송방식의 경우 1.4 μV 이하이다.

- 여기서 SINAD라는 것은, Signal-to-Noise And Distortion을 의미하는 것으로, 신호-대-잡음(Signal-to-Noise)과 신호의 왜곡(Distortion)을 나타낸다. FM방식 수신기에서 감도를 측정하는 하나의 기준이다.

- 'SINAD = (신호전압 + 잡음전압 + 왜곡전압) / (잡음전압 + 왜곡전압)'으로 계산되며, 신호전압이 잡음전압이나 왜곡전압에 대해서 얼마큼 큰지를 나타내기 위한 전압 비율을 나타낸다.

- 그리고 1.0 μV는 1 볼트의 10의 -6승에 해당하는 0.000001 볼트로서 대단히 작은 값이다. SINAD는 가능한 수 μV 이하의 작은 값이 되어야만 원활한 수신이 가능하다.

- 감도(Sensitivity)라는 것은 통신 가능한 최소한의 입력 레벨을 의미하는 것으로, 수신기의 복조 출력이 일정한 수준에 도달할 수 있는 레벨이다. 디지털 방식에서는 수신기의 복조 출력이 BER(Bit Error Rate: 비트오차율)의 기준 값과 일치할 때의 레벨로 정의하고, 아날로그 방식에서는 신호-대-잡음비를 나타내는 SINAD의 기준 값이 얻어질 때의 입력 수준으로 정의한다.

- 한편, 수신기에 표준 변조신호를 입력할 때 신호-대-잡음과 왜곡에 대한 크기를 SINAD 감도라 하며, 보통 이 값이 12 dB일 때의 입력 레벨을 SINDA 감도로 정의한다. 여기서는 20 dB로 나타나 있다.

(24) RMS interface : Built-in : 원격 모니터링 서비스(Remote Monitoring Service)가 내장되어 있다.

(25) 'Transmitter output 1.6 - 4 MHz와 Transmitter output 4 - 27.5 MHz'에 나타난 AC와 DC의 의미는 다음과 같다. '100Wpx, AC: 200Wpx' 등의 의미는, 일단 송신출력이 송신 주파수 마다 다르고, DC 송신과 AC 송신에 따라서 다르다는 의미이다. 그리고 'DC:100Wpx' 또는 'AC:400Wpx'의 의미는 DC의 경우 첨두 포락선 전력이 100 Watt, AC의 경우는 첨두 포락선 전력이 400 Watt라는 의미이다. 여기서 '첨두 포락선 전력'이라는 것은, 무선장치의 정상동작 상태에서 송신장치로부터 송신공중선계의 급전선에 공급되는 전력으로서 변조 포락선의 첨두(peak)에서 무선주파수 1주기 동안에 걸쳐 평균한 것을 의미한다.(무선설비규칙 2007.8.31, 정보통신부령 제226호 개정의 제1장 총 칙의 제 2 조(정의) ①의 3)

(26) Power : 21.6 - 31.2V DC (optional power supply 90 - 132V AC, 180 - 264V AC) : 전원은 21.6 직류 볼트와 31.2 직류 볼트 사이를 사용하고, 선택적으로 90 ~ 132 교류 볼트와 180 ~ 264 교류 볼트를 사용할 수 있다.

(27) Consumption : 소비전력

- JSS-2150 : DC: TX ≤ 30A, RX ≤ 5A (JSS-2150 모델의 경우는 DC만 사용하는데, 송신(TX, Transmitting) 시에는 30 암페어, 수신(RX, Receiving) 시에는 5 암페어 이하
- JSS-2250 : DC: TX ≤ 40A, RX ≤7A / AC: TX ≤ 2.0kVA, RX ≤ 0.5kVA : JSS-2250 모델의 경우는 DC와 AC 모두를 사용할 수 있는데, AC의 경우만 보면, 송신 시에는 2,000 볼트-암페어(VA), 수신시에는 500 볼트-암페어(VA) 이다. 여기서, 볼트-암페어(VA)는 '전력 P = 전압 V(볼트) × 전류 A(암페어)'의 의미이다.
- JSS-2500 : DC: TX ≤ 40A, RX ≤ 7A / AC: TX ≤ 3.0kVA, RX ≤ 0.5kVA (상기 의미와 같다)

(28) Power saving : Relays are turned off when in sleep mode : 휴지모드로 돌입하면 릴레이가 작동하면서 전원이 차단되기 때문에 전원을 절약할 수 있다.

2.5.3 환경적인 사양

(29) Ambient conditions : 환경 조건

- Operating temperature : -15° to 55°C (display), -25° to 55°C (antenna tuner) : 장비의 작동온도로서, 표시기는 LCD 소재로 되어 있는바 -15도 이하의 너무 추운 날씨에는 동결되어 깨지거나 작동하지 않을 수 있음에 주의해야 한다.
- Storage temperature: -15° to 55°C (display), -25° to 70°C (antenna tuner) : 장비의 보관 온도로서, 안테나 튜너는 70도의 대단히 더운 곳에 보관 가능하지만, 표시기는 55도 이상의 너무 더운 곳에 보관하면 LCD 패널이 고장 날 수 있음에 주의해야 한다.
- IP protection rate: IP22 (display), IP66 (handset) : IP는 침수 방지(Ingress Protection) 코드를 의미하는 것으로, 디스플레이는 IP22를 적용하고, 송수화기는 IP66을 적용한다.
- Relative humidity: 0% to 93% non-condensing : 이 장비는 압축되어 있지 않은 습기 0%에서 93%까지의 상대습도에서 견딜 수 있다. 상대습도 100%는 완전히 물에 젖은 상태를 의미하는 바, 93% 상대습도는 대단히 습기가 많은 상태로서 이 정도의 습도에서도 동작을 한다는 의미이다.

(30) 연락처

매뉴얼에는 다음과 같은 각 지역별 연락처가 있다. 고장수리 및 유지보수를 위해서 연락처를 알고 있어야 한다.

JRC in Europe/Africa
Cessnalaan 40-42
1119 NL Schiphol-Rijk
The Netherlands

T +31 20 658 0750
F +31 20 658 0755
W jrceurope.com

JRC in Asia/Oceania
Fujisawa bldg. 30-16
Ogikubo 4-chome Suginami-ku
Tokyo 167-8540, Japan

T +81 3 6832 1721
F +81 3 6832 1845
W jrc.co.jp

JRC in the Americas
1011 SW Klickitat Way, B-201
Seattle, WA 98134
USA

T +1 206 654 5644
F +1 206 654 7030
W jrcamerica.com

3. 선교용 VHF 무선전화기

- 출처 : JRC(2012), Catalogue : JHS-770S/JHS-780D, Japan Radio Co., Ltd., (Web : http://www.jrceurope.com/Products/Communication/31/VHF-radiotelephone/28/JHS-770S-JHS-780D/Features, Access dated : 2012.12.31)

3.1 카탈로그 학습 목적

DSC 제어장치를 VHF 무선전화기와 연계하면 조난호출을 위한 DSC 통신장비를 구축할 수 있다. VHF는 일반 무선통신과 다양한 통신에 사용하는 장비로서 선박에서 가장 많이 사용하는 장비이다.

본 절에서는 JRC에서 생산하는 VHF 무선전화기의 사양을 살펴보고, 이에 대한 유지 보수 능력 향상과 관련 용어 및 기술과 이론에 대한 사전 인지에 학습목표를 둔다.

3.2 특징

3.2.1 개요

- Available as semi-duplex or full-duplex, this class A VHF radiotelephone incorporates advanced modular design that allows for maximum installation flexibility.
  (해석) JHS-770S/JHS-780D VHF 무선전화기는 Class A에 해당하는 장치로서 반-복식 또는 복식 데이터 전송방식을 채용하고, 최대한 설치의 유연성을 확보하기 위하여 진보된 모듈 형태로 설계되어 있다.

3.2.2 AIS에 의한 직접호출

- When connecting your AIS to the new VHF, new possibilities become available. This innovative feature, unique to JRC, allows you with one push of the button, to quickly navigate through a list of targets in your surrounding area. Bearing, range and MMSI information of target vessels are sorted from the shortest range upwards. You can now easily select the vessel you wish to get in contact with, and send a DSC message immediately.
  (해석) 귀 선박의 AIS를 새로운 VHF와 연결하면 새로운 가능성이 있는데, 이러한 혁신적인 특징이 JRC의 자랑이며 귀 선박

부근에 있는 상대방 선박의 목록을 통해서 신속한 통신이 가능하다. 상대 선박의 방위와 거리 및 MMSI 정보는 매우 가까이 있는 물표의 정보까지 저장된다. 따라서 귀하가 원하는 선박과 편하게 통신할 수 있고 DSC 메세이지를 신속하게 전송할 수 있다.

3.2.3 선명한 화면

- The integrated 3.8-inch high brightness silver LCD screen realizes improved visibility with excellent sunlight view ability. The main data is displayed in large characters for easy reading.
(해석) 3.8 인치 고선명도의 은색 LCD 스크린은 선명한 화면과 햇빛에서도 화면이 잘 보인다. 중요한 정보는 쉽게 볼 수 있도록 큰 글자로 나타냈다.

3.2.4 Intercom과 Loudhailer

- The VHF radiotelephone has intercom functionality for easy communication with multiple other VHF controllers onboard. Additionally, to always be in full control and on top of communication with deck or dock hands, a loud-hailer function is built in. An optional external speaker with amplifier increases talk power, making your messaging loud and clear, thereby adding to the safety of the vessel.
(해석) VHF 무선전화는 인터콤 기능이 있어서 선박에 설비한 다중 VHF 제어기와 쉽게 통신할 수 있다. 즉, 마치 워키토키와 같은 기능을 할 수 있다는 의미이다. 또한, 선교 이외의 갑판이나 도크에서 통신하기 위하여 소리를 크게 하는 기능(Loud hailer)이 내장되어 있다. 스피커와 앰프를 추가하

여 통화 파워를 증대시키면 더 크고 깨끗하게 통화할 수 있어서 선박 안전에 기여할 수 있다.

3.2.5 Extendable up to 5 controllers

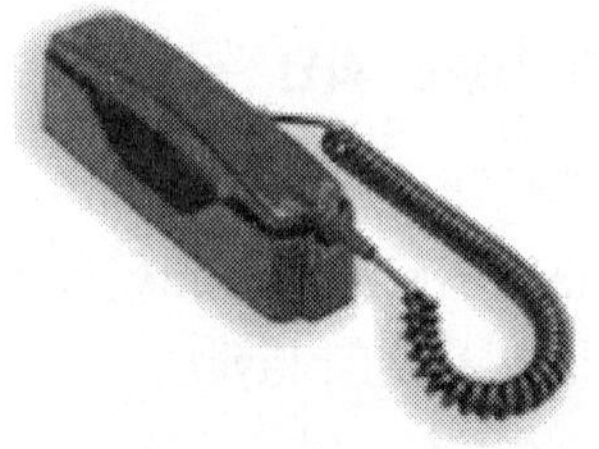

- The VHF series configuration allows having up to 5 controllers covering various important sections onboard. Additionally, there is a range of possibilities for connecting extra handsets and printers.
  (해석) VHF는 여러 중요한 장소에서 원격으로 작동시킬 수 있는데, 총 5대까지 원격으로 제어기를 연결할 수 있다. VHF 제어기가 있는 곳에서는 핸드셋과 프린터기를 추가로 연결할 수 있다.

3.2.6 120 seconds digital recording

- JRC has included a recording function for the last 120 seconds of open squelch (voice). In situations where loud engines or other background noises disrupt your reception, this characteristic feature enables you to immediately repeat any unclear messages.
  (해석) 이 장비는 open squelch(음성의 경우)의 마지막 120초 동안 기록하는 기능이 있다. 큰 소리가 발생하는 엔진이나 다른 배경 잡음이 귀하의 수신통화를 방해하는 경우, 이 기능은 불명확한 메세이지를 즉시 반복해서 들을 수 있게 한다. 여기서, Squelch는 한글 그대로 '스퀠치'라고 부르는데 영어로는 억압한다는 의미이고 약자로 'SQ'라 한다. Open 스퀠치는, 수신 신호에 원하지 않는 큰 잡음이 섞이는 경우, 자동으로 음성 출력을 차단시키는 기능이다. 이러한 경우에 통화내용을 녹음하여 반복해서 들으면 무슨 내용인지를 확인할 수 있다.

3.2.7 Wing Controller

- For wing and/or outside applications, JRC has developed an

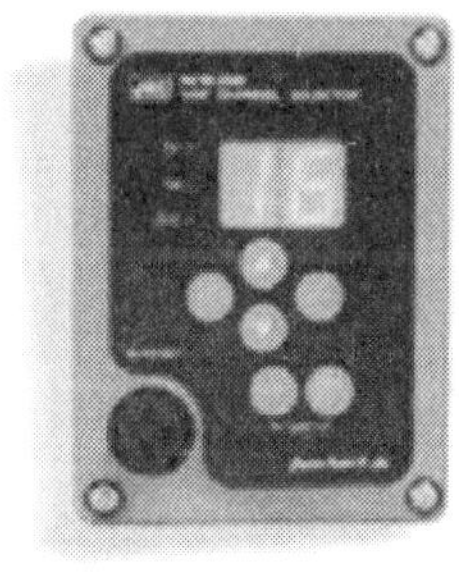

optional, simplified channel selector. This compact weatherproof unit allows basic operation, such as channel and power selection, and has a channel 16 preset.
(해석) Wing 제어기는 현측 선교(Wing bridge)나 다른 장소에서 VHF를 사용하기 위한 기능이다. 외부에 노출되어 있기 때문에 방수기능이 기본 사양으로 적용되고 채널과 파워를 선택할 수 있으며 채널 16번을 미리 셋팅할 수 있다. 참고 : 여기서, 채널 16번은 VHF를 이용하여 상시 무선주파수를 청취해야 하는 채널이다.

3.2.8 Easy Operation

- The combination of push buttons and JOG dial operation, together with JRC's innovative software including easy menu structures ensures logical, accurate and convenient operation.
  (해석) 푸쉬 버튼과 조그 다이얼(JOG dial)의 조합 및 JRC의 혁신적인 소프트웨어를 이용하여 매뉴얼을 쉽게 볼 수 있어서 논리적이고 정확하며 편리하게 사용할 수 있다.

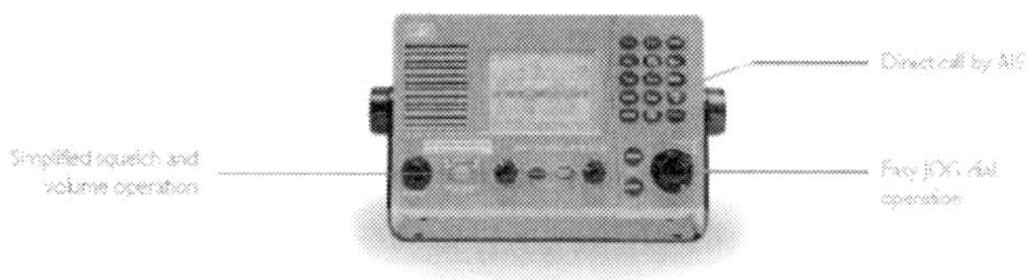

3.2.9 Easy Configuration

- The JHS-770S/780D is developed upon maximum flexibility, having a separate transceiver and controller allowing flexible installation in confined spaces. Panel, desktop or overhead mounting is possible with this size reduced VHF radiotelephone.
  (해석) 이 장비는 송수신과 제어기가 분리되어 있기 때문에 제한된 장소에 유연하게 설치할 수 있다. 패널 형태나 탁자에 설치할 수 있는 데스크탑(desktop) 구조 또는 콘솔 위에 설치가 가능하기 때문에 VHF 무선전화 사이즈를 감소시킬 수 있다.

4. 휴대용 VHF 무선전화기

- 출처 : JRC(2012), Catalogue : JHS-7, Japan Radio Co., Ltd., (Web : http://www.jrceurope.com/Products/Communication/31/VHF-radiotelephone/66/JHS-7/Features, Access dated: 2012.12.31)

4.1 카탈로그 학습 목적

선박에는 위에서 설명한 선교용 VHF 통신장비 이외에 다음 그림과 같은 휴대용 VHF 무선전화기를 비치해야 한다. 휴대용 VHF 무선전화기는, 수색구조를 위한 현장통신, 생존정에서의 양방향 무선전화기(two-way radiotelephone), 선박 사이의 생존용 양방향 통신 등을 목적으로 사용한다. 이 장비는 SOLAS 협약에 의거하여 선박 장착이 의무화된 장비이다.

4.2 특징

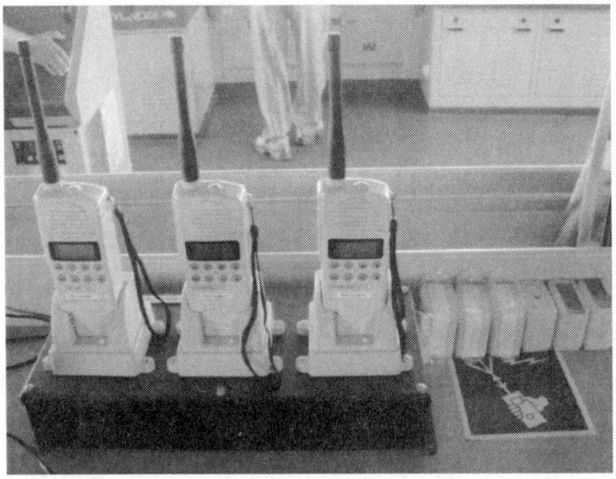

- The JHS-7 is a hand-held portable VHF radiotelephone for on-scene, life-saving two-way communication between ships, which is in accordance with the SOLAS convention. The JHS-7 is robustly designed to survive in the harshest marine conditions. The JHS-7 comes standard with 13 single-frequency voice channels including Channel 16 (156.800 MHz), using only 0.25 to

1 Watt of transmitted power. It can also be used for onboard communication.
(해석) JHS-7은 휴대용 VHF 무선전화기로서, 현장통신, 생존정에서의 양방향 무선전화기(two-way radiotelephone), 선박 사이의 생존용 양방향 통신 등에 사용된다. 이 장비는 SOLAS 협약에 의거하여 의무화된 장비이다. JHS-7은 열악한 해상 환경에 잘 견디도록 제작되어 있다. JHS-7은 단지 0.25 ~ 1 와트 정도의 저전력 송신파워를 이용하여 채널 16(156.800 MHz)을 포함한 13개의 단일 주파수 음성 채널을 갖는 표준 장비이다.

- Heavy-duty design : The JHS-7 is designed to operate for 8 hours straight, even in extremely severe operating conditions.
(해석) 아무리 열악한 환경에서라도 8시간 연속하여 작동

- Single-hand operation : The JHS-7 offers single-handed operation due to the suitably arranged buttons and switches, providing safe, precise and convenient control of work handling operations.
(해석) 한손으로 작동할 수 있는 구조 : 버튼과 스위치가 장치에 설치되어 있어서 한손으로 작동할 수 있는데, 작업자가 안전하면서 세밀하고 편리하게 조절 할 수 있는 구조로 제작되어 있다.

- Mechanical ruggedness : The JHS-7 has a hardened outer shell, which will remain intact after a drop onto a hard surface from a maximum 1-meter height.
(해석) 기계적인 견고함 : 1 미터 높이에서 딱딱한 곳에 떨어트려도 깨지지 않는다.

- Watertight : The JHS-7 is so tightly made that water cannot enter, ensuring normal usage, even in rough conditions.
(해석) 방수 : JHS-7 모델은 일반적인 환경은 물론 거친 환경에서도 물이 들어가지 않도록 방수처리가 되어 있다.

- Low power consumption : The JHS-7 is designed to minimize the power consumption and to maximize the operating time. Its sleeping mode functionality ensures over 8 hours of operating time.
(해석) 저전력 소모 : JHS-7 모델은 전력소모가 최소면서 작동시간은 최대로 증대시켰다. 이 모델에는 휴지 모드가 있어서 작동하지 않는 시간에는

전력이 극소화되기 때문에 8시간 이상의 작동시간을 보장한다.

- Sunlight resistance : The JHS-7 is composed of unique selected components and materials, which endures extensive sunlight exposure.
  (해석) 노출에 강한 특성 : JHS-7 모델은 독특한 구성품과 재질을 사용하기 때문에 햇볕에 노출되어도 견뎌낼 수 있다.

- High reliability : Highly reliable ICs, transistors, LED's and other surface-mount devices are used.
  (해석) 높은 신뢰성 : 높은 신뢰성을 갖는 직접회로(IC)와 트랜지스터, LED 이외에 표면실장소자(Surface-Mount Devices, SMD) 등을 사용하였다. SMD라는 것은 트랜지스터와 같은 부품을 기판 바닥에 납작한 모양으로 만들어서 기판에 착 달라붙게 만든 소자를 의미한다. 그래서 고장이나 훼손 등으로부터 보호될 수 있다.

제8장 수색구조 레이더 응답기

SART는 선박에 장착된 9 GHz 레이더에 특이한 도트가 표시되어 조난당한 선박이나 구조정을 쉽게 인식하기 위한 레이더 응답 장치이다.

그래서 이름이 Search And Rescue Radar Transponder이다.

SART는 선박이 침몰되기 전에 구조정에 옮겨 타면서 항해사가 반드시 휴대해야 할 장비이다. SART가 있으면 여러분들의 조난 위치를 수색구조 선박에서 쉽게 확인할 수 있다.

귀중한 생명을 보호하기 위하여 SART를 자기 목숨과 같이 귀중하게 유지보수해야 한다.

- 저자 -

1. 수색구조 레이더 응답기

1.1 개요

수색구조 레이더 응답기(Search And Rescue Radar Transponder, SART)는 GMDSS의 핵심장비로서 조난당한 선박(즉, 조난선박) 또는 구조정의 위치를 표시하는데 사용한다. SART의 특징은 다음과 같다.

1) SART는 규정(III/6.22, IV/7.13)에 의거하여 선박설치가 의무화된다.

2) SART는 9 GHz X-밴드에서 작동한다.

3) SART는 선박과 수색용 항공기에 장착된 9 GHz X-밴드 레이더 전파에 응답하여 반사 전파를 송출하고, 반사된 전파는 선박이나 수색용 항공기의 레이더 화면에 12개 이상의 도트(dot)로 연속 표시된다.

4) SART는 9 GHz를 사용하기 때문에, SART 신호 수신을 위해서 선박 또는 수색용 항공기에 현재 사용하고 있는 9 GHz 레이더를 변경할 필요가 없다.

5) SART는 선박에 장착하여 사용할 수 있고, 생존정에 휴대하여 사용할 수 있다. 이미 각 생존정에는 SART가 탑재되어 있다.

6) 침몰 선박에 있는 SART는 자동으로 부상하여 작동하며, 이러한 특징으로 인하여 SART는 자유부상 위성 EPIRB와 연계하여 사용할 수 있다.

1.2 SART 작동과 기술적인 특징

1) SART는 수동으로 작동시킬 수 있고, 바다에 떠 있는 경우에는 자동으로 작동한다.

2) 조난상황일 때 SART는 9 GHz 레이더 전파에 응답하기 위한 소인 주파수(swept frequency) 신호를 발생하기 때문에 선박의 레이더 화면에는 SART를 기점으로 선박에서 SART 방향 쪽으로 12개 이상의 휘점 코드(blip code는 '- - -'와 같은 도트 신호를 의미함)를 생성한다(그림 8-13).

3) 이러한 독특한 휘점 신호로 인하여 야간이나 시정이 악화된 상황에서도 SART의 위치를 쉽게 파악할 수 있다.

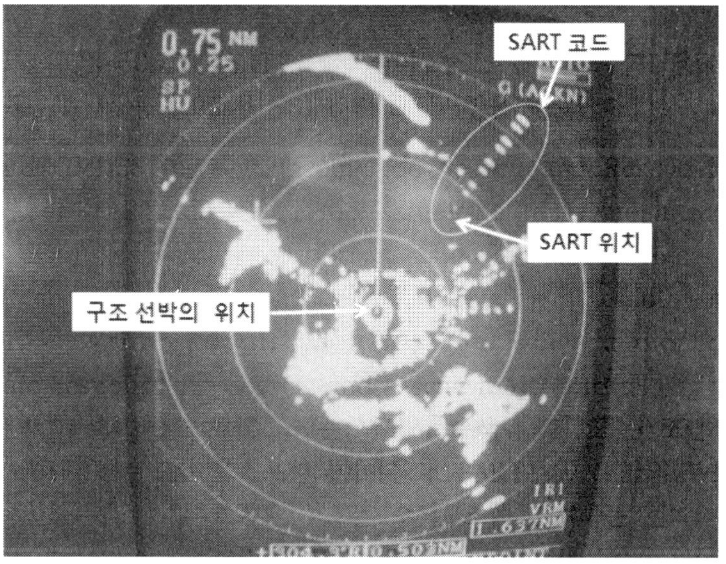

그림 8-1 RADR 화면상의 SART 신호 표시

4) SART에는 소형 LED와 '삑~ 삑~' 울리는 비퍼(bipper)가 있는데, 사용자가 SART 테스트 버튼을 누르면 정상 작동 시 LED가 깜빡 거리고, '삐~ 삐~' 하는 소리가 발생한다.

5) 생존정에서 휴대한 SART가 9 GHz 레이더에 응답하는 경우에는 이러한 시청각 표시가 나타나서 생존자가 수색구조용 9 GHz 레이더에 탐지되었음을 알 수 있다.

6) SART는 작동 대기상태에서 96시간 사용할 수 있는 배터리가 있는데, 이 배터리는 - 20도부터 + 55도까지의 온도에서 작동한다.

7) SART 안테나는 심한 너울성 파도에서도 9 GHz 레이더에 효율적으로 응답할 수 있도록 설계되어 있다. 이 안테나는 수직으로 서 있으면서 수평면에서 모든 방위로 전파될 수 있는 수직 극 다이어그램(vertical polar diagram) 특성을 갖고, 파도에서 수직으로 부유할 수 있도록 유체역학적으로 설계되어 있다. 그래서 SART에서 전송하는 전파는 수평면에서 무지향성 방사패턴으로 나타난다.

그림 8-2 SART의 겉모습

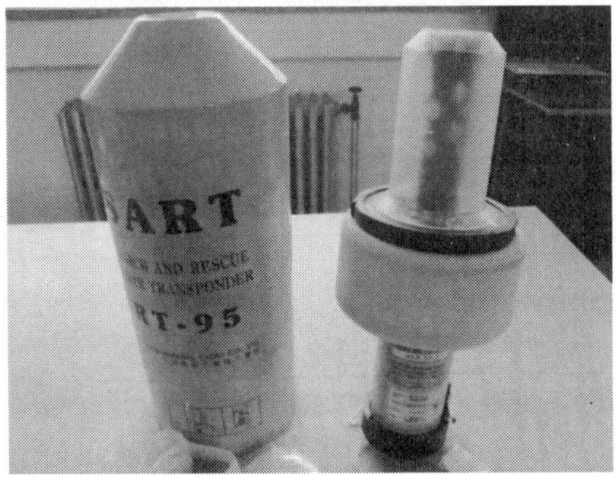

그림 8-3 SART 내부에는 오른쪽과 같은 SART가 들어 있다. 위의 하얀 부분은 Helical Antenna이다.

그림 8-4 Helical Antenna

그림 8-5 선교에 설치된 SART

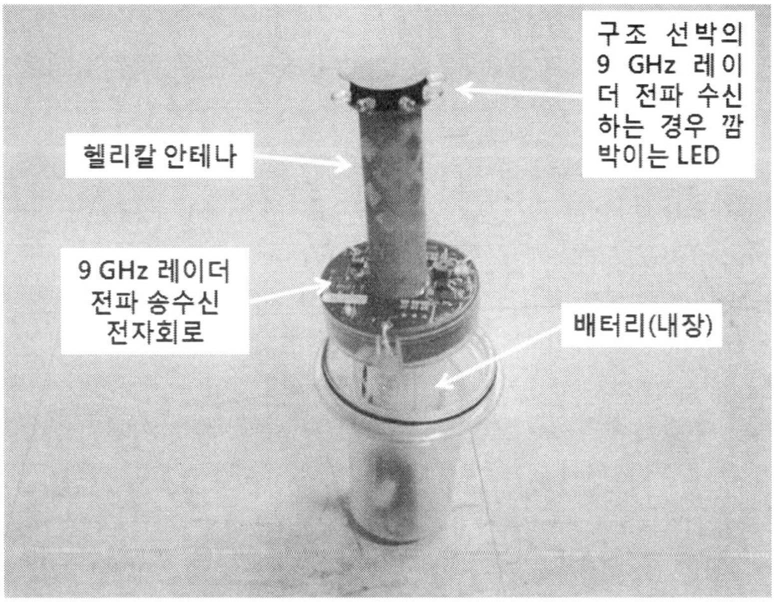

그림 8-6 SART의 구조(특히 Helical 안테나에 주목할 것)

2. 실제 SART의 사양

- 출처 : JRC(2012), Catalogue for SART JQX-30A, Japan Radio Co., Ltd., (Web : http://www.jrceurope.com/Products/Communication/30/SART/65/JQX-30A/Features,access dated: 2012.12.31)

2.1 개요

실제 SART의 전기적인 사양을 JRC의 SART 모델 JQX-30A에 대한 카탈로그를 이용하여 학습한다. 특히, 선박에서는 이러한 카탈로그를 이용하여 장비를 유지 보수하기 때문에 영문 내용과 한글을 병기하여 해석하고 설명한다.

2.2 특징

- The JQX-30A is a highly reliable and maintenance free search and rescue radar transponder and meets the requirements set by

SOLAS.
(해석) 모델 JQX-30A의 SART는 신뢰성이 높고, 유지 보수가 필요 없는 수색구조용 레이더 응답기로서 SOLAS의 요구사항을 준수한다.

- Shipboard GMDSS installations include Search and Rescue Radar Transponder (SART) devices, which are used to locate a survival craft or distressed vessel. A SART transmits a encoded signal over a 9GHz band, which creates a series of dots on a rescuing ship's radar display, providing the exact location, which allows for an immediate response for search and rescue (SAR) efforts.
(해석) 선박에 설치하는 GMDSS에는 반드시 수색항공기 또는 조난선박의 위치탐색에 사용하는 SART가 포함되어야한다. SART는 9 GHz의 부호화된 신호를 송신하는데, 이 부호화된 신호는 수색구조에 참여하는 선박의 레이더 화면에 여러 개의 도트(점) 형태의 비콘(beacon)을 생성하기 위한 것이다. 이러한 특징이 있기 때문에 정확하게 SART의 위치를 알아낼 수 있어서 수색구조(SAR) 활동에 즉각적으로 응답할 수 있다.

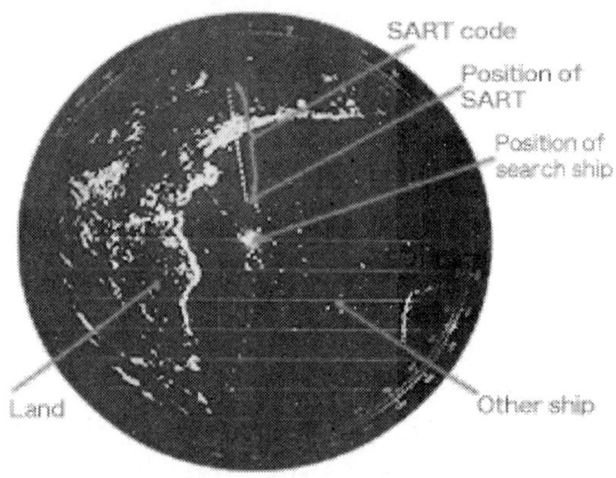

그림 8-7
레이더 화면에 나타난 SART의 12개 이상 도트의 예

그림 8-8
SART 모델 JQX-30A

2.2.1 완벽한 신뢰감 Giving confidence

- After the rescuing ship's radar detects the SART, a red light on the JQX-30A starts flashing intermittently, letting the survivors know

they have been located. As the ship gets closer to the distressed location, the red light gradually changes from intermittent to continuous, indicating the rescuing ship is getting closer.
(해석) 구조선박의 레이더에서 SART가 검출되면 JQX-30A는 적색의 플래시(번쩍거리는 불빛)가 즉각 발생하기 때문에 SART를 갖고 있는 조난자는 조난당한 위치가 다른 선박의 레이더에 알려졌음을 알 수 있다. 점점 구조선박이 SART에 접근할수록 천천히 깜빡이던 적색 불빛은 점차 연속적으로 깜빡이게 되어 구조 선박이 점차 접근하고 있음을 알 수 있다.

2.2.2 고도의 신뢰성 Highly reliable

- The SART can transmit of over 8 hours continuously, and the standby mode lasts up to 96 hours.
  (해석) SART는 연속하여 8시간 이상 작동할 수 있고, 대기모드에서는 96시간까지 작동할 수 있다.

2.2.3 공간절약형 설계 Space saving design

- The JQX-30A is brightly colored, lightweight and rugged, allowing for an easy fit. Its portable design allows it to be highly operational, suiting all types and tonnages of vessels, even on lifeboats and rafts.
  (해석) JQX-30A 모델은 밝은 컬러로 되어 있고, 가볍고 경고하기 때문에 장착이 쉽다. 이러한 휴대 가능한 설계로 인하여 고도로 작동 가능하여 생존정(lifeboat) 또는 생존용 뗏목(life-raft) 뿐만 아니라 모든 선박과 모든 톤수의 선박에 사용할 수 있다.

2.3 장착 방법의 예

- The JQX-30 A has a rod mount installed.
  (해석) JQX-30A 모델은 긴 봉(rod)에 설치한다.
- When using the JQX-30A, invert and reinstall this rod mount, then extend the rod part. Thus, the rod mount can be used as a

fitting to extend the antenna height to 1 meter or more. To mount the JQX-30 A, fix it at a position of good view using the attached string. For a closed type lifeboat, an optional mounting attachment is available for convenient mounting of the JQX-30A.
(해석) JQX-30A 모델을 사용하는 경우, 이 긴 봉을 거꾸로 세워서 설치하여 봉 부분을 길게 연장시킨다. 이러한 봉을 이용하여 안테나의 높이를 1 미터 이상 높일 수 있다. JQX-30A 모델을 고정하여 설치하는 경우에는 첨부된 끈을 이용하여 시야가 확 트인 잘 보이는 장소에 설치한다. 밀폐형 생존정의 경우에는 JQX-30A 모델을 용이하게 설치하기 위하여 별도의 부착도구를 제공하고 있다. 참고 : 안테나는 수면에서 가능한 높여야지만 전파를 원활하게 송수신할 수 있다. 그 이유는 전파는 해수에 흡수되고, 해수에서 반사되기 때문에 이러한 현상이 발생하면 전파의 송수신이 불가능하기 때문이다.

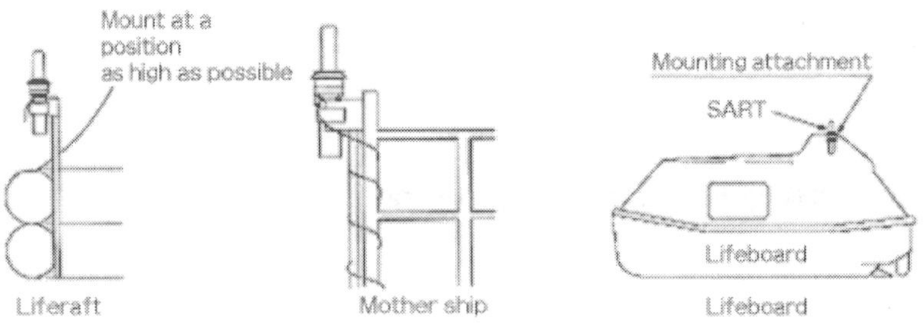

2.4 전기사양

JQX-30A 모델의 SART 전기 사양은 다음 표 8-1과 같다. SART의 원활한 운용을 위해서는 대단히 중요함으로 모든 항목을 이해해야 한다.

2.4.1 전기사양 분석

(1) FREQUENCY RANGE : 9200 to 9500 MHz : 선박용 레이더는 X-밴드의 9 GHz용과 S-밴드의 3 GHz용 등 2가지를 사용하고 있다. 이와 달리 SART는 선박 레이더에 응답하기 위한 생존 장비로서 9 GHz 레이더에 응답하도록 설계되어 있다. X-밴드의 9 GHz 주파수 범위는 9200 MHz(즉, 9.2 GHz) 에서부터 9500 MHz(즉, 9.5 GHz)이기 때문에 이 주파수와 동

일한 밴드에서 작동한다.

(2) POLARIZATION : Horizontal : 위에서 EPIRB 안테나의 편파방식은 한쪽 방향으로 곧게 진행하는 선형편파방식(linear)임을 설명한바 있다. 수평편파(Horizontal)는 선형편파방식의 일종으로 전계가 수평방향으로 진행한다는 의미이다. 수평방향으로 진행해야만 선박용 레이더에서 탐지할 수 있다.

표 8-2 SART의 전기사양

항목	기술사양
FREQUENCY RANGE	9200 to 9500 MHz
POLARIZATION	Horizontal
FORM OF SWEEP	Sawtooth • Forward : 7.5uS ±1uS • Return : 0.4uS ± 0.1uS The frequency sweep commences with a return sweep.
PULSE EMISSION	100uS
E. I. R. P.	400mW or more
EFFECTIVE RECEIVER SENSITIVITY	-50 dBm or better
DURATION OF OPERATION	96 hours in stand-by state followed by more than 8 hours of transponder transmissions while being continuously interrogated with a pulse repetition frequency of 1kHz.
TEMPERATURE RANGE	Operating : -20degC to +55degC Ambient : -30degC to +65degC
ANTENNA BEAMWIDTH	Vertical : ± 12.5 relative to the horizontal plane of the SART
Azimuth	Omnidirectional

(3) FORM OF SWEEP : Sawtooth / Forward : 7.5uS ±1uS / Return : 0.4uS ± 0.1uS / The frequency sweep commences with a return sweep. : 소인(sweep) 형태는 톱니파를 이용한다. 톱니파를 소인에 이용하는 이유를 설명하면 다음과 같다.

- 선박용 레이더는 물체의 탐지를 위하여 전파를 송신하고 수신하는 스캐너(Scanner)를 사용한다. 이 스캐너는 360도 회전하면서 일정한 거리에 있는 모든 물체를 탐지한다.

- 이 스캐너는 일정한 간격의 각도(0.1도라 가정하자)마다 아주 짧은 시간동안 정지하여 전파를 송신한 후 주위 물체에서 반사된 전파를 수신해서 물체의 거리와 방위를 획득한다. 그러면 어떻게 짧은 거리에서부터 먼 거리에 있는 물체를 알 수 있을까?
- 스캐너에서 송신되는 전파는 일시에 동일한 세기의 전파를 발생하는 것이 아니라 작은 강도의 신호부터 아주 센 강도의 신호를 일렬로 송신하기 때문에 신호 강도에 따른 거리마다 탐지된 물체를 파악할 수 있다. 이것을 소인(sweep이라하며 마치 톱의 날과 같이 생긴 신호(Sawtooth, 톱니파)를 이용한다.
- 톱니파는 선형적으로 증가하다가 갑자기 뚝 떨어지는 형태를 갖는데, 레이더에서는 이러한 톱니파를 0.1도 간격마다 송신과 수신에 적용하여 주위 물체를 탐지한다.
- SART에서도 톱니파를 이용하여 신호를 생성하는데, 톱니파가 증가하는 시간(Forward)은 7.5 마이크로초에 편차는 ± 1 마이크로초이고, 톱니파가 뚝 떨어지는 시간(Return)은 0.4 마이크로초에 편차는 0.1 마이크로초로서 안정화되어 있다.
- 그리고 이러한 주파수 소인은 소인(Return) 신호를 이용하여 시작한다.

(4) PULSE EMISSION : 100 uS : SART에서 송신되는 전파는 일종의 펄스 형태로 송출하는데, 송출하는 펄스는 100 마이크로초의 펄스이다.

(5) E.I.R.P. : 400mW or more : E.I.R.P.(또는 EIRP)라는 것은 실효등방성 복사전력(Effective Isotropic Radiated Power)을 의미한다. EIRP는 무선송신기의 성능을 측정하는 중요한 지표이다. 이 지표는 이상적인 등방성 안테나(Isotropic Antenna)에서 방사된 전력이 최대의 이득을 가지는 방향으로 송출한 실효전력을 의미한다. 즉, 얼마나 실질적으로 원하는 방향으로 전력을 방사하였는지를 나타내는 지표이다. JQX-30A 모델의 SART는 400 mW 이상이다.

2.4.2 환경사양 분석

(6) EFFECTIVE RECEIVER SENSITIVITY : -50 dBm or better : 실효 수신 감도

(7) DURATION OF OPERATION : 96 hours in stand-by state followed by more than 8 hours of transponder transmissions while being continuously interrogated with a pulse repetition frequency of 1 kHz. 작동시간 : 1 kHz의 펄스 반복 주파수에 대해서 연속적으로 응답하는 환경에서 8시간 이상의 응답기 전송이 가능하고, 여기에 더하여 96시간의 대기시간이 가능하다.

(8) TEMPERATURE RANGE : Operating : -20degC to +55degC

(9) Ambient : -30degC to +65degC

2.4.3 안테나사양 분석

(10) ANTENNA BEAMWIDTH : Vertical : ± 12.5 relative to the horizontal plane of the SART : 안테나의 빔 폭은 SART의 수평면에 대해서 수직방향으로 ± 12.5도이다.

(11) Azimuth : Omnidirectional : 전파의 방사 방위는 무지향성 즉, 모든 바위로 전파가 방사된다.

제9장 해사 안전정보 시스템

전 세계 항행 경보서비스(World-Wide Navigational Warning Service, WWNWS)는 위도와 경도로 구분한 NAVAREA에 위치한 선박에 대해서 항행경보의 전송과 이의 조정을 목적으로 한다.

WWNWS는 국제항해에 종사하는 선박의 항해안전에 중요한 정보를 제공하기 위한 세계적인 항행경보 서비스 체계를 의미한다.

WWNWS의 적절한 활용은 선박안전 확보에 중요하다.

- 저자 -

1. 개요

1.1 국제 해사안전정보 획득 방법

GMDSS의 중요한 기능 중 하나는 전세계항행경보서비스(World-Wide Navigational Warning Service, WWNWS)의 제공이다. WWNWS는 장비가 아니라 세계적인 항행경보 서비스 체계를 의미한다.

여기서, WWNWS의 한글표기를 '항해경보'라 하지 않고 '항행경보'라고 왜 지칭할까? 이것은 국내표준용어로서 '항행경보'라 부르고 있기 때문이다. 현재 해상에서는 '항해'와 '항행' 두 가지 모두 사용하는데, 일반적으로'항행'은 해상과 항공에 모두 적용하는 개념이고, '항해'는 주로 해상 선박을 대상으로 하는 경우 사용한다.

WWNWS는 선박에 대해서 항행경보의 전송과 이의 조정을 목적으로 IMO와 IHO에서 구축한 것으로, 국제 해사안전정보(Maritime Safety, Information, MSI)의 전 세계 확산과 전달을 목적으로 개발되었다.

WWNWS를 이용한 MSI를 국제적으로 확산하기 위한 무선 시스템과 이러한 시스템에 대한 요구사항은 SOLAS 제5장에 기록되어 있다. WWNWS는 MSI의 세계적인 확산을 위한 항행 서비스 체계로 정의할 수 있다.

이러한 WWNWS는 국제 NAVTEX 장비를 이용하여 방송을 수신하고, WWNWS에 적용되는 해역은 NAVTEX 장비에 적용되는 NAVAREA 해역이다. NAVAREA는 NAVTEX를 운영하기 위하여 위도와 경도로 구분한 해역을 말한다. 따라서 WWNWS를 이해하기 위해서는 NAVAREA의 범위를 알아야한다.

또한 WWNWS의 주 방송수신 장치는 국제 NAVTEX인데, 부차적으로 HF 협대역직접인쇄(Narrow-Band Direct-Printing, NBDP)를 사용할 수 있다.

한편, 국제 해사안전 정보(MSI)는 국제 SafetNET 시스템을 활용하여 확산할 수 있다. 국제 SafetNET 시스템 역시 WWNWS와 마찬가지로 하나의 장비가 아니라 국제 해사안전정보를 제공하기 위한 서비스 체계이다.

국제 SafetNET 시스템을 활용하기 위해서는 EGC(Enhanced Group Call) 장비가 필요하다.

이러한 해사안전정보 시스템을 요약하면 다음과 같다.

(1) 국제적으로 해상에서의 항행안전을 위하여 국제 해사안전정보(MSI)가 있다.

(2) MSI를 확산하고 전파하기 위한 통신 및 서비스 체계로서 WWNWS가 구축되어 있다.

(3) WWNWS 서비스를 제공받기 위해서는 국제 NAVTEX 수신기가 필요하고, HF 대역의 NBDP를 이용할 수 도 있다.

(4) WWNWS 서비스를 제공받기 위해서는 국제 NAVTEX에 적용되는 NAVAREA를 알아야 한다.

(5) WWNWS는 모든 형태와 크기의 선박에 대해서 서비스함에 반하여, NAVAREA 경보는 국제 해상무역과 해상운송에 대한 서비스가 목적이다.

(6) 또한, 부가적으로 MSI의 확산과 서비스를 위하여 국제 SafetNET 시스템이 구축되어 있다.

(7) 국제 SafetNET 시스템을 제공받기 위해서는 EGC(Enhanced Group Call)이라는 장비가 필요하다.

한편, NAVTEX는 자국 연안에서만 사용할 수 있는 국내 NAVTEX와 전 세계 어디서든지 사용할 수 있는 국제 NAVTEX가 있다. 국제 항해에 종사하는 선박에서는 국내용과 국제용이 서로 혼합된 국제 NAVTEX를 사용한다. 국제 NAVTEX의 공식 언어는 영어이다.

1.2 WWNWS의 해역 구분

앞에서 설명한 바와 같이 WWNWS는 NAVAREA를 대상으로 서비스한다. 그림 9-1은 NAVAREA를 나타낸 것으로 세계를 16개 해역으로 구분한 것이다.

16개의 해역을 구분하는 방법은, 그리스 문자 I(일)부터 XVI(십육)을 이용하여 구분한다. 그리스 문자 1번은 영국을 포함하는 유럽지역이고, 우리나라는 일본과 말라카해협까지를 포함하는 그리스 문자 11번으로 지정되어 있다. 마지막 그리스 문자 16번은 에콰도르와 페루 부근의 해역으로 지정되어 있다.

이와 같이 16개 해역으로 NAVAREA를 구분한 이유는, 국제 NAVTEX에서 수신하는 방송 내용이 각 해역마다 서로 다르기 때문이다. 만약 국제 NAVTEX에서 수신하는 방송 내용이 세계적으로 모두 동일한 것이라면 이러한 구분이 필요 없을 것이다. 즉, 해당 해역이외의 해역에 대해 불필요한 항행경보의 정보를 제공하지 않기 위해서이다. 예를 들어, 미국 서부 해안은 그리스 문자 12 해역인데, 그리스 문자 12 해역의 정보를 우리나라가 속한 그리스 문자 11 해역에서 수신할 필요가 없기 때문이다.

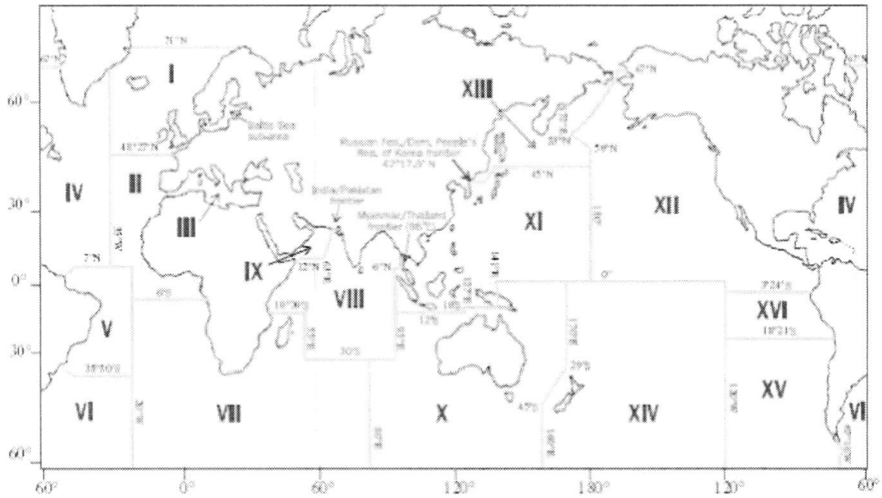

그림 9-1 NAVAREA 서비스 구역의 16개 분할도

한편, 국제 NAVTEX는 전 세계가 동일한 주파수를 이용하고 있는데, 한국을 포함하는 그리스 문자 11 해역과 11해역에 인접한 13 해역(캄차카 반도 포함하는 해역)은 방송 내용이 서로 다르다. 따라서 해역과 해역이 서로 인접한 해역의 경우에는 각 해역의 방송이 중복 수신되지 않도록 해야 하며, 주파수가 중복됨에 따라 발생하는 혼신을 방지해야 한다.

이를 위해서 NAVAREA는 그림 9-2에 나타낸 바와 같이 영문자 A부터 Z까지를 이용하여 그리스 문자로 구분한 16개 해역 각각을 다시 26개로 세분하여 식별하고 있다. 예를 들어, 우리나라와 일본을 포함하는 제 11 해역의 경우, 캄차카 반도를 포함하는 제 13 해역과 주파수가 중복되는 것을 피하기 위하여 식별 문자를 반대방향으로 정의하고 있다. 즉, 제 11 해역에서 Z 식별문자로 끝나는 해역과 인접한 제 13 해역에서는 식별문자 A를 부여하여 가능한 인접 해역과의 주파수 중복을 방지하고 있다.

북극의 경우, A부터 Z까지가 대단히 넓게 식별된 것으로 보이지만, 실제 지구는 둥글기 때문에 이 해역은 대단히 협소하다.

NAVAREA의 특징을 요약하면 다음과 같다.

① 세계를 그리스 문자 I(일)부터 XVI(십육)까지의 16개 해역으로 구분하고 있다.

② 각 해역은 다시 주파수 중복을 피하기 위하여 영문 대문자 A부터 Z까지의 26개 문자를 이용한 식별문자를 이용하여 주파수를 구분하고 있다.

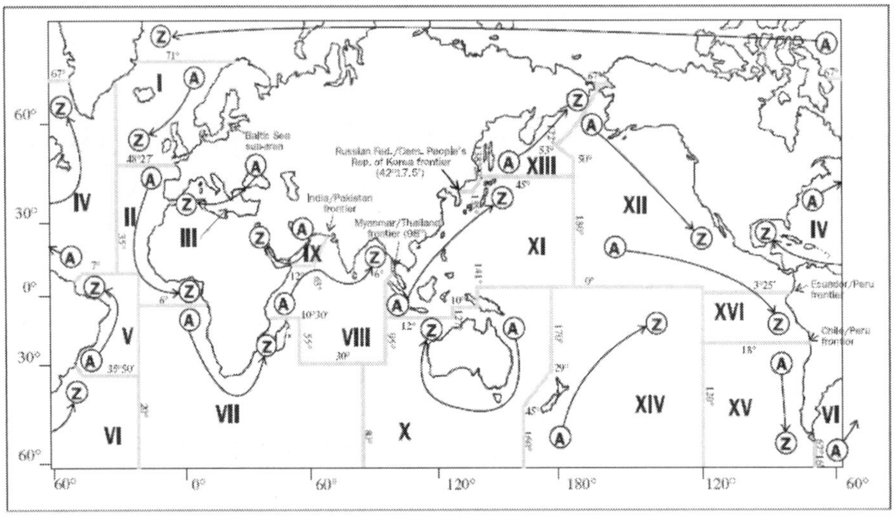

그림 9-2 NAVAREA에 대한 송신식별문자(A~Z) 배치도

한편, NAVTEX는 영어 방송 전용의 국제용으로만 사용하는 것이 아니라, 각 연안 국가에서 자국의 항해안전을 위하여 자국 언어로 서비스를 제공할 수 있다. NAVTEX는 다음과 같은 두 가지 종류가 있다.

1) 자국 언어로만 수신할 수 있는 국내용 NAVTEX : 한국의 경우 한글 방송만 수신 가능하고, 일본의 경우 일어 방송만 수신 가능하다.

2) 자국 언어와 영어 양 쪽 모두를 수신할 수 있는 국제용 NAVTEX : 자국 언어와 영어 중에서 선택하여 사용할 수 있다. 만약, 우리나라와 일본이 포함된 제 11 해역에서 국제 NAVTEX를 이용하는 경우, 우리나라에서는 한글 방송과 영어 방송 청취가 가능하고, 일본에서는 일어 방송과 영어 방송 청취가 가능하며, 그 내용은 동일하다. 한편, 우리나라와 일본은 가까운 거리에 있기 때문에 우리나라 연안에서도 일어 방송을 수신할 수 있고, 일본 역시 우리나라 방송을 수신할 수 있다.

2. 국제 NAVTEX 시스템

2.1 개요

국제 NAVTEX 시스템은 MSI를 확산하고 전파하기 위한 국제 직접인쇄 서비스(direct-printing service)를 제공하기 위한 것이다. 직접인쇄라는 것은 음성을 이용하는 것이 아니라 문자나 숫자로 나타낸 항행경보 내용을 종이에 직접 인쇄하는 것을 의미한다. NAVTEX 또는 HF 대역의 NBDP가 이러한 장비에 속한다.

국제 NAVTEX 시스템은 다음과 같은 특징이 있다.

① NVATEX 서비스 범위 : 연안에서 약 400 해리 정도의 해상

② NAVTEX 서비스 대상 선박 : WWNWS 서비스 해역에 있는 모든 형태와 크기의 선박에 대해서 서비스한다. 이에 반하여 NAVAREA 경보는 국제 해상무역과 해상운송에 대한 서비스가 목적이다.

③ NAVTEX의 부가 서비스 : 기상 예보와 경보, 다양한 긴급안전정보

④ NAVTEX의 부가 기능 : 선박 사용자가 메세이지 거부 기능을 이용하여 해상안전정보만을 선택적으로 수신할 수 있다.

2.2 국제 NAVTEX의 운용

국제 NAVTEX의 운용절차는 관련 협약국가들과 국제 NAVTEX 시스템에서 사용하는 518 kHz 주파수 사용 계획을 조정하기 위한 ITU 무선통신국(ITU Radio-communication Bureau)에 따르도록 되어 있고, 이러한 운용절차는 무선규칙(RR) 14A에 기록되어 있다.

국제 NAVTEX 운용과 절차에 관한 내용을 요약하면 다음과 같다.

1) 현존하는 NAVAREA를 국제 NAVTEX 서비스의 조정과 계획에 의거하여 사용할 수 있다.

2) IMO에는 NAVTEX 조정패널(Co-ordinating Panel)이 설치되어 있는데, 조정패널의 역할은, 국제 NAVTEX 서비스 계획을 지원하고, 이 계획의 발전과

확장을 위한 문제해결 방안을 IMO에 권고하기 위한 것이다.

3) 또한, NAVTEX 조정패널에서는 IMO의 소위원회 중 하나인 무선통신과 수색구조 위원회(Radio-Communications and Search And Rescue, COMSAR)에 다양한 방안을 보고하고 있다.

4) NAVTEX는 단일주파수 방송 시스템으로, 주파수 518 kHz를 사용한다.

5) NAVTEX는 정해진 지역의 커버에 필요한 송신출력이 제한되어 있고, 방송 스케줄의 조정을 위해서 상호 인터페이스가 금지되어 있다.

6) 국제 NAVTEX 서비스에서 제공하는 MSI는 영어로 방송된다.

7) 이러한 NAVTEX 서비스를 목적으로 국제 NAVTEX 수신 및 데이터 처리 장치가 사용된다. 상세한 내용은 NAVTEX 매뉴얼에 나타나 있다.

그림 9-3과 그림 9-4에 NVATEX 수신 및 데이터 처리 장치를 나타냈다. 이 장치들은 모두 국산 NAVTEX 장비로서, 종이에 WWNWS 서비스 내용이 기록된다.

NAVTEX에서 주의할 점은 메세이지의 내용이 끝에서부터 시작 부분으로 역으로 인쇄되는 것을 방지하기 위하여 메세이지 수신이 모두 종료된 이후에 메세이지 내용을 확인할 수 있다. 이러한 문제점이 발생하는 이유는, NAVTEX의 송수신 방식에 있다. NAVTEX 방송국에서는 메세이지의 처음부분부터 송신을 시작하는데, 만약 NAVTEX 수신기에서 메세이지의 처음부터 인쇄를 시작하면 종이에는 문자의 순서가 반대로 인쇄된다.

이를 방지하기 위하여, NAVTEX에서는 메세이지의 처음 부분을 수신하면 바로 인쇄하는 것이 아니라, 메모리에 저장해 두었다가 하나의 메세이지가 종료되면 수신 순서와 반대로 인쇄하여 항해사가 읽기 편하게 한다. 그리고 NAVTEX는 간단한 경보 내용과 해당 지역의 경위도를 표시하기 때문에 단문의 내용을 쉽게 보관하고 인쇄할 수 있다.

그림 9-3 NAVTEX (HANAV-7, Hanshin Electronics, Korea)

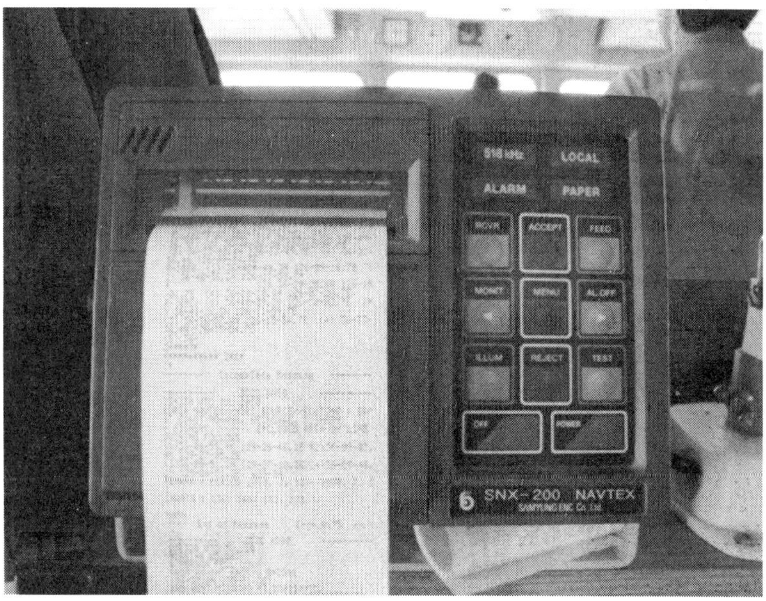

그림 9-4 SNX-200 NAVTEX(한국 Samyoung 주)

3. EGC 시스템

3.1 개요

EGC(Enhanced Group Call) 시스템은 SafetyNET을 위한 시스템이다. EGC는 Inmarsat에서 개발한 것으로 위도와 경도로 정해진 해역과 기타 모든 해역에 있는 선박이나 미리 정해진 선박 그룹에게 메세이지를 전달하기 위한 전 세계 자동 서비스 방송 시스템이다.

한편, EGC라는 명칭을 한글로 하면, 강화된(Enhanced) 그룹 호출인데, 어색하기 때문에 그냥 EGC라 부른다.

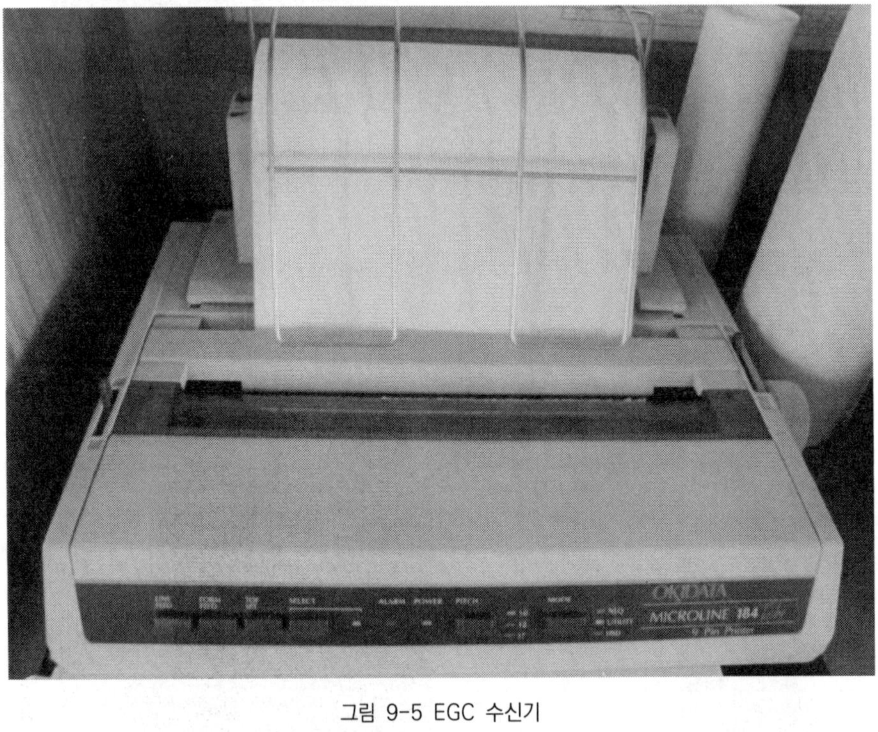

그림 9-5 EGC 수신기

3.2 EGC의 특징

SafetyNET 시스템의 특징은, WWNWS와 달리 전 세계에 등록된 모든 선박이나 기관에서 정보를 제공하여 항행안전 정보를 발생시킬 수 있다. 그리고 연안지구국(CES)를 경유하여 적절한 해역에 대해서 방송할 수 있다. 반면, WWNWS는 정해진 기관에 의해서 방송한다.

EGC(Enhanced Group Call) 시스템을 요약하면 다음과 같다.

1) EGC는 세계 모든 해역이나, 제한된 해역 또는 국지적인 해역 등에서 항행경보를 방송하고, 아울러 기상경보, 기상예보, 해안-대-선박 조난경보 등에 적합한 시스템이다.

2) EGC는 Inmarsat에서 개발한 장비이기 때문에 커버 범위는 그림 9-6과 같이 Inmarsat 위성이 지원할 수 있는 영역으로 제한된다.

3) 중간 해역 정도를 커버하는 정도라면 SafetyNET 시스템을 연안 수역에 대한 자동 서비스 시스템으로 사용 가능한데, 이러한 해역은 NAVTEX 서비스를 구축하기 곤란하거나 EGC를 구축하기 곤란한 해역이다.

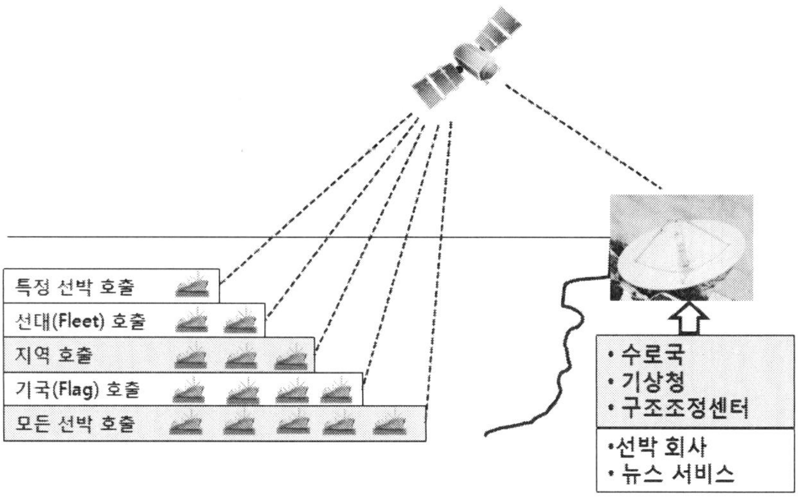

그림 9-6 Inmarsat의 EGC 시스템 기본 개념(바탕색이 있는 부분은 해사안전망 서비스 'SafetyNET service'의 기능이 있음을 나타냄)

4) EGC의 유용한 특징은 정해진 해역에 대해서 직접 호출할 수 있는 기능이다. 이러한 해역은 NAVAREA 지역 또는 기상예측지역 또는 독특하게 정해진 지역 등과 같이 고정된 해역들이다.

5) 이러한 직접호출기능은 지역적인 폭풍경보, 해안-대-선박 조난경보 등과 같은 메세이지 전송에 유용한데, 이러한 지역은 위성이 커버하는 해역 중 모든

선박에 대해서 경보하는 것이 적합하지 않은 경우에 해당한다.

6) 위의 그림 9-6에 나타낸 다양한 호출방식을 설명하면 다음과 같다.

- 특정 선박 호출 : 특정한 한 척의 선박을 호출할 수 있다.
- 선대(Fleet) 호출 : 예를 들어, HD해운의 선박 전체, HJ해운의 선박 전체 등 선박의 그룹(Fleet)을 호출할 수 있다.
- 지역 호출 : 예를 들어 태평양 중에서 하와이 근처를 항해하는 선박 전부, 대서양 중에서 포르투갈 근처를 항해하는 선박 전부 등
- 기국(Flag) 호출 : 한국 국적, 파나마 국적 등과 같이 기국의 선박 모두를 호출하는 경우 등
- 모든 선박 호출 : 전 세계 모든 선박을 호출하는 기능 등

7) SafetyNET 메세이지는 전 세계에 등록된 모든 정보 제공자들에 의해서 발생시킬 수 있고, 연안지구국(CES)을 경유하여 적절한 해역에 대해서 방송할 수 있다.

8) SafetyNET 메세이지는 조난, 긴급, 안전과 일반 등의 우선순위를 고려하여 CES에서 송신할 수 있다.

9) 선박에서는 SafetyNET 메세이지를 Inmarsat SES의 수신장비를 이용하여 수신할 수 있다.

10) EGC에서는 조난 또는 긴급 여부에 따라서 시각과 청각의 알람이 울리는데, 이러한 알람은 수동으로만 해제 가능하다. 즉, 항해사가 직접 확인해야만 경보가 중단된다.

11) IMO에는 MSI의 확산과 전파를 위하여 그리고 국제 SafetyNET 사용과 개발을 조정할 목적으로 SafetyNET 조정패널(Co-ordinating Panel)을 두고 있다.

4. NAVTEX 실제 장비

- 출처 : JRC(2012), Catalogue for NAVTEX NCR-333, Japan Radio Co., Ltd., (Web: http://www.jrceurope.com/Products/Communication/29 /NAVTEX/32/NCR-333/Features, access dated:2012.12.29.)

4.1 개요

NAVTEX에는 다양한 종류가 상용화되어 있다. 특히 다른 무선통신 장치와 비교하여 제작이 간단하고, 세계적인 시장이 형성되어 있기 때문에 우리나라에서도 다양한 제품이 판매되고 있다.

한편, 국제적인 메이커와 비교하여 우리나라 제품 역시 손색이 없으나, 개발 역사가 짧고, 시장 점유율이 크지 않기 때문에 상선에서는 일본의 JRC, Furuno 등의 회사 제품을 자주 접촉하게 될 것이다.

이 절에서는 JRC의 NAVTEX 모델 NCR-333의 카탈로그에 수록된 내용을 영어 원문과 함께 설명한다.

4.2 특징

4.2.1 독특한 특징 Unique features

- The high-performance NCR-333 NAVTEX integrates a high visibility LCD display, shares the same simple configuration as its predecessor and contributes to improved safety at sea.
  (해석) 고성능의 NCR-333 NAVTEX는 고휘도 LCD를 사용하고, 기존에 사용하던 것과 동일하게 구성이 간단하여 해상에서의 안전 증진에 기여할 수 있다.

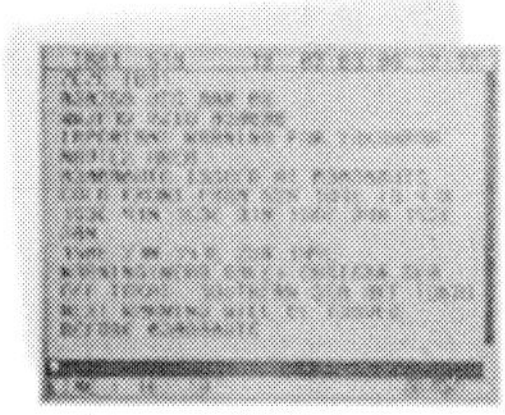
Normal (13x9dot)

Medium (16x9dot)

Large (20x16dot)

4.2.2 3중 채널 수신 기능 Triple channel reception

- The NCR-333 receives NAVTEX broadcasts on the frequency channel 518 kHz, and either 490 kHz or 4209.5 kHz. The

NAVTEX automatically receives broadcasts on the international standard frequency 518 kHz. Local transmissions of NAVTEX use the 490 kHz channel. The high frequency channel 4209.5 kHz is allocated for NAVTEX broadcasts. The NCR-333 also allows you to select and deselect certain types of information and coastal stations with the purpose of avoiding repeat broadcasts.
(해석) NCR-333모델은 NAVTEX 방송을 수신하는데, 518 kHz와 490 kHz 또는 4209.5 kHz 등 3중 채널을 통해서 수신한다. NAVTEX는 518 kHz의 국제표준 주파수 방송을 수신한다. NAVTEX의 지역 송신은 490 kHz 채널을 이용한다. 4209.5 kHz의 고주파수는 NAVTEX 방송에 할당되어 있다. NCR-333 모델에는 반복적인 방송을 피하기 위하여 어떠한 종류의 정보나 해안국을 선택하거나 선택을 해제할 수 있는 기능이 있다.

4.2.3 최적의 표시장치 Optimized view

- The NCR-333 NAVTEX integrates a high visibility 5.7-inch LCD display. You can select the character type on three different level sizes, all at your own convenience. On top, JRC has included dimmer control, maximizing your display preferences as optimized as possible. These functions are selectable from the menu.
(해석) NCR-333 NAVTEX는 고휘도의 5.7 인치 LCD 표시기를 사용한다. 3가지 크기의 문자 형태를 사용자의 편의에 따라서 선택할 수 있다. JRC의 제품에는 휘도 조절용 장치가 부착되어 있어서 사용자에게 최적의 표시상태를 제공할 수 있다.

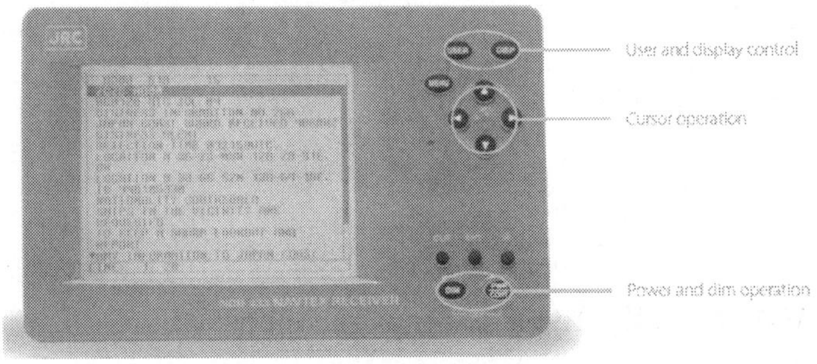

4.2.4 메세이지 관리 Message management

- The NAVTEX is an international automated service for delivery of navigational and meteorically warnings and forecasts, as well as urgent marine safety information to ships. Given that re-reading certain messages is important, the NCR-333 can store up to 200 messages per channel. These will be available after reception for the next 70 hours. In addition, the NAVTEX allows you to permanently store up to 50 messages, with up to 500 characters per saved message.
  (해석) NAVTEX는 항행경보와 기상 경보 및 예측, 긴급 해사안전 정보를 선박에 제공하기 위한 국제적인 자동 서비스 장치이다. 어떠한 중요한 메세이지는 다시 읽을 필요가 있기 때문에 이러한 메세이지는 채널당 200개까지 저장할 수 있다. 이러한 저징은 수신 후 70 시긴의 시간경과 이후에도 저장된다. 또한, NAVTEX는 연속적으로 50개의 메세이지를 저장할 수 있고, 저장된 한 개의 메세이지 당 500개의 문자까지 저장할 수 있다.

4.2.5 직관적으로 사용이 쉬운 메뉴 Intuitive menu

- The combination of a large LCD display and simplified push button operation, coinciding with JRC's intuitive menu structure ensures logical, accurate and convenient operation. All received messages are sorted by order of time received. That way, you always have the most up to date broadcast on hand. Operators will easily distinguish the various types of messages based upon ID and icons. For urgent access, you can just as easily pick up a particular message and display henceforth.
  (해석) 이 장치는 큰 LCD 패널과 간단한 푸시 버튼으로 작동 가능한 구조 및 JRC의 직관적인 메뉴 구조로 인하여 논리적이고 정확하며 편리한 작동이 가능하다. 이러한 이유로, 가장 최신의 방송을 획득할 수 있다. 그리고 사용자는 ID와 아이콘을 이용하여 여러 종류의 메세이지를 쉽게 구분할 수 있다. 비상통신을 위해서 사용자는 미리 저장된 특별한 메세이지를 쉽게 선택하여 표시할 수 있다.

4.2.6 안테나 해법 Antenna solution

- JRC offers an optional, dedicated active antenna that can be connected directly to the NAVTEX receiver. This durable, compact antenna will safeguard all your incoming messages. JRC encourages connecting this dedicated antenna to ensure dependability, however, a major advantage of JRC's NAVTEX system, is that you can use your existing antenna in most cases, facilitating all inward messages consequently.
  (해석) JRC는 NAVTEX 수신기에 직접 연결할 수 있는 전용 능동 안테나를 선택적으로 제공하고 있다. 내구성이 있고 콤팩트한 이 안테나는 사용자가 수신하는 모든 메세이지를 안전하게 보호할 수 있다. JRC는 이 안테나 사용을 권장하는데 - 물론 대부분의 경우에는 선박에 있는 기존 안테나를 사용하고 있지만 - 이 안테나를 이용하면 JRC NAVTEX의 주요 장점인 신뢰성을 확보할 수 있고, 모든 내부 메세이지에 최적의 상태를 부여할 수 있다.

Optional antenna
NAW-333

4.3 유연한 구성 Flexible configuration

- The NCR-333 is paper-less but includes the option of a printer (DPU-414) to provide the ships log with valuable printouts if required. In order to connect JRC's proprietary printer, a dedicated power supply is needed. JRC has two types of configurations available, the DC version and AC/DC version.

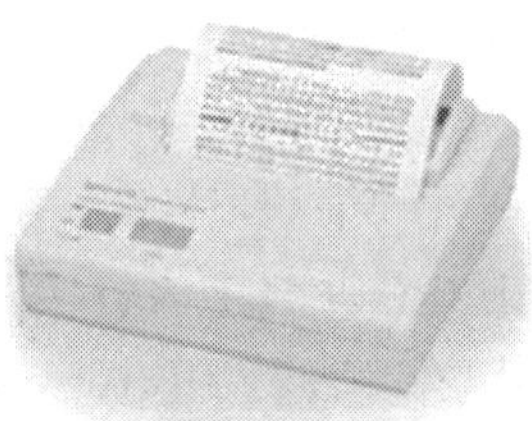

Optional printer DPU-414

  (해석) NCR-333 모델은 종이가 없지만, 선택적으로 프린터(모델 DPU-414)를 이용하여 필요시 선박정보를 프린트할 수 있다. JRC의 독점 프린터와 연결하려면 전용 전원이 필요한데, JRC에서는 DC 전원과

AC/DC 겸용의 전원을 제공하고 있다.

4.3.1 자체 점검 Self-diagnosis

- After startup, the NAVTEX will automatically run a self-diagnosis and will report any possible problems it might suffer, including cable breach and power problems. This function will allow for easy maintenance and high reliability.
  (해석) NAVTEX는 작동시킨 이후 자동으로 자체점검을 시작하여 케이블 절단과 전원 문제를 포함한 발생 가능한 이상증세를 표시할 수 있다. 이러한 기능으로 인하여 쉬운 유지 보수와 높은 신뢰성을 확보할 수 있다.

4.3.2 IMO 규정 준수 IMO compliant

- JRC's NAVTEX receiver complies with the latest IMO performance standards MSC.148 (77). In addition, JRC is continuously developing and evaluating new products, based on future IMO requirements that will contribute to your future safety and navigation at sea.
  (해석) JRC의 NAVTEX 수신기는 최신의 IMO 성능표준 MSC.148 (77)을 준수한다(참고: MSC는 IMO의 해사안전소위원회(Maritime Safety Committee)를 의미함). 또한, JRC는 귀 선박의 해상에서의 안전항해에 기여하기 위하여 향후 IMO의 요구사항을 고려하여 지속적으로 개발하고 새로운 제품을 평가하고 있다.

4.4 전기사양 해석

다음 표 9-2의 NAVTEX 전기사양은 GOC 해기면허를 소지한 항해사라면 그 의미를 모두 인지해야 한다. 그래야만 유지 보수 및 수리가 가능하다.

표 9-2에 나타낸 전기사양의 각 항목을 설명하면 다음과 같다. 단, 보다 상세한 설명은 해당 하는 장에서 그 내용을 학습하기 바란다. 여기서는 학습자들이 무엇을 학습해야 하는지를 대략적으로 알기위한 목적으로 설명한다.

표 9-2 JRC NAVTEX 모델 NCR-333의 전기사양

Model		NCR-333
IMO Compliant		Yes
Display		
	Display	5.7-inch, white LED backlit, 320 by 240 pixels
	Dimmer	4 stages (bright, middle, dark, off)
	Power supply	10.8V to 31.2V DC, 〈9 W
	Receiving frequency	518 kHz, 490 kHz, 4209.5 kHz
	Receiving modulation	F1B navtex broadcast
	Sensitivity	character error rate ≤1x10-2 ar 1uV
	Antenna input	50Ω for NAVTEX antenna
		50Ω for wire antenna
		high impedance for wire antenna
	Message log	stores last 200 message (every channel)
		saves up to 50 messages (every channel)
		stores messages up to 70 hours
	External interface	2 serial ports (printer, INS)
	Operating temperature	-15° to 55°C
	Storage temperature	-25° to 75°C
	Waterproof	IPX2
Optional items		
Antenna		
	Model	NAW-333
	Receiving frequency	518 kHz, 490 kHz, 4209.5 kHz
	Bandwidth	504 kHz ±20 kHz, 4209.5 kHz ±100 kHz
	Consumption current	6.5V DC, 23mA
	Impedance	50Ω
	Temperature	-25° to 55°C
Power supply (DC/DC)		
	Model	NBG-319
	Input voltage	10.8V to 35V DC
	Output voltage	10.8V to 35V DC
		typ. 6.5V DC ±10% (external printer)

	Maximum current	1.5A (12V to 24V DC), 2A (6.5V DC)
Power supply (AC/DC)		
	Model	NBG-320
	Input voltage	100-120V to 200-220V DC ±10%, 50/60 Hz single phase
		24V DC +30% -10% (backup power supply)
	Output voltage	12V DC ±10%
		typ. 6.5V DC ±10% (external printer)
	Maximum current	1.5A (24V DC), 2A (6.5V DC)
Printer (table mount)		DPU-414
Printer (flush mount)		NKG-91
Navtex buzzer		CGC-300B
All specifications are subject to change without notification. Copyright		

4.4.1 시스템의 정체

1) Model : NCR-333 : NAVTEX의 모델 명칭은 NCR-333이다. 이 모델 명칭은 향후 장비의 수리와 보수 및 유지에 필요하다. NAVTEX 마다 모델 명칭이 다름에 주의해야 한다.

2) IMO Compliant : Yes : IMO 규정을 준수한 장비이다. 준수하지 않으면 법적인 장비로서 상선에 사용할 수 없다.

4.4.2 표시장치에 대한 사양

3) Display : 5.7-inch, white LED backlit, 320 by 240 pixels : 디스플레이의 크기는 5.7 인치이고, 흰색 LED가 배경 조명으로 사용되며, 화면은 가로 320개의 픽셀(화소)과 세로 240개의 픽셀 등 총 76,800개의 픽셀로 구성되어 있다. 여기서, 화소라는 것은 영상을 포착하기 위한 센서의 수를 의미하는 것으로, 5.7 인치 LCD 화면에 총 76,800개의 센서가 내장되어 있나는 의미이다. 따라서 고해상도의 화질을 제공할 수 있다.

4) Dimmer : 4 stages (bright, middle, dark, off) : 밝기 조절장치는 모두 4단계로 구성되어 있다. 가장 밝음, 중간, 어두움(주로 야간에 사용), 꺼짐 등이다. 야간에 너무 조명이 밝으면 견시에 지장을 줄 수 있기 때문에 모든 항

해 장비에는 이러한 Dimmer가 부착되어 있다.

4.4.3 전기적인 사양

5) Power supply : 10.8V to 31.2V DC, 〈 9 W : 전원은 10.8 볼트에서 31.2 볼트 사이의 DC를 사용한다. 즉, 이 사이의 전압이면 수용 가능하다는 의미로서 장치 내부에 일정한 전압으로 변환하는 정전압제어회로가 내장되어 있다. 소비 전력은 9 와트(Watt) 이하이다. 통신장비에서 9 와트라는 것은 대단히 큰 전력인데, 이 전력은 통신장비에서 제공하는 전력이 아니라 전원으로 제공하는 전력을 의미한다. 실제 통신 장비에서는 작은 전력이 사용되는데, 공급하는 전력은 통신 상태에 따라서 변하기 때문에 가능한 충분한 전력을 공급해야 한다.

6) Receiving frequency : 518 kHz, 490 kHz, 4209.5 kHz : 수신 주파수는 규정에 정해진 3개의 주파수를 이용한다. 특히, 518 KHz는 국제적으로 정해진 조난 주파수임을 주지하기 바란다.

7) Receiving modulation : F1B navtex broadcast : F1B 전파형식을 사용한 NAVTEX 방송을 수신한다. 이 문장과 같이 navtex라고 쓰면 안 되고 반드시 NAVTEX라고 써야하는데, NAVTEX는 일반화된 명사가 아니라 Navigation Telex이기 때문이다. 여기서, F1B 전파형식이란 부록에 설명한 바와 같이, 1) 주반송파의 변조형식은 'F'인데, 'F'는 주반송파의 각이 변조된 발사전파 중에서 '주파수변조'를 나타내고, 2) 주반송파를 변조시키는 신호의 특성은 '1'인데, '1'은 변조용 부반송파를 사용하지 않고 디지털 정보를 포함하는 단일채널을 의미하며, 3) 'B'의 의미는 송신할 정보의 형태는 전신 중에서 '자동수신용 전신' 의 의미이다. 통신에서 가장 많이 사용하는 전파형식이다.

8) Sensitivity : character error rate ≤ 1x10-2 ar 1uV : 이 문장은 잘못된 곳이 한군데 있는데, '1x10-2 ar 1uV'은 '1x10-2 at 1uV'으로 수정되어야 한다. 감도는 문자오류율이 1 마이크로 볼트에서 0.01 이하이다. 1 마이크로 볼트는 작아도 무지하게 작은 전압인데, 이러한 작은 전압에서도 문자오류율이 0.01 이하라는 것은 대단히 우수한 장비임을 의미한다.

9) Antenna input : 50Ω for NAVTEX antenna / 50Ω for wire antenna / high impedance for wire antenna : NAVTEX 안테나는 둘둘 감은(wire) 형태의 안테나로서 높은 임피던스를 갖는 50 Ω을 사용한다. 일반

적으로 안테나는 대부분 50 옴인데, 주파수 마다 이러한 옴의 의미는 달라진다. 이 문장에서 high impedance라는 의미가 바로 이 것인데, 임피던스라는 것은 주파수에 따라서 달라지기 때문이다.

10) Message log : stores last 200 message (every channel) / saves up to 50 messages (every channel) / stores messages up to 70 hours : 각 채널마다 마지막 200개의 메세이지를 임시로 저장(store의 의미)할 수 있고, 각 채널 당 50개의 메세이지를 영구적으로 저장(save의 의미)할 수 있으며, 70시간까지 메세이지를 임시로 저장할 수 있다. 여기서, store의 의미와 save의 의미는 다른데, store는 임시적으로 저장되는 것으로 일정한 시간이 지나면 지워진다. 이와 달리 save는 영구적으로 저장됨을 의미한다. save의 반대는 delete로서 저장된 내용을 삭제함을 의미한다.

11) External interface : 2 serial ports (printer, INS) : 프린터와 INS용으로 2개의 직렬통신포트가 사용된다. 통신포트는 다양한데, 직렬통신포트(serial port)는 재래식 자판기에 사용한 것으로 7개 정도의 전선이 내장된 둥근 모양의 plug이다. 병렬통신포트(parallel port)는 약 20 여개 정도의 선이 내장된 하모니카 모양의 큰 plug로서 고속 대용량의 재래식 통신에 사용한 것으로 현재 기의 볼 수 없다. 그리고 가장 많이 사용되는 USB 포트가 있다. USB 포트에도 다양한 것이 있다. 뒷장에서 후술한다.

4.4.4 환경적인 사양

12) Operating temperature : -15° to 55°C : 작동온도 범위 이내에서 사용해야하기 때문에 NAVTEX가 설치된 선교는 항상 냉방과 난방이 잘 유지되어야 한다.

13) Storage temperature : -25° to 75°C : 장비의 이송이나 보관을 위해서는 보관온도를 잘 유지해야 한다. 그 이유는 LCD가 온도에 취약하고, 다양한 전자회로 역시 온도에 민감하기 때문이다.

14) Waterproof : IPX2 : 방수 형태는 IPX2이다. IPX는 장치(Instrument)와 장비(equipment)의 보호를 위한 기술적인 사양을 의미하는 것으로, IPX2는 2단계 수준의 보호를 의미한다. IPX의 의미는 다음과 같다.

- IP의 의미는 침수(Ingress) + 방지(Protection) = 방수를 의미한다. 그리고 IP 코드(Code)라는 것이 있는데, IP 코드는 'IP + 2개 또는 1개의

숫자 + 1개의 문자 + 추가 문자'로 구성된 것으로 국제표준 IEC 60529에 의거하여 구축된 것이다.

- IP 코드는 사람의 손이나 손가락 등을 포함하는 물체에 의한 파손 또는 먼지, 취급 부주의, 전자 회로가 내장된 기계적인 케이스로의 침수 등을 보호하기 위한 분류와 보호의 정도를 문자와 숫자로 나타낸 것이다.
- IPX0은 특별한 보호가 필요 없는 수준을 나타낸다.
- IPX1은 1분당 3 ~ 5 mm 정도의 비가 10분 동안 내리는 환경과 대등한 정도의 물에 침수되는 것을 보호하는 정도의 보호수준이며, 이러한 보호수준에 대한 단위는 일반적인 작동위치에 표시한다.
- IPX2는 15도까지 경사된 상태에서 IPX1과 같은 정도의 물에 침수된 상태를 유지하면서 4가지 고정위치에서 테스트한 것으로, 일반적인 작동위치에서 각 방위별로 15도 경사된 상태에서 테스트한다.
- 이러한 IPX는 8단계까지 있는데, 부록에서 상세하게 설명하였다.

4.4.5 안테나 사양

(Optional items : 선주가 선택할 수 있는 안테나에 대한 사양)

15) Antenna

- Model : NAW-333 : 안테나는 가능한 카탈로그에 명시된 NAW-333 안테나 사용을 권장한다. 안테나는 대단히 중요한 것으로, 장비 본체와 임피던스가 다르거나 다른 회사의 안테나를 사용하면 임피던스 정합에 문제가 발생할 수 있다.
- Receiving frequency : 518 kHz, 490 kHz, 4209.5 kHz : 수신주파수는 법적으로 규정된 것으로, 특히 518 kHz는 무선조난 주파수에 가장 많이 사용되고 있다.
- Bandwidth : 504 kHz ±20 kHz, 4209.5 kHz ±100 kHz : 밴드 폭이라는 것은 해당 주파수(예, 504 kHz)의 상하 범위(예, ±20 kHz)를 나타낸 것으로, 밴드 폭이 넓으면 많은 정보를 전송할 수 있으나, 밴드 폭이 너무 넓으면 인근 주파수에 영향을 미침으로 주의해야 한다. 특히, 전파는 주어진 주파수에서만 송수신되는 것이 아니라 상하로 변동하기 때문에 이러한 밴드 폭을 여유롭게 준비해야한다.

- Consumption current : 6.5V DC, 23mA : 소비 전류는 6.5 볼트 DC에서 23 밀리암페어를 소비한다. 대단히 작은 전류를 소비함을 의미하는데, 왜 소비전력을 전압 또는 전력으로 나타내지 않고 전압과 전류양쪽을 이용하여 나타낼까?

- 전기 에너지를 표시하는 단위는 전류(current, 단위는 Ampere), 전압(Voltage, 단위는 V), 전력(Power, 단위는 Watt) 등이 사용된다. 전류는 전기입자(일명 전하)가 흐르는 양(그래서 흐른다는 의미의 Current이다)을 의미하고, 전압은 전기입자가 일시에 흐를 수 있는 양(즉, 세기)을 나타낸다. 아무리 전압이 높아도 전류가 흐르지 않으면 전기 에너지가 부족하여 회로가 작동하지 않는다. 반대인 경우에도 회로가 작동하지 않는데, 이러한 경우에는 충분한 전기입자를 이용하여 전압을 크게 만들 수 있다. 따라서 전기에서는 전류가 주요한 에너지이다. 한편, 전력의 경우를 예로 들면, 6.5V DC에 대한 23 mA의 전력은 0.1495 와드 (P = 6.5V × 0.023A)가 되는데, 이와 같이 0.1495 와트로 소비전력을 나타내면 전압과 전류가 얼마큼인지 알 수 없다. 따라서 전압과 전류를 모두 나타내는 것이 가장 정확한 방법임을 알 수 있다. 그리고 1 mA = 10^{-3} A이고 1 μA = 10^{-6} A이다.

- Impedance : 50Ω
- Temperature : -25° to 55°C : 안테나는 외부에 노출되어 있는데, 겨울에 위도가 높은 해역을 항해하는 경우 -25도 이하로 내려가는 경우도 있고, 여름에 위도가 낮은 해역에서는 55도 이상으로 올라가는 경우도 있기 때문에 주의해야 한다. 그렇다고 작동하지 않는다는 것이 아니라, 작동온도 범위에서는 정상 작동하지만 범위를 벗어나면 성능이 저하되거나 작동이 중단될 수 있다는 의미이다.

4.4.6 전원에 대한 사양

16) Power supply (DC/DC) : DC만 사용하는 경우

- Model : NBG-319
- Input voltage : 10.8V to 35V DC
- Output voltage : 10.8V to 35V DC / typ. 6.5V DC ±10% (external printer) : 출력전압의 경우 외부 프린터를 사용하는 경우, 6.5V DC ±10 %의 범위, 즉 5.85 ~ 7.15 볼트 사이에서 변동될 수 있

다는 것인데, 외부 프린터를 추가로 장착하면 외부 프린터로 전압이 흐르면서 이러한 전압변동이 발생한다.

- Maximum current : 1.5A (12V to 24V DC), 2A (6.5V DC) : 전압에 따라서 최대 전류가 제한되는데, 충분한 전기 에너지를 공급하기 위하여 전압이 낮으면 높은 전류가 필요하고, 전압이 높으면 전류가 낮아도 된다. 가능한 높은 전압보다는 높은 전류가 전기회로에서는 필요하다.

17) Power supply (AC/DC) : AC와 DC를 병행 사용하는 경우

- Model : NBG-320
- Input voltage : 100-120V to 200-220V DC ±10%, 50/60 Hz single phase : 이 내용은 잘못 기재되어 있는데, 입력 전압이 직류(DC)인 '100-120V to 200-220V DC'로 정하는 장비는 없다. 따라서 '100-120V to 200-220V AC'로 변경해야 한다. 아울러 이러한 교류전압의 변동 허용 폭은 ±10 %이다.

- 여기서, 사용하는 주파수는 50 또는 60 Hz 단상(single phase)인데, 주파수는 유럽, 미국, 한국, 일본 등이 서로 다르다. 유럽이나 일본은 주로 50 Hz를 사용하고, 한국은 60 Hz를 사용하는데, 예전에는 주파수가 다르면 장비를 사용하지 못했으나, 요즘에는 똑똑한 전기회로를 이용하여 다양한 전압과 다양한 주파수의 교류를 모두 안정된 전압으로 변환할 수 있다. 여러분들의 노트북 컴퓨터의 전원에 기재된 내용을 보면 모두 100~120V AC는 물론 200~220V AC도 가능하고, 주파수도 50 Hz, 60 Hz 모두 사용 가능할 것이다.

- 아울러, 단상(single phase)이라는 의미는 다음과 같다. 우선, 단상 60 Hz 220V AC를 가정한다. 이 교류전압이 전선을 타고 흐르는 경우 1초에 60번 0.0 볼트를 기준으로 +220V와 -220V 사이에서 진동한다. 이와 같이 단상은 1가지 사인파가 나타나는 전원을 의미한다. 이와 달리, 3상 전원은 60도 차이가 발생하는 3가지 사인파가 발생하는 것을 의미한다.

- Input voltage : 100-120V to 200-220V DC ±10%, 50/60 Hz single phase / 24V DC +30% -10% (backup power supply) :
- Output voltage : 12V DC ±10% / typ. 6.5V DC ±10% (external printer)
- Maximum current : 1.5A (24V DC), 2A (6.5V DC)

4.4.7 부속장비에 대한 사양

18) Printer (table mount) : DPU-414 : 테이블 위에 장착하는 형태

19) Printer (flush mount) : NKG-91 : 큰 콘솔에 내장하는 형태

20) Navtex buzzer : CGC-300B : 조난경보를 수신하는 경우 경보음을 울리는 부저를 의미한다. 아울러 Navtex는 잘못된 표기로서 NAVTEX라고 표기해야 한다.

21) All specifications are subject to change without notification. 모든 사양은 별도의 통보 없이 변경될 수 있다. 따라서 매뉴얼을 이용하여 장비를 구입하거나 기존 장비에 대한 유지보수를 의뢰하는 경우 해당 장비의 변경된 사양이 있는지를 반드시 확인해야 한다.

22) For further information please contact: 추가 정보가 필요하면 다음 주소로 연락하라는 의미인데, 다음 주소는 네덜란드에 있는 JRC 지사의 주소이다. 특히 세계를 항해하는 선박은 항해하는 지역에 해당 회사의 서비스 센터가 없는 경우가 많음에 주의해야 한다. 이러한 경우에는 선박에 다양한 서비스를 제공하는 Agent에 문의해야 한다.

For further information please contact:

JRC **Japan Radio Co., Ltd.**

JRC
Cessnalaan 40-42
1119 NL, Schiphol-Rijk, The Netherlands
T +31 20 6 580 750
F +31 20 6 580 755
E sales@jrceurope.com
W www.jrceurope.com

제10장 해상교통관제용 무선통신 시스템

해상에 GMDSS가 있다면 연안에는 VTS(Vessel Traffic System)가 있다.

GMDSS가 전 세계를 대상으로 하는 반면, VTS는 자국 연안의 안전을 위한 시스템이다. e-Navigation과 같은 새로운 항법개념이 도입됨에 따라 각국에서 보유하고 있는 항만정보를 서로 국제적으로 공유하면 더욱 철저하게 해상안전과 보안을 유지할 수 있다.

최근에는 해상 안전보다 해상 보안에 관심을 두고 있는 실정이다.

GMDSS + VTS 개념은 안전항해를 보장할 것이다.

- 저자 -

1. 개요

1.1 해상교통관제 통신 시스템 학습 목적

GMDSS가 전 세계를 대상으로 하는 구난 및 수색을 위한 통신 시스템이라면, 해상교통관제통신 시스템(Port Management Communication System)은 연안 및 항만 내에서 항행안전을 유도하고 지원하기 위한 통신 시스템이다.

해상교통관제통신 시스템의 대표적인 것이 VTS(Vessel Traffic System) 또는 PTMS(Port Traffic Management Service/System)이다. 이러한 시스템에 적용되는 장치나 기기를 해상교통관제 장치/기기라 하며, 하나의 독립된 것이라기보다는 다양한 여러 가지 항법장치나 기기로 구성된다. 주로 적용되는 항법장치로는 ECDIS, AIS, GPS, Radar 등이 있고, VHF 통신상치가 주요한 통신 수단이다.

GMDSS는 SAR(Search And Rescue) 지원이 주요 목적인데, 이에 반하여 VTS는 자국의 안전항해 지원 목적에 부가하여 SAR 기능이 부여되어 있다. 따라서 GMDSS와 더불어 VTS 또는 PTMS의 기본 원리와 운영방법 등을 학습해야 한다. 특히, VTS는 선박과 선박 사이, 선박과 육상 관제센터 사이의 통신 채널을 제공하여 해양사고 예방은 물론 수색구조와 구난 체계를 지원할 수 있다.

1.2 해상교통관제 통신 시스템 배경

선박 및 항만 교통관제 시스템 중에서 대표적인 것이 선박교통 서비스(Vessel Traffic Service, VTS)이다. 1948년 영국 Liverpool 항에서 사용한 교통제어(Traffic Control) 시스템이 시초이다.

한편, IMO 지침에 따르면 VTS는 '선박교통의 안전과 효율성 및 환경보호를 증진시키기 위하여 주관청에 의해 제공되는 일종의 서비스를 말하는 것으로서, 단순한 정보제공으로부터 광범위한 교통관리까지 포함'하는 것으로 정의되어 있다. 이러한 폭넓은 기능으로 인하여 VTS에 사용되는 명칭은 다음과 같이 그 종류가 많다.

- 해상교통제어(Vessel Traffic Control: VTC)

- 해상교통관리/관제시스템(Vessel Traffic Management System: VTMS)
- 해상교통정보시스템(Vessel Traffic Information System: VTIS)
- 해상교통서비스(Vessel Traffic Service: VTS)

국내에서는 과거 VTS라는 이름으로 불렸으나, 현재는 항만교통관제서비스(Port Traffic Management Service, PTMS)라는 이름으로 통용되고 있다. 이러한 VTS 및 PTMS는 그 기능을 지원하기 위한 장치와 운영방식 및 통신방식 등 다양한 하드웨어와 소프트웨어적인 기능이 복합된 것이다.

1.3 VTS의 목적과 기능

VTS의 목적은 해상교통 안전과 효율 확보 및 환경보호 증진에 있다. 이러한 목적을 달성하기 위한 세부 서비스 내용은 다음과 같다.

① 종합 정보망 구축 및 정보체계 확립: 레이더 검색정보 및 교통관제에 필요한 정보를 제공한다.

② 사고대응: 해난사고에 신속한 대응을 하고, 해난사고 시 원조를 제공한다.

③ 주의경고: 해상교통 관계자 및 관계 당국에 필요시 주의를 경고한다.

④ 서비스 제공: 효율적인 해상교통을 확보하기 위하여 충돌예방을 위한 방송 서비스를 제공한다.

⑤ 통신망 제공: 선박과 선박 사이, 선박과 육상 관제센터 사이의 통신 채널을 제공한다.

VTS의 주요 기능은 다음과 같다.

① 해상에서의 인명안전(Safety of life at sea)

② 항해안전(Safety of navigation)

③ 수색 및 구조(Search and Rescue)

④ 선박 교통 흐름의 효율성(Efficiency of vessesl traffic movement)

⑤ 해양환경보호(Protection of the marine environment)

⑥ 해상보안의 지원(Supporting maritime security)

⑦ 법집행의 지원(Supporting law enforcement)

⑧ 인접 지역 사회 및 기반시설의 보호(Protection of the adjacent communities and infrastructure)

2. VTS의 구성

2.1 통신장비

VTS를 구성하는 장비 중에서 VHF 무선전화는 선박과 선박, 선박과 육상 사이의 통신 중계를 지원하는데, 가시거리 통신이므로 산이나 지구만곡에 의해 통신제약을 받는다.

2.2 감시 장치

감시 장치로서 대표적인 것이 레이더(Radar)이다. 통항로와 같이 협소하고 높은 분해능의 레이더가 필요한 곳에는 9 GHz 대역의 X-Band 레이더를 이용하며, 항로의 입구나 외해의 경우에는 부분적으로 장거리 탐지용 3 GHz 대역의 S-Band 레이더를 사용한다. 따라서 VTS에서도 9 GHz 밴드의 SART 탐지가 가능하다.

이러한 레이더에는 수신한 영상 정보를 전송하기 위한 레이더 정보 전송장치가 필요한데, 이 장치는 레이더 사이트(site)에서 VTS 센터로 레이더 정보를 전송하기 위한 것이다. 아울러 레이더 정보를 전송하기 위한 전송선로는 동축선, 마이크로파 중계기(M/W), 광섬유 등을 사용하여 구축한다. 또한 레이더 정보 처리장치는, 레이더에서 탐지한 정보를 처리하여 물표의 중심위치, 크기 등을 판별한 후 데이터베이스(D/B)에 저장하고, 선박의 종류, 식별부호, 침로, 속력 등의 정보 역시 D/B에 추가로 수록된다.

CCTV는 항로를 시각적으로 관찰하기 위한 장치로서, 자외선 카메라와 적외선 카메라를 이용한다. 야간 촬영을 위해서는 물체의 온도를 감지할 수 있는 적외선 카메라를 이용한다. CCTV의 영상정보는 센터로 전송된다.

그림 10-1 VTS의 다양한 통신설비. 마이크로파 안테나 3개가 보이고, 제일 상부에 2대의 감시카메라가 보인다.

2.3 정보처리장치

해상기상 정보처리 장치는 관제 해역내의 풍향, 풍속, 기압, 조위, 유향, 유속, 파고, 시정 등을 관측하여 유선 혹은 무선회선을 통하여 센터에 송신하는 장치이다.

그리고 통항 데이터 처리장치는, 선박 또는 선사로부터 입출항 예정보고 또는 위치보고를 수신한 후, 데이터를 처리하여 저장하고, 관제관의 요구에 의하여 시간별 통항선박밀도, 통항소요시간 등을 계산하여 통항관제계획 수립에 활용할 수 있다.

2.4 VTS 운영지원 장비

① 자료기록장치: 자료기록장치에는 VTS 센터에서 발생하는 모든 통신을 녹음하는 장치와 센터 내부의 모습이나 장비들을 촬영하는 영상녹음장치가 있다.

② 예비전원 및 무정전 전원장치: 정전을 대비하여 예비발전기와 자동구동장치를 설치하고, 주전원에서 예비전원으로 전환될 때의 전원변동을 위하여 무정전 전원장치(Uninterruptible Power Supply, UPS)를 설치한다.

③ 기타 설비: 기타설비로서, 원격 감시장치, 제습기 등의 공조설비, 보안설비 등이 있다.

2.5 교통관제용 VTS

2.5.1 장비 개요

해양경찰청 교통관제용 VTS 구성의 한 예를 그림 10-2에 나타냈다. 그림 하부는 VTS 센터의 시스템 구성도를 나타내고, 상부는 각종 외부 장치의 구성 상태를 나타낸다.

VTS 센터는 VTS 운영자가 관리하는 관리자 스테이션(Administrator Station)과 여러 장치들과 데이터 송수신을 위한 지역 네트워크(Local Network), 기타 다양한 서비스를 제공하기 위한 서비스 컴퓨터(Service Computer) 및 내부와 외부를 감시하기 위한 CCTV 등으로 구성되어 있다

VTS 센터의 장비는 가능한 많은 통신망을 확보할 수 있도록 구성되고, D/B 워크스테이션을 가동하여 방대한 데이터를 처리하며, 기록 및 재생장치와 다른 외부장치 상호간의 데이터 교환을 위하여 여러 대의 워크스테이션이 구축된다.

각 장비들의 구성은 다음과 같다.

① 지역 레이더(Local Radar)는 VTS 센터에 설치된 레이더로서, 레이더 프로세서(Radar Processor)를 통하여 통신망에 연결된다.

② 원격 레이더(Remote Radar)는 VTS 센터에서 멀리 떨어진 곳에 설치하는 레이더로서 레이더 프로세서(Radar Processor)에 의하여 데이터 처리된 후 전용통신선(Communication Line)을 통하여 VTS 센터로 전달된다.

③ VHF 통신장치는 지역 네트워크를 경유하지 않고 바로 센터 내부에 장착된 VHF 통신장치로 연결된다.

④ VHF대의 방향탐지기(Direction Finder)에 수신된 신호는 지역 센서 프로세서(Local Sensor Processor)로 입력된다. 또한, AIS의 베이스 응답장치(AIS Base Transponder)에서 수신한 선박의 여러 정보와 기상정보 센서

(Meterological Sensor)에서 입수한 해상기상 정보 역시 지역 센서 프로세서에 입력된다.

⑤ 선박에 있는 GPS의 위치정보는 AIS 이동국 응답기(AIS Mobile Transponder)에 입력되어 AIS의 주국으로 전송된다.

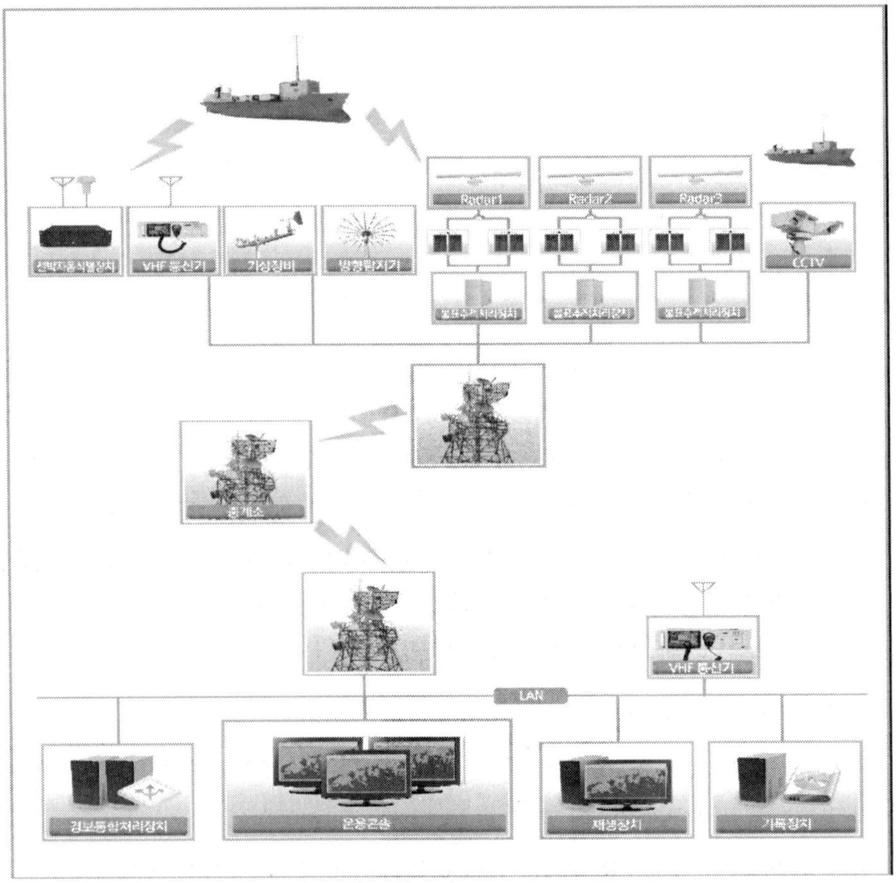

그림 10-2 VTS 구성 개념도(출처: 해양경찰청)

2.5.2 단위 장치들의 기능

가. 레이더 데이터 처리 기능

① VTS 센터의 관리장비는 컴퓨터를 이용하기 때문에 아날로그 신호(analog signal)를 디지털 신호(digital signal)로 변환해야 된다. 특히 레이더에서 수신한 영상은 아날로그 신호이기 때문에 디지털 영상 신호로 변환해야한

다. 이러한 장치를 디지털 레이더 영상 발생기(digital radar image generating)라고 하는데, 일반적으로 레이더 스캔 컨버터(Radar Scan Converter, RSC)를 이용한다.

② 레이더 프로세서에는 일반적인 레이더에 장착된 기능과 같이 해면반사파 또는 우설반사파에 의한 잡음을 감쇄하기 위한 목적으로 클러터 감쇄(Clutter suppression) 기능이 적용된다.

③ 그리고 레이더에 표시된 모든 물표를 표시하기 위하여 물표에서 반사된 신호(echo)를 추출하는 기능도 있다.

④ 레이더 영상과 축출한 물표를 서로 겹쳐서 표시하기 위한 마스킹(masking) 기능이 있다.

⑤ 네트워크망을 이용하여 레이더 영상 정보와 다른 센서들의 데이터를 혼합하고 전송한다.

나. 경보

충돌 위험, 앵커의 끌림, 속도위반 등을 경고하기 위한 20여개 이상의 경보 기능이 있다.

다. 기록과 재생장치

기록과 재생(Record and playback) 장치는 가공하지 않은 원래의 레이더 영상과 레이더 물표, 알람, VHF 망의 방송 등이 모두 디지털 형태로 저장된다. 그리고 실제 항해 상태를 다시 영상과 문자로 재현하여 나타낼 수 있다.

라. 레이더 영상 추적 기능

① 레이더 영상 추적(Radar target tracking)은 물표의 추출을 위하여 독립된 레이더 프로세싱 기능을 갖고 있다.

② 그리고 부위와 고정 물표, 선박 등 서로 다른 물표를 추적할 수 있는 알고리듬이 있고, 스와핑 방지(Anti-swapping) 알고리듬이 있다.

③ 자동 또는 수동으로 정보를 획득할 수 있는 기능이 있고, 자동으로 어느 지역만을 선택하여 정보를 수집하는 기능이 있는데, 물표 지역을 지정하는 기능으로서 추적중지구역, 음영구역, 여러 대의 레이더로 추적하는 지역 등을 구분할 수 있다. 영상이 겹쳐지는 지역에서는 다중으로 레이더 추적이 가능하다.

마. AIS 물표 추적

AIS 물표 추적(AIS target tracking) 기능은 AIS와 DSC 응답 장치를 사용할 수 있다. 베이스 AIS 응답 장치에 의해서 보고된 어떠한 물표라도 추적한다. 그리고 광범위한 지역을 커버하기 위하여 여러 개의 베이스 AIS에 대해서 응답한다. AIS와 레이더 물표를 혼합할 수 있다.

바. VTS 데이터베이스

VTS 데이터베이스(D/B)는 MS SQL 서버로 구성되어 있다. 이 서버는 모든 데이터를 관리하고, 운영자 디스플레이 모듈 또는 PC에서 작동하는 고객(Client) 응용프로그램을 관리한다.

3. 선박자동식별 장치

3.1 개요

3.1.1 AIS의 배경과 정의

선박자동식별 장치(the equipment of Automatic Identification System)는 선박자동식별 시스템(Automatic Identification System, AIS)에 적용되는 장치이다. AIS는 선박과 육상 사이 또는 선박과 선박 사이에 VHF 밴드를 이용하여 선박의 정체(선명, 톤수, 속도, 우치 등)를 교환하기 위한 시스템으로서, 정보교환에 필요한 국제협약에 의거한 규약(protocol, 프로토콜)과 선박자동식별 장치 및 지원 장치로 구성되어 있다.

AIS는 본래 항공용으로 개발된 것으로, 1993년도 영국연안에서 유조선 Braer호의 좌초사건을 계기로 선박도입이 논의되기 시작하였다.

일반적으로 선박에서는 선박자동식별 장치를 별도의 이름으로 구분하지 않고 AIS로 부르고 있다. 엄격한 의미에서 AIS는 하드웨어와 소프트웨어 및 protocol 등이 포함된 시스템이기 때문에 선박자동식별 장치를 AIS로 대표하여 부르는 것은 정확한 표현이 아니다. 그러나 선박운용자 입장에서는 복잡한 개념의 도입보다는 장비운용에 관심이 있기 때문에 간단히 AIS로 부르고 있다. 본 교재에서도 간단히 선박자동식별 장치를 AIS로 부르기로 하고, 별도의 소프트웨어나 프로토콜 등을 논할 때는 구분하여 부르기로 한다.

한편, Radar의 경우에도 선박을 식별할 수 있으나, 선박을 탐지하는 기능만 있을 뿐, 상대선박의 정체를 알기 위해서는 VHF 통신을 이용하여 서로 통화하여 식별하기 때문에 많은 문제점을 야기할 수 있다. 이러한 경우 AIS를 이용하면 자동으로 선박의 정체를 파악할 수 있다.

3.1.2 기본 개념

그림 10-3은 AIS의 기본을 나타낸다. 높은 산으로 둘러싸인 좁은 협곡을 2척의 대형선박이 서로 반대방향으로 항해하는 경우, 서로 만나는 지역이 협소하면 2척의 선박은 위험한 상황에 처하게 된다. 이러한 경우, 레이더를 이용하여 상대선박을 탐지할 수 있으나 레이더 전파가 높은 산에 가려서 상대선박을 탐지하지 못한다.

예를 들어, 그림의 좌측에 나타낸 레이더 화면에는 협곡을 올라가는 선박만이 나타나고 있다. 그림 우측에 나타낸 AIS 장치를 이용하게 되면 2척의 선박 모두가 나타나기 때문에 서로 피할 수 있는 조치를 취할 수 있다. 그림 10-4는 JRC회사의 AIS 수신기를 나타낸다.

3.1.3 AIS의 주요 장점

AIS는 전 세계적으로 표준화된 약속(프로토콜)에 의하여 운용되는 장치로서 다음과 같은 주요 장점을 갖는다.

(1) VHF 통화 범위 내에서 연속적으로 선박을 자동 식별할 수 있다.

(2) 물표와 물표 또는 물표와 육상 사이의 표지(mark)를 서로 교환하여 제거할 수 있다.

(3) 정확한 선박위치와 제원, 벡터 데이터 등을 획득할 수 있다.

(4) 레이더와 달리 악천후에서도 물표의 탐지범위를 증가시킬 수 있다.

(5) AIS는 레이더를 이용하지 않고 VHF 통화방식을 이용하기 때문에 레이더와 비교하여 맹목구간(blind sector) 또는 맹목지역(blind area)에서도 상대선박의 식별능력이 크다.

(6) AIS는 부근에 있는 선박의 침로, 속력, 방위 등의 변화에 관계없이 쉽게

정보를 획득할 수 있다.

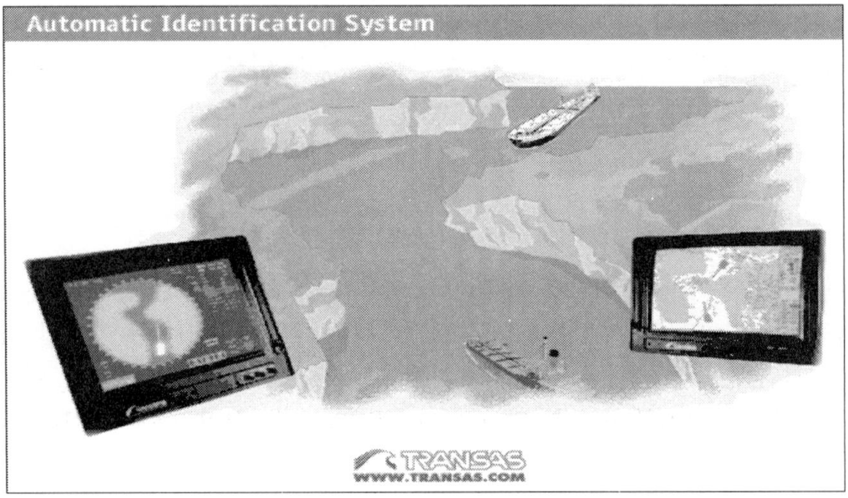

그림 10-3 AIS의 개념(Transas, 2004)

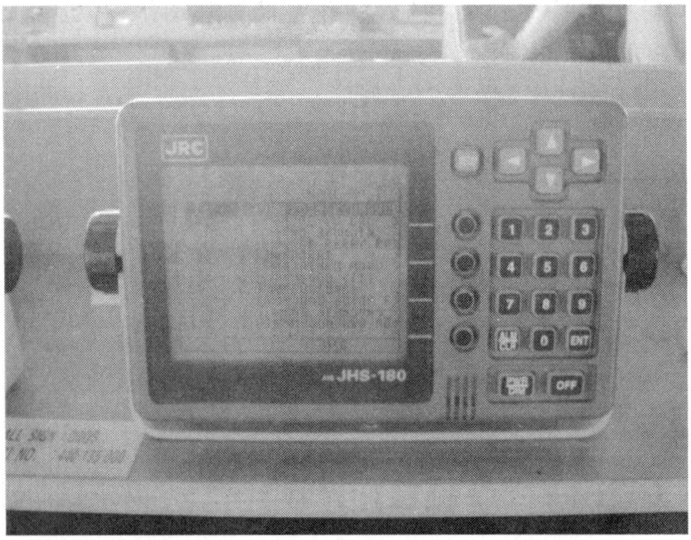

그림 10-4 JRC의 AIS 수신기 모델 JHS-180

3.1.4 AIS 관련 규정

1) 탑재대상 선박

① 300 톤 이상의 국제항해에 종사하는 모든 선박

② 500 톤 이상의 국내항해에 종사하는 화물선

③ 항행구역 및 톤수에 관계없이 모든 여객선

2) 성능기준

① Resolution MSC.74(69), Annex 3 : 2000.1.1이후 설치 시스템에 적용

② AIS에 대한 규정은 SOLAS Regulation 19.2.4에 나타나 있음

3.2 선박에서 송신되는 AIS 정보

3.2.1 정적정보(Statistic Information)

① MMSI(Maritime Mobile Service Identity): 설치 시 설정하며 AIS 소유권이 변경될 때는 개정이 필요함

② 호출부호 및 설명: 설치 시 설정하며, AIS 소유권 변경 시 개정 필요함

③ IMO 번호: 설치 시 설정

④ 선박길이 및 선폭: 설치 시 또는 변경된다면 설정

⑤ 선박의 형태: 미리 설정된 표로부터 선택

⑥ 선위측정 안테나 위치: 설치 시 설정되거나 또는 쌍방향 선박(앞 또는 뒤로 갈 수 있는 선박) 또는 다중 안테나들이 설치된 선박에 대해 변경 가능함

3.2.2 동적정보(Dynamic Information)

① 정도 표시 및 통합 상태를 갖춘 선박 위치 : AIS에 연결된 선위 센서(GPS나 DGPS 등을 의미)로부터 자동적으로 갱신한다. 정도 표시는 10 m 보다 좋거나 나쁜 것을 표시한다.

② 선위에 표시되는 세계시(UTC) : AIS에 연결된 선박의 주 선위 센서(GPS와 같은 전자적인 장치)로부터 자동으로 갱신한다.

③ 대지침로(Course Over the Ground, COG) : AIS에 연결된 선박의 선수 방위 센서(Gyrocompass 등)로부터 자동으로 갱신한다.

④ 대지속력(Speed Over the Ground, SOG) : AIS에 연결된 선속측정 센서(Speed Log 등)로부터 자동으로 갱신한다. GPS를 이용하여 속력 정보를 획득할 수 있으나 이 정보는 이용되지 않을 수 있다.

⑤ 항해 상태 : 앵커링 상태, 제한된 시계, 좌초 등의 항해 상태는 항해당직사관(Officer Of Watch-keeping, OOW)이 수동으로 입력한다. 이러한 항해 상태는 충돌예방규칙에 관련되기 때문에 등화나 형상물이 변경되었을 때 필요한 변경이 취해져야 한다.

⑥ 선회율(ROT) : 별도의 ROT 센서 정보를 이용하여 자동으로 갱신되거나 또는 Gyrocompass로부터 자동으로 추출된다.

3.2.3 항행관련 정보

① 선박의 흘수 : 최대 흘수를 항행 시작 시 수동 입력하거나 수정이 요구될 시 수정이 가능하다.

② 위험화물(형태) : 위험화물 적재여부를 확인토록 항행 시작 시 수동으로 입력하며, 수량의 표시는 요구되지 않는다.

③ 목적지와 ETA: 항행시작 시 수동 입력하며, 필요한 일자까지 유지한다.

④ 변침점: 항행 시작 시 선장의 결정으로 수동으로 입력하고, 갱신이 요구될 때 갱신한다.

3.2.4 단문의 안전정보

단문의 안전정보는 메시지 당 158자까지 허용하며, 형식이 자유로운 단문 메시지는 수동으로 입력하고, 특수 수신처에 송신하거나 모든 선박 또는 육상국으로 방송할 수 있다.

3.3 AIS의 구성

3.3.1 구성 내용

AIS는 동일한 무선주파수 채널을 이용하여 여러 가입자 사이에 상호 데이터 통신이 기능한 장비이다. 동일한 채널을 2,250개의 시간간격으로 나누어 각 선박에 할당한 후 주어진 시간간격으로 정보를 송신하면 다른 가입자들이 동시에 이를 수신한다.

또한 GPS 수신기를 통해 수신한 시간을 이용하여 정확한 동기를 유지한다. AIS는 통신방식을 이용하는 4-S AIS(즉, Ship to Ship, Ship to Shore 등)가 IMO 성능기준에 적합한 국제 AIS이며, GPS와 ECDIS 등을 연계하여 사용함으로서 그 효과를 극대화할 수 있다. 일반적으로 AIS는 다음과 같이 구성된다.

① AIS 안테나

② 1개의 VHF 송신기

③ 2개의 다채널 VHF 수신기

④ 채널 관리를 위한 1개의 채널 70 VHF 수신기

⑤ 전자 선위측정 시스템, 즉 GNSS 수신기

⑥ 선수방위와 선속계 및 다른 선박용 센서와의 인터페이스

⑦ Radar, ARPA, ECS/ECDIS 및 통합항법시스템과의 인터페이스

⑧ 내장된 집약 테스트(Built In Integrity Test)

⑨ 최소 지시기 및 데이터를 입력하고 수정하기 위한 키보드

3.3.2 실제 장비 구성 사례

Transas(Web: http://www.transas.com)에서 개발한 AIS에 대한 자료를 이용하여 AIS의 기능과 목적 및 시스템 구성 방법 등에 대해서 기술하면 다음과 같다.

다음 그림 10-5는 Transas 회사의 AIS 장치 AIMS MⅢ를 이용한 선박 사이의 통신 시스템에 관한 기능선도(functional block-diagram)를 나타낸다.

일단, AIS는 기본적으로 MMSI, 위치, 대지속력, 대수속력, 선수방위, 선회

율, 시간 등 선박이동과 관련한 동적정보를 선박의 속력과 선회율 등을 고려하여 규칙적으로 전송한다. 또한 AIS는 호출부호(Call Sign), 화물의 종류, 흘수, 제원 등 정적정보를 동적정보와 비교하여 낮은 데이터 전송율로 전송한다.

Transas AIS MⅢ에서 선박 사이의 데이터 통신은, VHF 안테나를 이용하는데, 9600 bps의 전송율로서 MMSI, Position, SOG, COG, ROT, Heading 등을 전송한다. 그리고 AIS 정보는 전자해도에 표시할 수 있기 때문에 쉽게 ECDIS 상에서 AIS 장착 선박들의 정보를 획득할 수 있다.

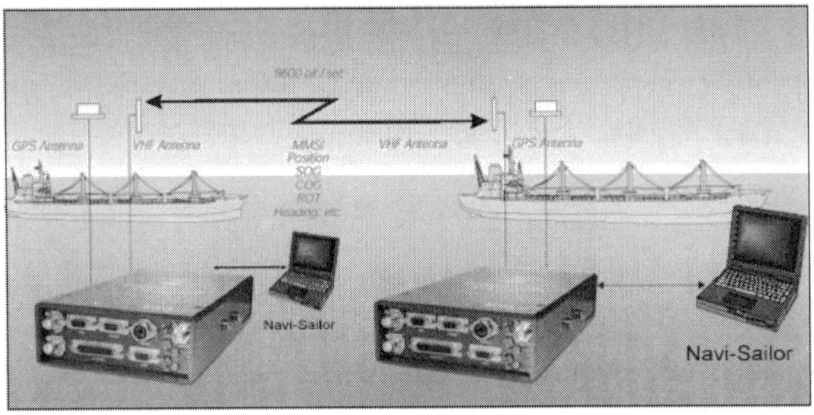

그림 10-5 Transas AIS MⅢ의 선박 사이의 통신 시스템 기능도(Transas, 2004)

한편, 먼 해상에서 AIS는 자동 송수신 모드로 변경되는데, VHF 통화 범위 내에 각 선박이 있을 때 각 선박에 설치된 AIS가 자동 작동하게 된다. 그리고 기상이 악화되어 레이더가 제대로 탐지하지 못할 때도 AIS는 VHF 통신망을 이용할 수 있기 때문에 정보의 송수신이 가능하다. 그래서 레이더나 AIS 중에서 어느 하나는 마치 백업장치와 같이 작동할 수 있다.

이러한 AIS는 VTS의 일부분으로 적용되기도 하는데, TCP/IP 표준을 이용하여 VTS와 쉽게 연결할 수 있다. 그리고 레이더 정보와 AIS 정보를 혼합하여 사용함으로써 정밀도와 신뢰성을 향상시킬 수 있다. 예를 들어 선박의 GNSS 정보를 레이더와 AIS의 혼합 시스템에 더함으로서 더욱 정확한 위치를 VTS 센터에 전송할 수 있다.

그 외에 Transas AIS MⅢ는 SOLAS 규정에서 정한, 단문 서비스, 선박용 이동국으로서의 AIS, AIS의 주국(Base station), AIS 통신제어 등의 기능을 갖고 있다.

3.3.3 AIS의 확장 기능

또한 Transas AIS MⅢ는 그림 10-6과 같이 하나의 리피터(Repeater)로 적용하여 광범위한 범위를 수용할 수 있다. 리피터는 셀(cell) 단위로 구분한 통화 가능지역을 확장하기 위한 것인데, 이 리피터는 광활한 해역이나, 통신 기지국(base station)이 없는 지역에서 통신지역을 확장하기 위하여 선박에 장착한 리피터가 마치 중계기 역할을 하는 것이다.

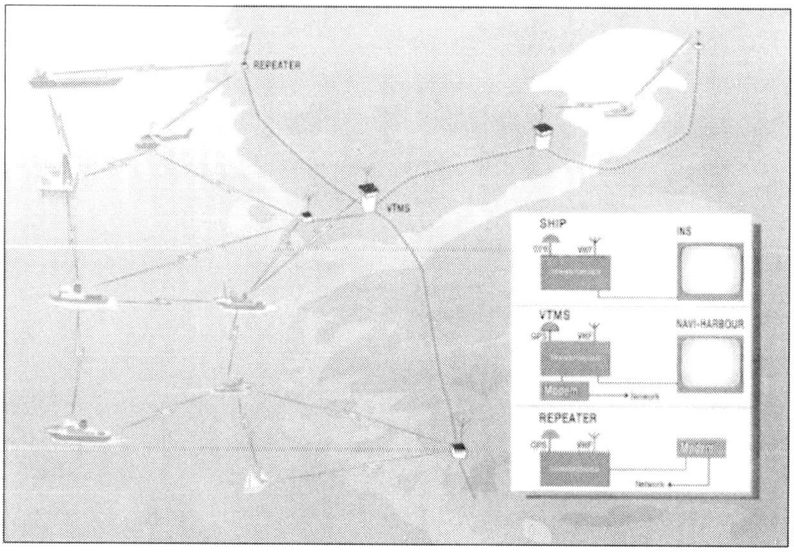

그림 10-6 Transas AIS MⅢ의 광역망 개념도(Transas, 2004)

제11장 부록 : 각종 표시 방법

이 부록에는 데시벨(decibel, dB)의 계산방법, 전파 관련 다양한 형식규정, 방수에 관한 국제규격과 의미 그리고 다양한 용어정리 등을 수록하였다.

학문의 기초가 되는 기본적인 내용임으로 잘 활용하기 바란다.

특히, dB 계산방법은 알듯 모를 듯 혼돈스러운 부분이 많기 때문에 주의하여 학습해야 한다.

- 저자 -

1. 데시벨 계산 방법

1.1 데시벨과 로그

무선통신에서 큰 수나 작은 수를 간단하게 나타내거나 쉬운 계산을 위하여 데시벨(decibel, dB) 단위를 사용한다. dB는 로그(logarithm)를 적용하여 계산된 결과를 의미한다.

1, 10, 100 등의 숫자에 로그를 취하면 10의 몇 승인지를 의미하는 0, 1, 2 등과 같은 작은 수로 변환할 수 있다.

- log(1)=0, log(10)=1, log(100)=2, log(1,000)=3, log(10,000)=4 등과 같이 10의 몇 승인지를 나타낸다.
- log(0.1)= -1, log(0.01)= -2, log(0.001)= -3, log(0.00001) = -4 등과 같이 소수점 이하의 단위를 나타낸다.

그리고 로그는 다음과 같은 관계를 갖는다.

- $a = \log(b)$, $b = 10^{(a/10)}$: 서로 치환이 가능하다.
- $\log(a \times b) = \log a(a) + \log(b)$: 곱하기는 더하기로 간단하게 계산된다.
- $\log(\frac{a}{b}) = \log a(a) - \log(b)$: 나누기는 빼기로 간단하게 계산된다.
- 상용로그 $\log_{10}$ 는 밑수가 10인 로그이다.
- 자연로그 $\log_e$ 는 밑수가 자연상수 e (e = 2.71828)인 로그이다.

1.2 dB와 dBm 의미

1.2.1 dB의 의미

무선통신에서의 이득 G(dB)를 예로 들면, G(dB)는 다음과 같이 계산된다.

$$G = 10 \times \log(\frac{P_t}{P_r}) \text{ (dB)}$$

여기서, P_r은 수신전력(Watt), P_t는 송신전력(Watt).

즉, dB는 P_r을 기준으로 하는데, P_r이 0.01 Watt이든 1,000 Watt이든 상관없이 P_r 값에 대한 P_t 값의 비율(즉 이득)을 의미한다.

1.2.2 dBm의 의미

dBm은 위의 dB와 달리 무조건 0.001 W(즉, 1 mW)를 기준으로 한다. 이와 같이 dBm은 P_r에 대한 P_t의 비율(이득)을 의미하는 것이 아님에 주의해야 한다. P_r과 P_t에 대한 dBm은 다음과 같다.

$$G_r(dBm) = 10 \times \log(\frac{P_r}{0.001\ W}),$$

$$G_t(dBm) = 10 \times \log(\frac{P_t}{0.001\ W})$$

이와 같이 dBm을 사용하는 이유는, 밀리와트(mW) 단위의 작은 값을 간단하게 계산하기 위한 것이다. 다음과 같이 1 Watt를 dBm으로 나타내면 30 dBm이 된다.

- 10 log(1 Watt/1 mW) = 10 × log(1 Watt/ 0.001 watt) = 10 × log(1,000) = 10 × 3 = 30 dBm

1.2.3 dBm 더하기

dBm의 더하기는 주의하여 계산해야 하는데, dBm을 더하는 경우 우선하여 전력(Watt)을 모두 더한 후 계산한다.

예를 들어, 10 mW와 10 mW을 더하는 경우의 dBm을 구해 보자. 우선 다음과 같이 10 mW와 10 mW를 더하여 20 mW를 구한다. 그런 후, 20 mW에 대한 dBm을 계산하면 다음과 같이 13 dBm가 된다.

- 10 × log(20 mW/ 0.001 watt) = 10 × log(0.02 Watt/ 0.001 watt) = 10 × log(20) = 10 × 1.3 = 13 dBm

그런데, 10 mW에 대한 dBm의 값(10 × log(0.01 Watt/ 0.001 watt) = 10 dBm)과 또 다른 10 mW에 대한 dBm의 값(10 × log(0.01 Watt/ 0.001 watt) = 10 dBm)을 더하면 20 dBm이 된다. 이것은 오답이다.

또 다른 예로서, 0.1 mW + 0.2 mW의 dBm를 구해 보자. 정답은 다음과 같이 -5.23 dBm이다.

- 0.1 mW + 0.2 mW = 0.3 mW이고, 그래서 10 × log(0.0003 Watt/ 0.001 watt) = 10 × log(0.3) = 10 × -0.523 = - 5.23 dBm이 된다.

그런데, 0.1 mW에 대한 dBm 값 (10 × log(0.0001 Watt/ 0.001 watt) = -10 dBm)과 0.2 mW에 대한 dBm 값(10 × log(0.0002 Watt/ 0.001 watt) = -6.9 dBm)을 더하면 -16.9 dBm이 된다. 이것은 오답이다.

이와 같이 dB는 Log 스케일이기 때문에 다음의 공식을 준수해야 한다.

- log(10) + log(10) = log(10×10)
- log(10) + log(10) ≠ log(10+10)

1.2.4 dB와 dBm이 혼재된 경우 계산 방법

dB와 dBm이 혼재된 경우에는 dB와 dBm을 그대로 더하거나 빼면 된다. 왜냐하면, dB와 dBm은 모두 기준 값을 이용하여 계산한 상대적인 값들이기 때문이다.

- 10 dBm + 30 dB = 40 dBm
- -10 dBm + 20 dB = 10 dBm

1.3 전압과 전력에 대한 dB 계산

전압에 대한 dB는 20을 곱하고, 전력에 대한 dB는 10을 곱한다.

- 전압(V)에 대한 dB = 20 × log(Volt)
- 전력(W)에 대한 dB = 10 × log(Watt)

전압에 대한 dB에 20을 곱하는 이유는, 전력은 전압의 제곱에 비례하기 때문이다. 즉, $P=\frac{V^2}{R}$로서, 전력은 전압의 제곱에 비례하고, 제곱이란 것은 $\log(10^2)$ = 2가 되기 때문에 전력과 동일한 가중치를 부여하기 위하여 20을 곱하는 것이다. 이와 달리 전력에 10을 곱하는 이유는, log를 취한 값이 작기 때문에 크게 하여 쉽게 보려고 한 것이다.

1.4 다양한 dB

dB를 나타내는 방법은 다음과 같이 다양하다.

- dBm : 1 mW를 기준으로 한 절대적인 dB
- dBc : 반송파(carrier)를 기준으로 하는 경우의 dB
- dBi : 등방성 안테나(isotropic)를 기준으로 하는 경우의 dB
- dBd : 다이폴(dipole) 안테나를 기준으로 하는 경우의 dB
- dBv : 전압(voltage)에 대해서 계산한 경우의 dB
- dBuV : 마이크로 볼트(micro voltage)로 계산한 dB

이외에도 음성에서 사용하는 dBa, dBb 등 다양한 것이 있다.

2. 전파형식 표시 방법

2.1 전파형식 표시 방법

- 출처 : 국가법령정보센터(2012), 대한민국전파법시행령 [별표4] 전파형식의 표시(제28조 관련), (Web: http://www.law.go.kr, Access dated : 2012.12.29.)

2.1.1 개요

여러분들이 사용하고 있는 휴대폰이나 가정용 무선전화기에는 무선통신장비에 사용하고 있는 전파특징이 기록되어 있다. 이를 전파형식이라 하는데, 전파형식은 국제적인 기준에 의거하여 표시한다.

전파형식은 일반적으로 다음과 같은 9개의 부호를 사용한다.

예) 1 2 K 0 F 7 E F T

앞의 4개의 부호(1 2 K 0)는 주파수 대역폭을 나타내고, 나머지 5개의 부호(F 7 E F T)는 발사신호의 특성을 나타낸다.

이러한 전파형식을 해석하기 위해서는 정해진 전파형식의 규칙을 알아야 한다. 전파형식의 규칙은 정부에서 표준으로 만든 것으로, 우리나라는 대한민국전파법시행령[별표 4] 전파형식의 표시(제28조 관련)에 나타나 있다. [별표 4]를 이용하여 상기 예)를 해석하면 다음과 같다.

- 1 2 K 0 : 필요한 주파수는 12.0 kHz이다.
- F : 주반송파의 변조형식은 주파수변조이다.
- 7 : 주반송파를 변조시키는 신호의 특성은 디지털 정보를 포함하는 둘 이상의 채널이다.
- E : 송신할 정보 형태는 전화이다.
- F : 신호항목은 다중조건 부호로 각각의 조합이 한문자로 표시된다.
- T : 다중화 특성은 시분할 다중이다.

한편, 위의 예)에서 주파수를 제외하고 전파의 발사특성만을 나타내기 위하여 F7EFT 라고 부르는 경우도 있고, 더 간략하게 F7E와 같이 가장 중요한 특징만 나타내는 경우가 많다. 앞에서 학습한 GMDSS에서 이러한 방식으로 기술한 것이 많음을 볼 수 있다.

- 이 표시 방법은 크게 2가지로 구분되는데, (1) 필요한 주파수를 표시하는 부분과, (2) 전파발사등급을 표시하는 부분으로 나누어져 있다.
- (1)의 주파수대 폭은 3개 숫자와 1개 문자로 표시하여야 하며, 문자는 소수점 자리에 두어 필요 주파수대 폭 단위를 표시한다(0의 숫자, K, M 또는 G의 문자는 필요 주파수대 표시 첫머리에 둘 수 없다).
- (2)의 발사전파는 기본 특성에 따른 등급과 기호로 표시하되, 취사형의 추가 특성을 첨가 사용할 수 있다.

2.1.2 전파법에 의한 표시 방법

1. 필요 주파수 표시

① 주파수 대역폭 : 3개 숫자 + 1개 문자로 표시하고, 문자는 소수점 자리에 두어 필요 주파수대 폭의 단위 표시. 예) 100 Hz = 100H, 5.7kHz = 5K70, 8.65 GHz = 8G65.

필요 주파수대 폭	의미	문자
0.001 Hz ~ 999 Hz	Hz	H
1.00 KHz ~ 99 KHz	KHz	K
1.00 MHz ~ 999 MHz	MHz	M
1.00 GHz ~ 999 GHz	GHz	G

2. 등급의 표시

2-1. 기본 특성

② 주반송파의 변조형식

특성	문자
(1) 무변조반송파의 발사	N
(2) 주반송파가 진폭변조된 발사	
(가) 양측파대	A
(나) 단측파대의 전반송파	H
(다) 단측파대의 저감 또는 가변레벨반송파	R
(라) 단측파대의 억압반송파	J
(마) 독립측파대	B
(바) 잔류측파대	C
(3) 주반송파의 각이 변조된 발사전파	
(가) 주파수변조	F
(나) 위상변조	G
(4) 주반송파 진폭과 각이 변조된 발사전파	D
(5) 펄스발사	
(가) 무변조 연속펄스	P
(나) 연속펄스	
1) 진폭변조된 것	K
2) 폭(기간)이 변조된 것	L
3) 위치(위상)가 변조된 것	M
4) 반송파가 펄스기간 중 각이 변조된 것	Q
5) 변조된 펄스의 조합 또는 다른 방법에 따라 발생된 것	V
(6) (1)~(5) 외의 주반송파 진폭·각과 펄스가 조합되어 변조된 것	W
(7) (1)~(6) 이외의 변조	X

③ 주반송파를 변조시키는 신호의 특성

특성	기호
(1) 무변조신호	0
(2) 변조용 부반송파 사용 않고 디지털 정보 포함 단일채널	1
(3) 변조용 부반송파 사용한 디지털 정보 포함 단일채널	2
(4) 아날로그 정보 포함 단일채널	3
(5) 디지털 정보 포함 둘 이상 채널	7
(6) 아날로그 정보 포함 둘 이상 채널	8
(7) 디지털 정보 포함 채널 + 아날로그 정보 포함 채널	9
(8) (1)~(7)이외의 방식 및 채널	X

④ 송신할 정보 형태

특성	기호
(1) 정보송출이 없는 것	N
(2) 전신: 가청수신용	A
(3) 전신: 자동수신용	B
(4) 팩시밀리	C
(5) 데이터전송·텔레메트리·텔레고멘드	D
(6) 전화	E
(7) 텔레비전	F
(8) (1)~(7) 조합	W
(9) (1)~(8) 외의 정보형태	X

2-2. 취사형 특성

⑤ 신호 항목

특성	기호
(1) 상이한 수 또는 기간의 소자로 된 2조건 부호	A
(2) 오자 정정장치 없고 동일 수와 기간 소자로 된 2조건 부호	B
(3) 오자 정정장치 있고 동일 수와 기간 소자로 된 2조건 부호	C
(4) 4조건 부호로 각각의 조건이 신호소자 표시	D
(5) 다중조건 부호로 각각의 조건이 신호 소자 표시	E
(6) 다중조건 부호로 각각의 조합이 한 문자로 표시	F

(7) 음성방송(모노)	G
(8) 음성방송(스트레오)	H
(9) 상용음성	J
(10) 주파수반전 또는 주파수대 분할방식을 사용한 상용음성	K
(11) 복조 신호 레벨 조정위해 별도 주파수 변조 음성	L
(12) 흑백	M
(13) 천연색	N
(14) (1)~(13) 조합	W
(15) (1)~(14)이외의 것	X

⑥ 다중화 특성

특성	기호
(1) 다중화가 아닌 것	N
(2) 부호-분할다중(대역폭 확장기술을 포함한다)	C
(3) 주파수-분할다중	F
(4) 시-분할다중	T
(5) 주파수-분할다중과 시분할다중의 조합	W
(6) (1)~(5) 이외 다중방식	X

2.2 주파수의 표시

- 출처 : 국가법령정보센터(2012), 대한민국전파법시행령 [별표5] 주파수의 표시(제28조 관련), (http://www.law.go.kr, access dated : 2012.12.29)

- 주파수의 표시(제28조 관련)

1. 전파의 주파수는 3,000 kHz 이하의 것은 kHz, 3,000 kHz 초과 3,000 MHz 이하의 것은 MHz, 3,000 MHz 초과 3,000 GHz 이하의 것은 GHz로 표시한다. 다만, 주파수 사용상 특히 필요가 있는 경우에는 이 표시방법에 의하지 아니할 수 있다.

2. 전파의 주파수대는 그 주파수의 범위에 따라 다음 표와 같이 9개로 구분한다.

주파수대의 주파수 범위	주파수대 번호	주파수대약칭	미터법에 따른 구분
3㎑ 초과 30㎑ 이하	4	VLF	밀리아미터파
30㎑ 초과 300㎑ 이하	5	LF	킬로미터파
300㎑ 초과 3,000㎑ 이하	6	MF	핵터미터파
3㎒ 초과 30㎒ 이하	7	HF	데카미터파
30㎒ 초과 300㎒ 이하	8	VHF	미터파
300㎒ 초과 3,000㎒ 이하	9	UHF	데시미터파
3㎓ 초과 30㎓ 이하	10	SHF	센티미터파
30㎓ 초과 300㎓ 이하	11	EHF	밀리미터파
300㎓ 초과 3,000㎓ 이하	12		데시밀리미터파

3. 해상이동업무 또는 해상무선항행업무를 함에 있어서 H2A전파·H2B전파·H2D전파·R3E전파·H3E전파 또는 J3E전파를 사용하는 경우의 주파수의 표시는 반송주파수로 하고, 그 전파의 할당주파수는 다음 표의 구분에 따른다. 이 경우에 할당주파수는 반송주파수 다음에 괄호로 표시한다.

구 분		할 당 주 파 수
H2A·H2B	1. 선택호출장치 또는 비상 위치지시용 무선표지 설비	반송주파수보다 1,100㎐가 높은 주파수
	2. 제1호 외의 것	반송주파수보다 500㎐가 높은 주파수
R3E·H3E·J3E		반송주파수보다 1,400㎐가 높은 주파수

2.3 주파수밴드 표시형식

- 출처 : 정보통신기술용어해설(2013), RF, R/F Radio Frequency 무선주파수, 무선주파수대역, 무선주파수대역 구분, RF 대역(수정일 : 2011-03-31), 무선/이동통신>무선전파> 무선대역구분, (Web: http://www.ktword.co.kr/abbr_view.php?m_temp1=1369, Access dated:2013.02.08)

위에서 기술한 대한민국전파법시행령[별표5] 주파수의 표시(제28조 관련)에 나타낸 주파수는 3,000 kHz부터 3,000 GHz까지의 무선통신 주파수의 효율적 관리를 위하여 대한민국정부에서 정한 것이다.

이와 달리, 주파수의 사용 목적에 따라서 특정 주파수 구간(다른 말로는 대역, Band)에 대해 특정 문자로 나타내는 방법이 있다. 주로 군사용 및 상업용 레이더와 무선통신 장치들의 주파수를 간단하게 나타내기 위한 표시방법이다.

이러한 밴드별 표시형식에는 다양한 종류가 있는데, (1) 2차 세계대전 당시 군사용 목적으로 구분한 것, (2) IEEE의 권고에 따른 것, (3) 기타 관용적으로 구분한 것, (4) 새로운 IEEE의 권고에 따른 것 등이 있음에 주의해야 한다.

본 교재에 기술한 모든 무선통신장비나 무선항해장비는 현재 선박에서 사용하고 있는 장비들이기 때문에 IEEE의 권고에 따른 것으로 다음과 같이 구분한다.

- L Band : 1 ~ 2 GHz : Inmarsat 위성통신에 적용된 주파수 밴드
- S Band : 2 ~ 4 GHz : 상선의 S 밴드 레이더에 적용된 밴드
- C Band : 4 ~ 8 GHz
- X Band : 8 ~ 12 GHz : 상선의 X 밴드 레이더에 적용된 밴드
- Ku Band : 12 ~ 18 GHz
- K Band : 18 ~ 27 GHz
- Ka Band : 27 ~ 40 GHz

3. 각종 단위

- 출처 : 위키백과(2013), (Web: http://ko.wikipedia.org/wiki/, access dated: 2013.01.29.)

3.1 원의 정의

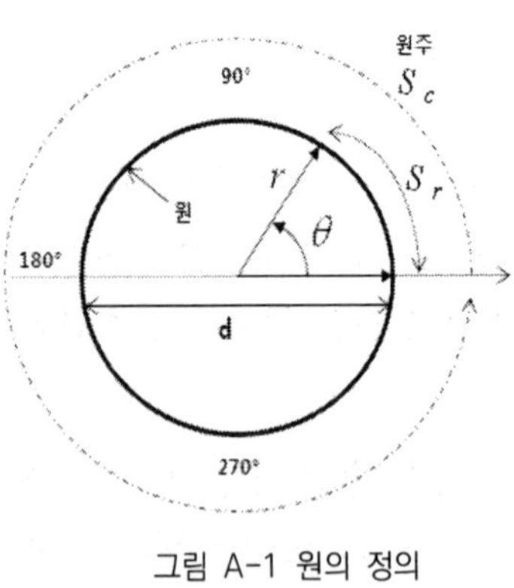

그림 A-1 원의 정의

다음과 같은 360도 원을 정의한다.

r: 원의 반지름(m)

d: 원의 지름(m)

S_r: r과 동일한 길이를 갖는 호의 길이(m)

θ: S_r에 대응하는 중심각(degree)

S_c: 원의 길이(원주)(m)

그리고 다음과 같이 정의한다.

- 원의 지름 d가 1.0일 때 원주의 길이 S_c는 d의 π(3.14156)배이다. 즉, 원의 지름에 대한 원주 둘레의 비는 π이다. 따라서 원주율 $\pi = \frac{S_c}{d}$ 이다.

그러면, 원의 지름 d가 1.0일 때 원주의 길이 S_c는 d의 π(3.14156)배가 되는 것을 증명해 보자.

다음 그림 A-2는 원을 1바퀴(360도) 굴려서 원주 S_c을 펼쳤을 경우를 나타낸다. 시작점으로부터 원이 1바퀴 회전을 종료한 지점 사이의 길이는 원의 지름 d의 약 3.14배가 된다. 여러분이 직접 한번 종이에 원을 만들어서 굴려 보기 바란다. 특히, 이 값은 3.14가 아니라 3.141592...으로 전개되는 무리수이기 때문에 π라는 기호로 나타낸다.

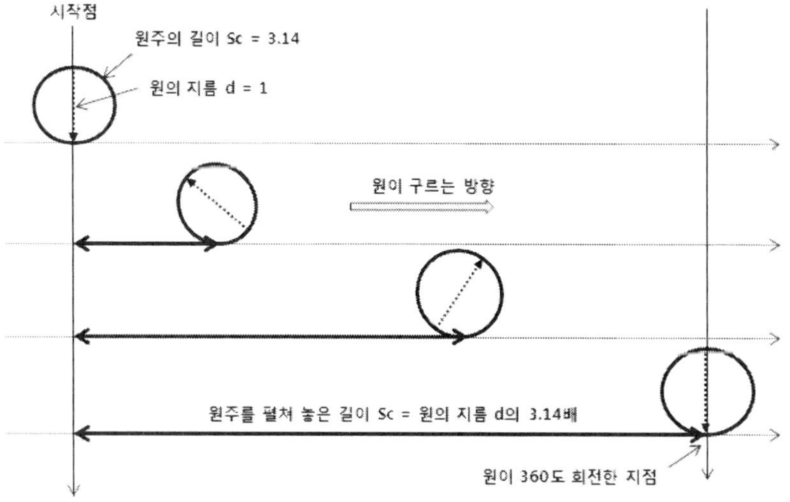

그림 A-2 원주의 길이와 원의 지름 사이의 관계

3.2 라디안의 정의

1 라디안(radian)은 원주 위에서 반지름의 길이 r과 같은 길이를 갖는 호 S_r에 대응하는 중심각 θ의 크기를 의미한다. 1라디안은 약 57도가 된다.

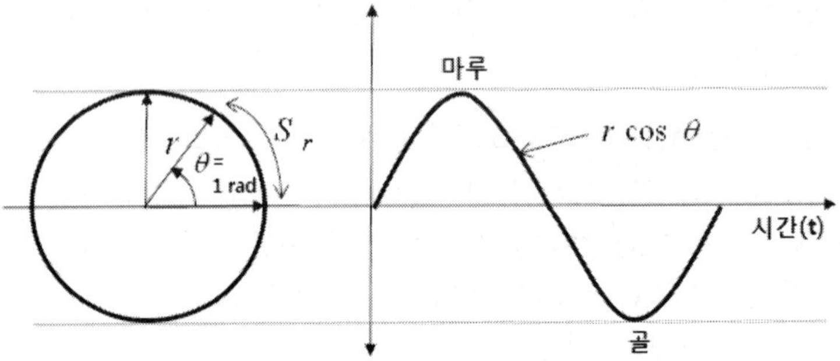

그림 A-3 라디안의 개념

라디안의 단위는 무차원(dimensionless)이다. 무차원이란 m, s, g 등의 MKS 단위가 없는 것을 의미한다. 위의 그림 A-3에서 라디안 값은 원에서의 호와 반지름의 길이의 비율로 나타난다. 여기서, θ는 라디안으로 주어지는 무차원의 각도, S_r는 호의 길이(m), r은 반경(m).

$\theta = \frac{S_r}{r}$ = $\theta = \frac{S_r(m)}{r(m)}$ -> 단위가 없어진다.

그리고 라디안은 다음의 관계를 갖는다.

- 1 rad = $\frac{180^0}{\pi} \approx 57.2958^0$
- $\pi \approx 3.141592654...$
- $1^0 = \frac{\pi}{180^0} \approx 0.0175\, rad$
- $360^0 = 2\pi\, rad \approx 6.2832\, rad$

4. 방수 형식

- 출처 : Lakemartin(2013), Waterproof Specifications for IPX, (Web : http://www.lakemartin.com/BoatingWaterproofSpecs.asp, Access dated: 2013.1.6)

4.1 IPX의 분류

4.1.1 IPX의 정의

IPX는 장치(instrument)와 장비(equipment)의 방수를 위한 사양을 의미하는 것으로, IP의 의미는 '침수(Ingress) + 방지(Protection) = 방수'를 의미한다.

그리고 IPX 분류에 의거한 IP 코드(Code)는 'IP + 2개 또는 1개의 숫자 + 1개의 문자 + 추가 문자'로 구성된 것으로, IEC 60529의 국제표준에 의거하여 구축되어 있다.

IP 코드는 사람의 손이나 손가락 등을 포함하는 물체에 의한 파손 또는 먼지, 취급 부주의, 전자 회로가 내장된 기계적인 케이스로의 침수 등을 보호하기 위한 분류와 보호의 정도를 문자와 숫자로 나타낸 것이다.

4.1.2 IPX의 8단계 테스트 레벨

IPX는 8단계의 테스트 레벨로 구분되어 있다.

- IPX-0 : 특별한 보호가 필요 없음
- IPX-1 : 1분당 3 ~ 5 mm 정도의 비가 10분 동안 내리는 환경과 대등한 정도의 물에 침수되는 것을 보호하는 수준이다. 이러한 보호수준에 대한 단위는 일반적인 작동위치에 표시한다.
- IPX-2 : 15도까지 경사된 상태에서 IPX-1과 같은 정도의 물에 침수된 상태를 유지하면서 4가지 고정위치에서 테스트한 것으로, 일반적인 작동위치에서 각 방위별로 15도 경사된 상태에서 테스트한다.
- IPX-3 : 스프레이 형태의 수분을 보호하는 레벨이다. 5분간 80 ~ 100 kN/m^2의 압력으로 10 리터/분 정도의 물을 수직에서부터 60도까지 스프레이 형태로 뿌린다.
- IPX-4 : 튀기는 정도의 물에 대해서 보호하는 레벨이다. IPX-3과 같은 수준이지만 물을 모든 방향에 대해서 뿌린다.
- IPX-5 : 분사하는 물을 보호하는 레벨이다. 3 m 거리에서 30 kN/m^2의 압력으로 3분간 12.5 리터/분의 분사속력으로 6.3 mm 노즐을 이용하여 모든 방향에서 분사한다.

- IPX-6 : 험한 해상환경에 대해서 보호하는 레벨이다. 3 m 거리에서 100 kN/m^2의 압력으로 3분간 100 리터/분의 분사속력으로 12.5 mm 노즐을 이용하여 모든 방향에서 분사한다.
- IPX-7 : 침수된 상황에서 보호하는 레벨이다. 1 m 수심에 30분간 담가놓는다.
- IPX-8 : 완전히 침수된 상황에서 보호하는 레벨이다. 이 상황에서 장비를 물속에 연속하여 침수시키는데, 제조사가 정한 조건에 따른다.

4.2 IP 코드

위의 IPX 레벨 이외에 IP 코드(code)라는 것이 있는데, IP 코드는 상세한 시험 조건을 설명한 것이다. IP 코드는 침수방지(Ingress Protection)를 의미하는 것으로 'IP + 2개 또는 1개의 숫자 + 1개의 문자 + 추가 문자'로 구성되어 있다. 예를 들어 IP22는 전자장비의 전기적인 쇼크(shock) 율을 나타내는데, 전자장비에 손가락이 끼는 것을 보호하기 위한 것이다. IP22 또는 2X는 실내에서 사용하는 전자장비에 요구되는 최소한 사항이다.

IP 코드는 다음과 같이 구성한다.

4.2.1 첫 번째 숫자

첫 번째 숫자는 위험한 부품에 대한 보호를 위한 것이다.

레벨	Object size protected against	Effective against
0	-	No protection against contact and ingress of objects
1	〉50 mm	Any large surface of the body, such as the back of a hand, but no protection against deliberate contact with a body part
2	〉12.5 mm	Fingers or similar objects
3	〉2.5 mm	Tools, thick wires, etc.
4	〉1 mm	Most wires, screws, etc.
5	Dust protected	Ingress of dust is not entirely prevented, but it must not enter in sufficient quantity to interfere with the satisfactory operation of the equipment; complete protection against contact
6	Dust tight	No ingress of dust; complete protection against contact

4.2.2 두 번째 숫자

두 번째 숫자는 위험한 침수를 보호하기 위한 것이다.

Level	Protected against	Testing for	Details
0	Not protected	–	–
1	Dripping water	Dripping water (vertically falling drops) shall have no harmful effect.	Test duration: 10 minutes Water equivalent to 1 mm rainfall per minute
2	Dripping water when tilted up to 15°	Vertically dripping water shall have no harmful effect when the enclosure is tilted at an angle up to 15° from its normal position.	Test duration: 10 minutes Water equivalent to 3mm rainfall per minute
3	Spraying water	Water falling as a spray at any angle up to 60° from the vertical shall have no harmful effect.	Test duration: 5 minutes Water volume: 0.7 litres per minute Pressure:80–100 kN/m²
4	Splashing water	Water splashing against the enclosure from any direction shall have no harmful effect.	Test duration: 5 minutes Water volume: 10 litres per minute Pressure:80–100 kN/m²
5	Water jets	Water projected by a nozzle (6.3mm) against enclosure from any direction shall have no harmful effects.	Test duration: at least 3 minutes Water volume: 12.5 litres per minute Pressure:30 kN/m²at distance of 3m
6	Powerful water jets	Water projected in powerful jets (12.5mm nozzle) against the enclosure from any direction shall have no harmful effects.	Test duration: at least 3 minutes Water volume: 100 litres per minute Pressure:100 kN/m²at distance of 3 m
7	Immersion up to 1 m	Ingress of water in harmful quantity shall not be possible when the enclosure is immersed in water under defined conditions of pressure and time (up to 1 m of submersion).	Test duration: 30 minutes Immersion at depth of 1m
8	Immersion beyond 1 m	The equipment is suitable for continuous immersion in water under conditions which shall be specified by the manufacturer. Normally, this will mean that the equipment is hermetically sealed. However, with certain types of equipment, it can mean that water can enter but only in such a manner that it produces no harmful effects.	Test duration: continuous immersion in water Depth specified by manufacturer

4.2.3 추가 레벨과 문자

추가 레벨은 사람에게 해로운 부분을 보호하기 위한 것이다. 추가 문자는 장비를 보호하기 위한 것이다.

Level	Protected against access to hazardous parts with
A	Back of hand
B	Finger
C	Tool
D	Wire

Letter	Meaning
H	High voltage device
M	Device moving during water test
S	Device standing still during water test
W	Weather conditions

5. 용어 정리

5.1 영문용어 정리

- ADE(Above-Deck Equipment) : Inmarsat 장비 중에서 갑판 위에 장착하는 장비
- ALC(Automatic Level Control) : 자동으로 전압 레벨을 조정하는 장치
- BDE(Below-Deck Equipment) : Inmarsat 장비 중에서 갑판 아래(선교 등)에 장착하는 장비
- CCIR(International Radio Consultative Committee) : 국제 무선 조언 협의회
- CES(Coast Earth Station) : 해안지구국
- CMC(COSPAS mission control centre in Moscow) : 러시아 모스크바에 있는 COSPAS 임무조정 센터
- COSPAS(Space System for Search of Distress Vessels) : 조난선박의 수색구조를 위한 우주 시스템
- CSS(Co-ordinator Surface Search) : 수색구조를 위한 지상 수색 협조
- DMG(Distress Message Generator) 조난 메세이지 발생기
- DSC(Digital Selective Calling) : 디지털 선택 호출 장비
- EGC(Enhanced Group Call) : 향상된 선박 그룹 호출 장비
- ELT(Emergency Locator Transmitter) : 비상 위치 송신기

- EPIRB(Emergency Position-Indicating Radio Beacon) : 비상 위치 표시 무선 비콘
- GMDSS(Global Maritime Distress and Safety System) : 전 세계 해상에서의 조난과 안전을 위한 시스템
- HF (High Frequency) : 높은 주파수(고주파수)
- ICAO (International Civil Aviation Organization) : 국제민간항공기구
- IF (Intermediate Frequency) : 중간 주파수. 반송파(carrier)와 기저대역 신호(baseband signal) 사이의 중간에 위치하는 주파수를 의미하는 것으로, 반송파는 주파수가 대단히 높고, 기저대역 신호는 주파수가 대단히 낮은데, 수 GHz 단위의 반송파를 필터를 이용하여 걸러 내는 경우, 주파수가 높아서(즉, 파장이 대단히 짧아서) 회로에서 지연이 발생하거나 필터 구성의 어려움 등이 발생하기 때문에 반송파보다 주파수가 낮은 중간 주파수로 변환하여 사용하기 위한 주파수 이다.
- IFRB(International Frequency Registration Board) : 국제 주파수 등록 위원회
- IHO(International Hydrographic Organization) : 국제수로국
- IMO(International Maritime Organization) : 국제해사기구
- Inmarsat(International Mobile Satellite Organization) : 국제해사위성기구
- ITU(International Telecommunication Union) : 국제전기통신연합
- ITU-R(ITU Radiocommunication Sector) : ITU의 무선통신분과로서 예전에는 CCIR이었음
- ITU-T(ITU Telecommunication Standardization Sector) : ITU의 무선통신표준분과, 예전에는 CCITT이었음
- LCD(Liquid-Crystal Display) : 액체 수정 표시기
- LUT(Local User Terminal) : 수색구조 체계에서의 사용자 터미널
- MCC(Mission Control Centre) : 수색구조 체계에서의 임무조정센터
- MF(Medium Frequency) : 중파. 주파수의 분류 기준에 따른 중간 정도의

주파수를 의미한다.

- MSI(Maritime Safety Information) : 해상에서의 항해안전을 도모하기 위한 정보
- NBDP(Narrow-Band Direct Printing) : 협대역직접인쇄. 즉 무선전신을 의미한다.
- NCC(Network Control Centre) : 회선망 제어 센터
- NCS(Network Co-ordination Station) : 회선망 조정국
- OCC(Operations Control Centre) : 운용 조정 센터
- OSC(On-Scene Commander) : 수색구조에서의 현장 지휘자
- PLB(Personal Locator Beacon) : COSPAS-SARSAT의 응용분야 중 하나로서 개인이 비상시 위치를 전송하기 위한 개인위치표시장치
- Radio Waves : 인공적으로 인도됨이 없이 자유공간을 전파하는 3,000 ㎓ 이하의 주파수를 가지는 전자파를 의미
- RCC(Rescue Co-ordination Centre) : 수색구조에서의 구조조정센터
- RF(Radio-Frequency) : 무선주파수를 의미하는데, 원래 의미는 무선통신을 의미하기도 함
- RR(Radio Regulations) : 전파규칙
- RSC(Rescue Sub-Centre) : 구조 부센터
- SAR(Search And Rescue) : 수색구조
- SAR(International Convention on Maritime Search and Rescue, 1979) : 1979 해상에서의 수색과 구조를 위한 국제조약
- SARSAT(Search and Rescue Satellite-Aided Tracking) : 수색과 구조를 위한 위성지원 추적 시스템
- SART(Search And Rescue Radar Transponder) : 수색구조용 레이더 응답 장치
- SES(Ship Earth Station) : 선박 지구국
- SOLAS(International Convention for the Safety of Life at Sea,

1974, as amended) : 1974년도에 처음 발의된 해상에서의 인명안전을 위한 국제 협약으로서 이후에 여러 차례의 개정을 거치고 있다.

- VDU(Visual Display Unit) : 가시화 장치
- VHF(Very High Frequency) : 주파수 분류기준에 의거한 고주파수
- VTS(Vessel Tracking System) : 선박 추적 시스템을 의미하는 것으로, Vessel Traffic System과는 다른 것임에 주의
- WARC(World Administrative Radio Conference) : 국제 주관청 무선 컨퍼런스
- WMO(World Meteorological Organization) : 국제 기상 기구
- WRC(World Radiocommunication Conference) : 국제 무선통신 컨퍼런스
- WWNWS(World-Wide Navigational Warning Service) : 전 세계 항행 경보 서비스

5.2 전파관련 용어 정리

- 출처: 한국전파진흥원(2005), 대한민국 주파수 분배표, Portal site Spectrum, (Web: www.spectrum.or.kr/main/down.jsp, Access dated: 2012.12.29.)

대한민국 전파법에 의거한 주파수 분배 표에는 다음과 같이 국어로 정의된 통신관련 용어가 정의되어 있다. 그 내용을 참고하여 정리하였다.

- 전파통신(Radio Communication) : 전파를 이용한 전기통신
- 주관청(Administration) : ITU와 RR에 의거하여 책임을 갖는 정부 기관
- 전기통신(Telecommunications) : 유선, 전파, 광선, 또는 기타의 전자기적 방식에 의한 모든 종류의 기호, 신호, 문언, 영상, 음성 또는 정보의 성질을 가진 것의 모든 전송, 발사 또는 수신
- 업무분배(Allocation) : 특정한 조건하에서 지상전파 통신업무, 우주전파통신업무, 전파천문업무로 사용할 목적으로 주어진 하나 또는 둘 이상의 주파수대역을 주파수분배표에 기입하는 것

- 할당(Assignment) : 특정한 조건하에서 무선주파수 또는 무선주파수 채널을 이용할 무선국의 사용에 대하여 주관청이 주는 권한 부여
- 전파통신업무(Radio-communication Service) : 특정한 전기통신 서비스를 목적으로 전파의 전송, 발사 및 수신에 관한 업무
- 해상이동업무(Maritime Mobile Service) : 해안국과 선박국간, 선박국 상호간, 또는 관련된 선상통신국 상호간의 이동업무. 또한 구명부기국 및 비상위치지시용 무선표지국도 본 업무에 포함할 수 있다.
- 무선국(Station) : 전파통신업무 또는 전파천문업무를 행하기 위하여 한 장소에서 필요한 하나 또는 그 이상의 송신기나 수신기, 또는 송신기와 수신기의 조합(부속장치를 포함한다). 각 무선국은 영구적으로 또는 임시적으로 운용하는 업무에 의하여 분류한다.
- 지상국(Terrestrial Station) : 지상의 전파통신을 행하는 무선국(별도로 정의된 것 이외의 모든 무선국은 지상국임)
- 지구국(Earth Station) : 지구의 표면상이거나 지구대기권의 주요 부분 내에 있는 무선국으로서 다른 무선국과의 통신을 목적으로 하는 것
- 우주국(Space Station) : 지구 대기권 주요부분의 외부에 있거나 그 외부로 나갈 것을 목적으로 하거나 그 외부에 머물러 있는 물체위에 설치되어 있는 무선국
- 기지국(Base Station) : 육상이동업무를 행하는 육상국
- 해안국(Coast Station) : 해상이동업무를 행하는 육상국
- 해안지구국(Coast Earth Station) : 해상이동위성업무의 피더링크를 제공하기 위해 육상의 특정한 지점에 위치하여 고정위성업무 또는 경우에 따라서 해상이동업무를 행하는 지구국
- 선박국(Ship Station) : 구명부기국을 제외하고 영구적으로 정박하지 않은 선박에 위치하여 있는 해상이동업무를 행하는 이동국
- 선박지구국(Ship Earth Station) : 선박에 설치하여 해상이동위성업무를 행하는 이동지구국
- 공중통신(Public Correspondence) : 공중이 원하는 바에 따라 관련시설 및 무선국이 전송을 위해 허용해야 할 전기통신

- 전신(Telegraphy) : 전송된 정보가 착신 시에 그림 문건으로 기록되기로 의도되어진 하나의 전기통신 형태. 즉 때로는 전송된 정보가 변경된 형태로 인쇄되거나 향후 사용을 위해 저장한다.
- 전보(Telegram) : 수신인에게 배달하기 위해 전신에 의하여 전송되는 문자정보. 또한 이 용어는 별도의 규정이 없는 한 무선전보를 포함한다.
- 무선전보(Radiotelegram) : 전송로의 전부 또는 일부가 이동업무 또는 이동위성업무의 전파통신채널을 통해 이동국 또는 이동지구국에서 발신하거나 의도된 전보
- 팩시밀리(Facsimile) : 음성포함에 관계없이, 영구적인 형태로 재현하기 위하여 정지영상의 전송을 행하는 전신의 한 종류
- 전화(Telephony) : 주로 음성형태의 정보를 교환하는 목적으로 의도된 전기통신의 한 종류
- 무선전화통화(Radiotelephone Call) : 전송로의 전부 또는 일부가 이동업무 또는 이동위성업무의 전파통신채널을 통해 이동국 또는 이동지구국에서 발신하거나 발신예정인 전화통화의 한 종류
- 단신(Simplex Operation) : 전기통신채널의 각 방향에서 전송이 교대로 가능한 운용방식, 예를 들면, 수동 조작에 의해서 가능한 운용방법
- 복신(Duplex Operation) : 전기통신채널의 양쪽 방향에서 전송이 동시에 가능한 운용방법
- 전파형식(Class of Emission) : 표준부호에 의해 표시되는 발사특성의 집합체. 예를 들면, 주 반송파의 변조형식, 변조신호의 성질, 송신정보의 형식, 경우에 따라 신호의 추가특성 등 발사특성
- 할당 주파수(Assigned frequency) : 한 무선국에 할당된 주파수 대역의 중앙주파수
- 반송파 전력(Carrier Power) : 송신기가 무변조 상태에서 무선주파수의 1주기 사이에 안테나의 급전선에 공급되는 전력의 평균
- 등가등방복사전력(E.I.R.P ; Equivalent Isotropically Radiated Power) : 안테나에 공급되는 전력과 등방성 안테나에 대한 주어진 방향에서의 이득(절대이득 또는 등방이득)과의 곱
- 실효복사전력(E.R.P ; Effective Radiated Power) : 안테나에 공급되는 전

력과 주어진 방향에서의 반파장 다이폴에 대한 이득과의 곱

- 전리층 산란(Ionospheric Scatter) : 전리층의 이온화의 불규칙성 또는 불연속성에 기인하는 산란에 의한 전파의 전파
- 혼신(Interference) : 전파통신 시스템에서 수신되는 경우, 하나 또는 그 이상의 발사, 복사 및 유도의 조합에 의거 불필요한 에너지의 효과가 성능 저하, 오역 또는 이러한 불요에너지가 없을 때 입수할 수 있는 정상적 정보의 손실이 명백한 상태

5.3 무선설비규칙에 명시된 용어

- 출처 : 무선설비규칙(2012), 제2조(정의), 개정 2012.3.13. 방송통신위원회고시 제2012-12호, 한국정보통신공사협회(2013.1.8),(Web:http://www.kica.or.kr/web_app/Law/law_laws01_view.jsp?kind=244&postField=22&nCurrPage=0&sltCond=1&txtSearch=&searchYN=N&menuNum=&div=&subMenu, Access dated: 2012.12.28)

제2조(정의) ① 이 고시에서 사용하는 용어의 뜻은 다음과 같다.

1. 수신장치 : 전파를 받는 장치와 이에 부가하는 장치를 말한다(수신공중선과 급전선을 제외한다. 이하 같다).
2. 평균전력(PY) : 정상동작상태에서 송신장치로부터 송신공중선계의 급전선에 공급되는 전력으로서 변조에 사용되는 최저주파수의 1주기와 비교하여 충분히 긴 시간동안에 걸쳐 평균한 것을 말한다.

--- (전파법에 명시된 용어와 유사함으로 중략) ---

② 이 고시에서 사용하는 용어의 뜻은 제1항에서 정하는 것을 제외하고는 「전파법 시행령(이하 "영"이라 한다)」이 정하는 바에 따른다.

제12장 참고문헌

1. 영문 참고문헌

1.1 A

1.2 B

Byron Barker (2005), Wireless/RFID, Defense Spectrum Office, DISA, Feb.28-Mar.2

1.3 C

CKP (2013), Connectivity Knowledge Platform, (Web: http://ckp.made-it.com/encodingschemes.html, access dated: 2013.1.5)

1.4 D

DOT and DOT(2000), 1999 Federal Radionavigation Plan, Department of Defence(DOD) and Department of Transportation(DOT), Washington DC, USA, Report Number DOD-VNTSC-RSPA-98-1, DOD-4650.5, pp.1~1 - 4~12 (미국 국방성과 운수성의 무선 항해장비들에 대한 1999년 계획)

1.5 E

Edward M. Purcell (1985), Electricity and Magnetism, McGraw-Hill Book Company, Printed in Korea, pp.1-472 (전기와 자기에 대한 기초 이론, 포텐셜 장, 전하의 양, 전기와 자기의 관계, 맥스웰 방정식 등)

Eugene F. Knott, John F. Shaeffer and Michael T. Tuley (1993), Radar Cross Section 2nd Ed., pp.13-46

Everything2 (2013), (Web: http://everything2.com/title/Bi-Phase+encoding, access dated:2013.01.06)

1.6 F

Furuno (2002), Installation Manual for Inmarsat-B Mobile Earth Station, PUB. No. IME-56240-D, FURUNO ELECTRIC CO., LTD., FIRST EDITION DEC. 2000, D: MAY. 07, 2002

Furuno (2012), Catalogue for GMDSS Guide, Catalogue No. GC-019h, FURUNO

ELECTRIC CO., LTD. (Web : www.furuno.co.jp, access dated: 2012.12.30)

Furuno (2012), INMARSAT-C Mobile Earth Station / INMARSAT MINI-C Mobile Earth Station, FURUNO ELECTRIC CO., LTD. (Web : www.furuno.co.jp, access dated: 2012.12.30)

1.7 G

1.8 H

H. W. Ehrenspeck (1960), "The Backfire Antenna, a New Type of Directional Line Source," Proceedings IRE, 48, pp.109-110

1.9 I

IACS (2005), Recommendation85 : Recommendations on Voyage Data Recorder, Jan 2005, (Web : http://www.iacs.org.uk/document/public/publications/guidelines_and_recommendations/pdf/REC_85_pdf223.pdf, Access dated: 2013.02.08)

ITU (1994), Radio Regulations, Edition of 1990, Revised in 1994, International Telecommunication Union (ITU), Geneva, ISBN 92-61-05171-5, (Web : www.itu.int/dms_pub/itu-s/oth/02/.../S02020 000164504PDFE.pdf, Access dated: 2013.02.07)

ITU-R (2013), ITU Radiocommunication Sector, (Web : http://www.itu.int/en/ITU-R/pages/default.aspx, Access dated: 2013.02.07)

IDTechEx (2008), Item Level RFID, Forecasts 2007-2017, Technology, Standards

IMO (2001), GMDSS Handbook on CD-ROM Version 2.0, 3rd Edition, August 2001, IMO

Inmarsat (2013), Inmarsat-The Mobile Satellite Company 홈페이지, (Web : http://www.inmarsat.com/, Access dated: 2013.01.08)

Inmarsat (2013), KT Sat 인말세트 홈페이지, (Web : http://www.ktinmarsat.com/index.do, Access dated: 2013.01.08)

Inmarsat Maritime Handbook(2013), pp.1~1 - J5, (Web : http://www.stratosglobal.com/~/media/Documents/inm/Public/inm_userguide_maritimeHandbook.pdf, Access dated: 2013.01.05)

INMARSAT-M System Definition Manual(1991), November 1991

IMO (2004), Harmonization of GMDSS Requirements for Radio Installations on Board SOLSA Ship, COMSAR/Circ.32, 16 August 2004, (Web : http://www.imo.org/blast/blastDataHelper.asp?data_id=10750&filename=32.pdf, Access dated: 2013.02.08)

IMO (2010), Information Resources on the Global Maritime Distress and Safety System (GMDSS)(Last update: 18 March 2010), (Web : http://www.imo.org/knowledgecentre/informationresourcesoncurrenttopics/informationresourcesoncurrenttopicsarchives/

documents/gmdss%20_18%20march%202010.pdf, Access dated: 2013.02.08)

1.10 J

JRC(2012), Catalogue for JHS-770S/JHS-780D, Japan Radio Co., Ltd. (Web : http://www.jrceurope.com/Products/Communication/31/VHF-radiotelephone/28/JHS-770S-JHS-780D/Features, Access dated : 2012.12.31)

JRC(2012), Catalogue for JHS-7, Japan Radio Co., Ltd. (Web : http://www.jrceurope.com/Products/Communication/31/VHF-radiotelephone/66/JHS-7/Features, access dated: 2012.12.31)

JRC(2012), Catalogue for MF/HF DSC, JSS-2150/2250/2500, Japan Radio Co., Ltd. (Web : http://www.jrceurope.com/Products/Communication/28/MF-HF-radiotelephone/82/JSS-2150/Features, access dated: 2012.12.31)

JRC(2012), Catalogue for NAVTEX NCR-333, Japan Radio Co., Ltd. (Web: http://www.jrceurope.com/Products/Communication/29/NAVTEX/32/NCR-333/Features, access dated:2012.12.29)

JRC(2012), Catalogue for EPIRB JQE-103, Japan Radio Co., Ltd. (Web : http://www.jrceurope.com/Products/Navigation/20/EPIRB/30/JQE-103/Features, access dated: 2012.12.29)

JRC(2012), Catalogue for SART JQX-30A, Japan Radio Co., Ltd. (Web : http://www.jrceurope.com/Products/Communication/30/SART/65/JQX-30A/Features, access dated: 2012.12.31)

JRC(2012), Catalogue : GMDSS Communication Console, JRC America, 1021 SW Klickitat Way Bldg. D, Suite 101, Seattle WA 98134 U.S.A., (Web: www.jrcamerica.com, Access dated: 2012.12.28)

J. Frank Jimenez(1999), Fundamentals of Radio Link Engineering, 30 March 1999

Jann M. Olsen and Tor R. Kristensen (1992), An Introduction to GMDSS/ROC, POSEIDON, Norway, pp.7-132

Jeremy Pearce and Daniel Mittleman (2002), "Defining the Fresnel zone for broadband radiation," Physical Review E66, 056602

Jesper Spetzler and Roel Snieder (2004), "Tutorial-The Fresnel Volume and Transmitted Waves," Geophysics, Vol.69, No.3, pp.653-663

1.11 K

K. Eguchi(1992), "Small Antenna System for Inmarsat-M Ship Earth Station," Symposium Papers for RTCM Annual Assembly Meeting, Florida 1992

Kraus, F.(2003), RFID Handbook, John Wiley & Sons, Ltd

1.12 L

L. E. Miller(1992), Propagation Model Sensitivity Study, J. S. Lee Associates, Inc.

Lakemartin(2013), Waterproof Specifications for IPX, (Web : http://www.lakemartin.com/BoatingWaterproofSpecs.asp, access dated: 2013.01.06)

1.13 M

MATLAB (2008), MATLAB 7 Getting Started Guide 2008, The Mathworks, (Web: http://www.mathworks.com, access dated: 2008)

Mobile Satellite Communications(2013), Channel Characterization and Simulation (Web: http://www.bth.se/fou/cuppsats.nsf/all/26684918026ec016c12572e60044d07d/$file/Mobile_Satellite_Communications_Thesis_Report.pdf, access dted: 2013.01.05)

1.14 N

1.15 O

1.16 P

Peyton Z. Peebles, JR(1998), Radar Principles, John Wiley & Sons, pp.28-74

1.17 Q

1.18 R

1.19 S

Shingo Ohmori (2002), 13 Auronautical and Maritime Antennas for satellite Communications, Communication Research Laboratory, CRC Press LLC, (Web: ftp://ftp.seu.edu.cn/Pub2/EBooks/Science/Handbook.of. Antennas/0337_PDF_13.pdf, Access dated: 2012.12.28)

S. F. Appleyard(1980), Marine Electronic Navigation, Routledge & Kegan Paul Ltd., London, pp.1-248

1.20 T

Transas(2004), Transas Marine Ltd. Website, (Web: http://www.transas.com,access dated: 2014. 월일 미확인)

Transas(2013a), Transas Marine Ltd. Website, (Web: http://www.transas.com/products/vts/, access dated: 2013.1.29)

Transas(2013b), brochure for Vessel Traffic Management Solutions, pdf files, (Web: http://www.transas.com/products/vts/, access dated: 2013.1.29)

Transas(2013c), brochure for Transas 3D VTS, pdf files, (Web: http://www.transas.com/products/vts/, access dated: 2013.1.29)

Transas(2013d), brochure for PORT SENSOR RECORDING & PLAYBACK SOLUTION, pdf files, (Web: http://www.transas.com/products/vts/, access dated: 2013.1.29)

T. Hoshikawa et al.(1988), INMARSAT Ship Earth Station Type RSS401A, Anritsu Tech. J., No. 56, pp. 41-49

T. Shiokawa and Y. Karasawa(1983), "Compact Antenna Systems for INMARSAT Standard-B Ship Earth Stations," IEE 3rd International Conference Satellite Systems for Mobile Communication and Navigation, London

1.21 U

1.22 V

1.23 W

Wikipedia(2012), History of Radio, Radio Communication으로 검색한 결과, (Web: http://en.wikipedia.org/wiki/Radio, access dated 2013.1.3)

Wikipedia(2013a), EPIRB의 Golden-Day에 대한 검색결과, (Web : http://en.wikipedia.org/wiki/Distress_radiobeacon, access dated: 2013.01.05)

Wikipedia(2013b), RMS TITANIC, (Web: http://en.wikipedia.org/wiki/RMS_Titanic, access dated: 2013.12.29)

1.24 XYZ

ZYTRAX Inc.(2010), VHF/UHF/Microwave Radio Propagation: A Primer for Digital Experimenters, (Web: http://ZYTRAX.com, access dated: 2010 월일 미정)

2. 국문 참고문헌

2.1 가

김민희(2001), $E=mc^2$, (주) 생각의 나무, 서울, 한국, pp.1-391 (아인쉬타인의 숨겨진 이야기와 $E=mc^2$이 탄생한 배경을 기술한 교양도서)

국가법령정보센터(2012), 대한민국전파법시행령 [별표4] 전파형식의 표시(제28조 관련), (Web: http://www.law.go.kr, Access dated : 2012.12.29)

국가법령정보센터(2013), 1979년 해상수색 및 구조에 관한 국제협약(SAR 1979)(International Convention on Maritime Search and Rescue 1979, SAR 1979)[발효일 1985.6.22] [다자조약, 제1308호, 1995.9.28], (Web: http://www.law.go.kr/trtyInfoPWah.do?trtySeq=2284, Access dated: 2013.02.07)

국가법령정보센터(2013), 1974년 해상에서의 인명 안전을 위한 국제협약 (SOLAS 1974)(International Convention for the Safety of Life at Sea 1974, SOLAS 1974)[발효일 1981.3.31] [다자조약, 제730호, 1981.1.17.], (Web: http://www.law.go.kr/trtyInfoPWah.do?trtySeq=2284, Access dated: 2013.02.07)

국가기록원 (2013), 연표와 기록, (Web: http://theme.archives.go.kr/next/ chronology/archiveDetail.do?flag=2&page=2&evntId=0049284959&sort =year, Access dated: 2013.01.14)

2.2 나

나라기록(2013), 국가기록원 나라기록, 전파법 시행령: 대통령령 제14090호, (Web:http://contents.archives.go.kr/next/content/listSubject Description. do?id =009001, Access dated: 2013.02.07)

2.3 다

대한민국 주파수 분배도표(2012), Portal site Spectrum, (Web :http://www.spectrum.or.kr/addOn/freq/allocationTable.jsp, Access dated: 2012.12.30)

2.4 라

2.5 마

무선설비규칙(2012), 제2조(정의), 개정 2012.3.13. 방송통신위원회고시 제2012-12호, 한국정보통신공사협(2013.1.8), (Web:http://www.kica.or.kr/web_app/Law/law_laws01_view.jsp?kind=244&postField=22&nCurrPage=0&sltCond=1&txtSearch=&searchYN=N&menuNum=&div=&subMenu, Access dated: 2012.12.28)

2.6 바

2.7 사

수난구호법(2008), 수난구호법([시행 2008. 2.29] [법률 제8852호, 2008. 2.29, 타법개정]), 해양경찰청 수색구조과, (Web: www.kcg.go.kr/kcgupload/bbs/수난구호법(2).hwp, Access dated: 2013.02.07)

2.8 아

임정빈(2013), GMDSS와 해상무선통신 - GMDSS 운용을 위한 해상무선통신 개론 -, pp.1-394 (참고: 학습지침서로 사용하기 위하여 임시로 제작한 교재)

임정빈(2008), 해상교량과 통항선박의 충돌위기관리 시스템 개발에 관한 연구, 2010 호남씨그랜트 사업단 연구개발사업 보고서, pp.1-110

임제탁, 이두수(1998), 이산신호처리(3쇄), 대영사, 서울, 한국, pp. 1-902

우광준 (1988), 기본측정 및 회로-제어이론, 기다리, 서울, 한국, pp. 1-251

위키백과 (2013), (Web: http://ko.wikipedia.org/wiki/, Access dated: 2013.01.29)

위키백과 (2012), History of COSPAS-SARSAT의 검색결과, (Web : http://ko.wikipedia.org/wiki/, Access dated: 2012.12.29)

2.9 자

정보통신기술용어해설(2013), RF, R/F Radio Frequency 무선주파수, 무선주파수대역, 무선 주파수대역 구분, RF 대역(수정일 : 2011-03-31), 무선/이동통신>무선전파> 무선대역구분, (Web: http://www.ktword.co.kr/abbr_view.php?m_temp1=1369, Access dated:2013.02.08)

조학현(2002), 회로이론, 양서각, 서울, 한국, pp.1-562 (회로이론의 기초를 정리한 교재로서 정현파, 복소수, 교류전력, 유도결합회로, 선형회로 해석 등을 기술한 공학교재)

조학현(1999), 전자통신이론, 삼원 출판사, 서울, 한국, pp.1-376 (푸리에 급수와 변환, 힐버트 변환, 스펙트럼 밀도와 상관함수, 변조와 복조 등에 관한 이론적인 내용을 기술한 공학교재)

2.10 차,카,타,파,하

한국전파진흥원(2005), 대한민국 주파수 분배표, Portal site Spectrum, (Web:www.spectrum.or.kr/main/down.jsp, access dated: 2012.12.29)

3. 참고문헌 소개

본 교재의 '제2장 GMDSS 개론'의 내용은 주로 다음의 영문자료를 참고하였다.

IMO(2001), GMDSS Handbook on CD-ROM Version 2.0, 3rd Edition, August 2001, IMO

상기 자료는 IMO에서 간행한 GMDD개요(3차 개정)에 관한 것으로, CD-ROM 형태의 자료이다. IMO 자료는 세계적인 표준이며, 해기사들이 반드시 알아야할 국제법에 근거한 내용들을 제시하고 있다. 본 교재는 이러한 IMO의 국제표준 내용을 가능한 준용하여 기술하고, 관련 연구논문 등을 참고하여 기술한 것이다.

본 교재에 참고한 다양한 참고문헌을 소개하면 다음과 같다.

- 대한민국 주파수 분배도표(2012), Portal site Spectrum, (Web:http://www.spectrum.or.kr/addOn/freq/allocationTable.jsp, access dated: 2012.12.30) : 현재 각종 통신장비에 사용하는 주파수는 법적으로 할당되어 있고, 공공의 목적을 위하여 무단으로 사용하는 경우에는 형사처분 대상이 된다. 위의 사이트에서 우리나라 주파수분배 내용을 확인할 수 있다.

- 임제탁, 이두수(1998), 이산신호처리(3쇄), 대영사, 서울, 한국, pp. 1-902 : 최근의 무선통신은 대부분 디지털 방식이다. 디지털 신호의 처리를 이산신호처리라 한다. 이산처리에 대한 기본 이론과 방법을 설명하고 있다.

- 우광준(1988), 기본측정 및 회로-제어이론, 기다리, 서울, 한국, pp. 1-251 : 각종 전기전자 측정과 관련한 기초 이론, 회로 제어이론, 파형 전송과 회로의 응답, 전송회로망 이론 등을 기술하고 있다.

- 조학현(2002), 회로이론, 양서각, 서울, 한국, pp.1-562 : 회로이론의 기초를 정리한 교재로서 정현파, 복소수, 교류전력, 유도결합회로, 선형회로 해석 등을 기술한 공학교재이다.

- 조학현(1999), 전자통신이론, 삼원 출판사, 서울, 한국, pp.1-376 : 푸리에(Fourier)급수와 변환, 힐버트(Hilbert) 변환, 스펙트럼(Spectrum) 밀도와 상관함수, 변조와 복조 등에 관한 이론적인 내용을 기술한 공학교재이다.

- DOT and DOT(2000), 1999 Federal Radionavigation Plan, Department of Defence(DOD) and Department of Transportation(DOT),

Washington DC, USA, Report Number DOD-VNTSC-RSPA-98-1, DOD-4650.5, pp.1~1 - 4~12 : 미국 국방성과 운수성의 무선 항해장비들에 대한 1999년 계획을 수록한 영문 보고서이다. 미국 무선 항해장비들의 현황과 주파수 분배 등을 알 수 있다.

- Edward M. Purcell(1985), Electricity and Magnetism, McGraw-Hill Book Company, Printed in Korea, pp.1-472 : 전기와 자기에 대한 기초 이론을 수록한 영문 교재이다. 중력장, 전하의 양, 전기와 자기의 관계, 맥스웰(Maxwell) 방정식 등 가장 기초가 되는 전기와 자기의 관계를 기술한 도서이다.
- Everything2(2013), (Web:http://everything2.com/title/Bi-Phase+encoding, access dated:2013.01.06) : 무선 주파수를 멀리 효율적으로 송신하기 위해서는 부호화가 필요한데 이러한 부호화의 다양한 방법을 기술하고 있는 사이트이다.
- H. W. Ehrenspeck(1960), "The Backfire Antenna, a New Type of Directional Line Source," Proceedings IRE, 48, pp. 109-110, January 1960 : Inmarsat에 사용하는 백파이어 안테나에 관한 고도의 전문적인 연구 논문이다.
- Inmarsat Maritime Handbook(2013), (Web:http://www.stratosglobal.com/~/media/Documents/inm/Public/inm_userguide_maritimeHandbook.pdf, access dated: 2013.01.05) : 위성통신 방식 중에서 해상에서 가장 많이 사용하고 있는 Inmarsat 통신에 대한 안내 자료이다. 방대한 내용을 담고 있는 중요한 자료로, 해상에서 Inmarsat 운용 시 참고할 수 있다.
- Jann M. Olsen and Tor R. Kristensen(1992), An Introduction to GMDSS/ROC, POSEIDON, Norway, pp.7-132 : 노르웨이 대학에서 간행한 것으로, 선박에 승선할 해기사들의 ROC급 면허취득을 위한 교재이다. 내용이 대단히 간단한데, 주로 GMDSS 이론에 관한 기초 지식을 설명하고 있다.
- Jeremy Pearce and Daniel Mittleman(2002), "Defining the Fresnel zone for broadband radiation," Physical Review E66, 056602 : 가시권 통신에서 중간에 건물이나 산이 있으면 통신에 방해가 된다. 이러한 가시권 통신에서의 프레넬(Fresnel) 영역을 확보하기 위한 이론과 계산 방

법을 설명한 자료이다.

- Jesper Spetzler and Roel Snieder(2004), "Tutorial-The Fresnel Volume and Transmitted Waves," Geophysics, Vol.69, No.3, pp.653-663 : 상기 자료와 마찬가지로 프레넬 영역에 관한 이론적 내용을 기술하고 있다.

- K. Eguchi(1992), "Small Antenna System for Inmarsat-M Ship Earth Station," Symposium Papers for RTCM Annual Assembly Meeting, Florida 1992 : Inmarsat-M에 사용하는 소형 안테나의 설계에 대한 전문적인 연구 내용이다.

- L. E. Miller(1992), Propagation Model Sensitivity Study, J. S. Lee Associates, Inc. : 전파의 전파에서 감도에 관한 전문적인 내용을 기술한 자료이다.

- Lakemartin(2013), Waterproof Specifications for IPX, (Web : http://www.lakemartin.com/BoatingWaterproofSpecs.asp,accessdated:2013.01.06) : 해상통신 장비는 방수가 중요하다. 방수는 국제적인 표준 실험 방법에 따라서 등급을 정하는데 이러한 내용을 기술한 사이트이다.

- Mobile Satellite Communications(2013), Channel Characterization and Simulation (Web:http://www.bth.se/fou/cuppsats.nsf/all/26684918026ec016c12572e60044d07d/$file/Mobile_Satellite_Communications_Thesis_Report.pdf, Access dated: 2013.01.05) : 위성을 이용한 이동통신에 관한 석사학위 논문이다. 전문적인 내용을 기술하고 있다.

- Shingo Ohmori(2002), 13 Aeronautical and Maritime Antennas for satellite Communications, Communication Research Laboratory, CRC Press LLC (Web:ftp://ftp.seu.edu.cn/Pub2/EBooks/Science/Handbook.of. Antennas/0337_PDF_13.pdf, access dated: 2012.12.29) : 위성통신용 안테나에 대한 다양한 설계 및 장착시의 주의사항과 기본적인 내용을 기술하고 있다.

- T. Hoshikawa et al.(1988), INMARSAT Ship Earth Station Type RSS401A, Anritsu Tech. J., No.56, pp.41-49 : 안리츠 회사에서 생산한 Inmarsat 선박지구국에 대한 설명 자료이다.

- T. Shiokawa and Y. Karasawa(1983), "Compact Antenna Systems for

INMARSAT Standard-B Ship Earth Stations," IEE 3rd International Conference Satellite Systems for Mobile Communication and Navigation, London : Inmarsat-B에 사용하는 안테나 연구 자료이다.

- ZYTRAX Inc.(2010), VHF/UHF/Microwave Radio Propagation: A Primer for Digital Experimenters, (Web: http://ZYTRAX.com, Access dated: 2010.09.03) : 단파 전파의 도달거리에 대한 자료이다.

하기 자료는 일본 Furuno 회사에서 간행한 다양한 브로슈어 자료이다. Furuno 회사는 GMDSS 장비와 이에 속하는 다양한 무선통신장비를 생산하고 있다, 세계적인 시장을 확보하고 있는 바, 선박에서 흔하게 Furuno 회사 장비를 볼 수 있다. 선박에서는 이러한 브로슈어를 참고하여 각종 장비를 유지 보수하고 있기 때문에 본 교재에서는 브로슈어의 영문 내용과 국문 번역 내용을 병행하여 설명하였다.

- Furuno(2002), *Installation Manual for Inmarsat-B Mobile Earth Station*, PUB. No. IME-56240-D, FURUNO ELECTRIC CO., LTD., FIRST EDITION DEC. 2000, D: MAY. 07, 2002

- Furuno(2012), *Catalogue for GMDSS Guide*, Catalogue No. GC-019h, FURUNO ELECTRIC CO., LTD. (Web : www.furuno.co.jp, access dated: 2012.12.30)

하기 JRC(Japan Radio Company) 회사 역시, 해상 통신장비를 생산하는 회사이다. 특히 선박에서 흔하게 JRC 장비를 볼 수 있다. 영문 브로슈어 내용과 국문 번역 내용을 병행하여 교재에 설명하였다.

- JRC(2012), Catalogue for JHS-770S/JHS-780D, Japan Radio Co., Ltd. (Web:http://www.jrceurope.com/Products/Communication/31/VHF-radiotelephone/28/JHS-770S-JHS-780D/Features, Access dated: 2012. 12.31)

- JRC(2012), Catalogue for JHS-7, Japan Radio Co., Ltd. (Web : http://www.jrceurope.com/Products/Communication/31/VHF-radiotelephone/66/JHS-7/Features, access dated: 2012.12.31)

- JRC(2012), Catalogue for MF/HF DSC, JSS-2150/2250/2500, Japan Radio Co., Ltd. (Web : http://www.jrceurope.com/Products/Comm

unication/ 28/MF-HF-radiotelephone/82/JSS-2150/Features, access dated: 2012.12.31)

- JRC(2012), Catalogue for NAVTEX NCR-333, Japan Radio Co., Ltd. (Web:http://www.jrceurope.com/Products/Communication /29/NAVTEX/32/NCR-333/Features, access dated:2012.12.29)
- JRC(2012), Catalogue for EPIRB JQE-103, Japan Radio Co., Ltd. (Web :http://www.jrceurope.com/Products/Navigation/20/EPIRB/30/JQE-103/Features, access dated: 2012.12.29)
- JRC(2012), Catalogue for SART JQX-30A, Japan Radio Co., Ltd. (Web :http://www.jrceurope.com/Products/Communication/30/SART/65/JQX-30A/Features, access dated: 2012.12.31)

Transas 회사는 교통관제 시스템을 생산하고 있다. 국내에도 다양한 제품이 도입된 바 있다. 다음 자료는 Transas 회사의 VTS 제품에 대한 설명 자료들이다.

- Transas(2004), Transas Marine Ltd. Website, (Web:http://www.transas.com, Access dated: 2004.09.01)
- Transas(2013), Transas Marine Ltd. Website, (Web:http://www.transas.com/products/vts/, Access dated: 2013.1.29)
- Transas(2013), Brochure for Vessel Traffic Management Solutions, pdf files, (Web:http://www.transas.com/products/vts/,Accessdated: 2013.1.29)
- Transas(2013), Brochure for Transas 3D VTS, pdf files, (Web:http://www.transas.com/products/vts/, Access dated: 2013.1.29)
- Transas(2013), Brochure for PORT SENSOR RECORDING & PLAY BACK SOLUTION, pdf files, (Web : http://www.transas.com/products/vts/, Access dated: 2013.01.29)

저자 약력

임정빈 (Jeong-Bin Yim)

현) 한국해양대학교 해사대학 교수
현) 한국항해항만학회 회장
한국해양대학교 운항훈련원장, 학부장
한국 Sea Grant 협의회 회장
해군사관학교 교수
해군 해양연구소 음파부 분석실장
일본 동경해양대학교 교환교수
목포해양대학교 교수, 기획처장, 산학협력단장
항해사(라스코해운, 수일해운)
부경대학교 대학원 전자공학과(박사)
한국해양대학교 대학원 항해학과(석사)
한국해양대학교 항해학과(학사)

이진석 (Jin-Suk Lee)

현) 목포해양대학교 해사대학 교수
목포해양대학교 항해학부 학부장
해양수산부, 해양경찰청 VTS 관제사
해양수산연수원 실습선 객원교수
항해사(남성해운, 고려해운)
한국해양대학교 대학원 항해학과(박사)
한국해양대학교 대학원 해상교통정보학과(석사)
한국해양대학교 해사수송과학부(학사)

해광
출판
해기

해상무선통신과 GMDSS

GMDSS 운용을 위한 해상무선통신 개론

2024년 1월 15일 인쇄　　정가 25,000원
2024년 1월 25일 발행

편 저 자　임정빈 이진석
편　　집　송영미 ⓙ
발 행 인　조준형
발 행 처　해광출판사
주　　소　부산광역시 중구 해관로 41-1 (중앙동2가)
전화번호　(051) 253-0001　　팩스 (051) 245-1187
등　　록　제 2012-000005호
http://www.hgbookpub.com
E-mail : munbookcokr@naver.com

해광출판사에서는 여러분의 소중한 원고와 함께 할 기회를 기다리고 있습니다. 책으로 엮을 원고나 아이디어가 있으신 분들은 이메일 munbookcokr@naver.com로 책에 대한 간단한 개요와 원고 전체 또는 일부를 연락처와 함께 보내주십시오.

ISBN 979-11-6881-550-6